【SI 単位接頭語】

接頭語	記号	倍数	接頭語	記号	倍数
デカ (deca)	da	10	デシ (deci)	d	10^{-1}
ヘクト (hecto)	h	10^2	センチ (centi)	c	10^{-2}
キロ (kilo)	k	10^3	ミリ (milli)	m	10^{-3}
メガ (mega)	M	10^6	マイクロ (micro)	μ	10^{-6}
ギガ (giga)	G	10^9	ナノ (nano)	n	10^{-9}
テラ (tera)	T	10^{12}	ピコ (pico)	p	10^{-12}
ペタ (peta)	P	10^{15}	フェムト (femto)	f	10^{-15}
エクサ (exa)	E	10^{18}	アト (atto)	a	10^{-18}

【ギリシャ語アルファベット】

A	α	alpha	アルファ	N	ν	nu	ニュー
B	β	beta	ベータ	Ξ	ξ	xi	グザイ
Γ	γ	gamma	ガンマ	O	o	omicron	オミクロン
Δ	δ	delta	デルタ	Π	π	pi	パイ
E	ε	epsilon	イプシロン	P	ρ	rho	ロー
Z	ζ	zeta	ゼータ	Σ	σ	sigma	シグマ
H	η	eta	イータ	T	τ	tau	タウ
Θ	θ	theta	シータ	Υ	υ	upsilon	ウプシロン
I	ι	iota	イオタ	Φ	ϕ	phi	ファイ
K	κ	kappa	カッパ	X	χ	chi	カイ
Λ	λ	lambda	ラムダ	Ψ	ψ	psi	プサイ
M	μ	mu	ミュー	Ω	ω	omega	オメガ

環境修復の科学と技術

....
北海道大学大学院環境科学院 編

北海道大学出版会

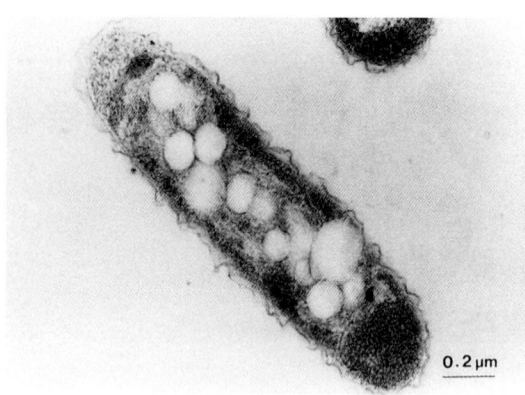

石油分解細菌 *Oleomonas sagaranensis* HD-1（森川正章撮影）。細胞内に油滴がみえることに注意。

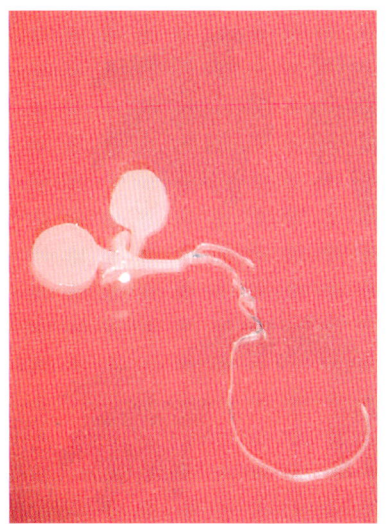
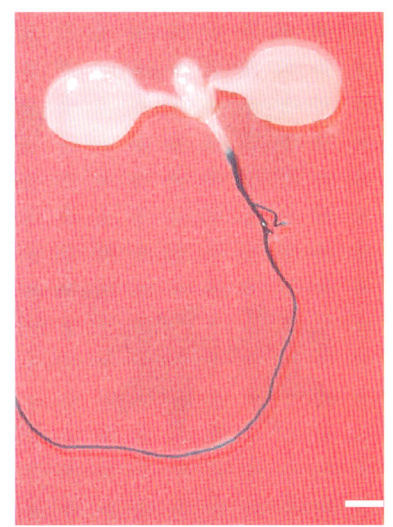

口絵1　遺伝子組換えシロイヌナズナをエストロゲンを含まない培地(左図)と含む培地(右図)で生育させた場合の写真。バー：1 mm。3-3節参照。

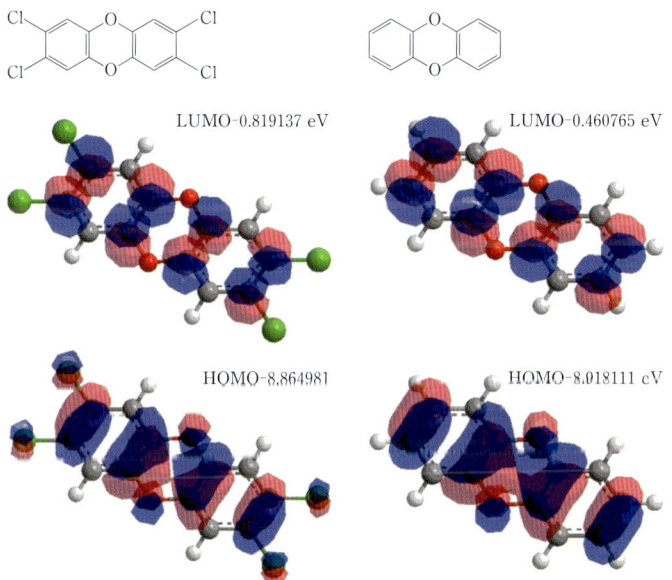

口絵2　2, 3, 7, 8-tetrachlorodibenzo-1, 4-dioxin(左)および dibenzo-1, 4-dioxin(右)のLUMO と HOMO の軌道形状およびポテンシャル。化学物質の吸着はカーボンナノチューブの π 電子が吸着対象物質の LUMO に流れ込むことから理解される。LUMOの広がりが大きく，またその値が低い物質ほどカーボンナノチューブに吸着されやすい。HOMOπ 電子は反発効果があるため，その形状および値も考慮する必要がある。5-2節参照。

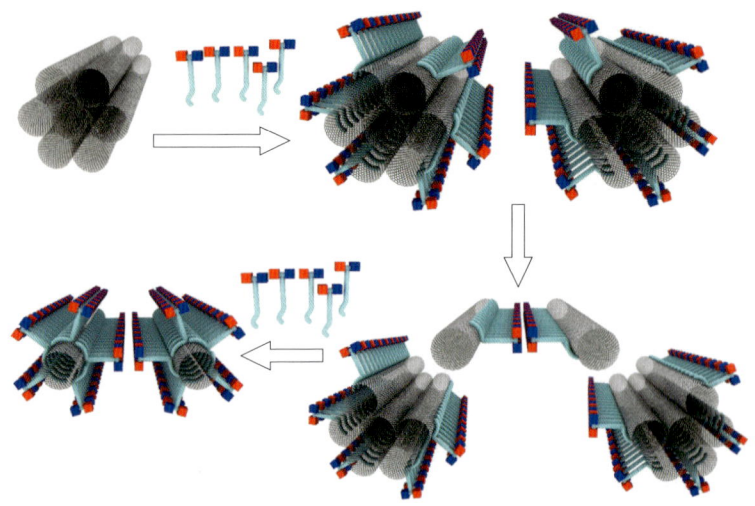

口絵3 両性イオン型分散剤によるカーボンナノチューブ凝集体を1本ずつにほぐす技術の原理模式図。両性イオン分散剤がカーボンナノチューブ凝集体の表面に単分子膜を形成する際に、双極子(正の電荷と負の電荷をもつ head-group と呼ばれる部位、赤と青色で示している部位)間の静電的な斥力が最小限度になるように、隣接している同士の正の電荷と負の電荷は交互になるように配列する。異なるカーボンナノチューブ凝集体/両性イオン分散剤複合体間に起こる双極子/双極子相互作用は、カーボンナノチューブの凝集体を単分散させる原動力であると考えている。5-2節参照。

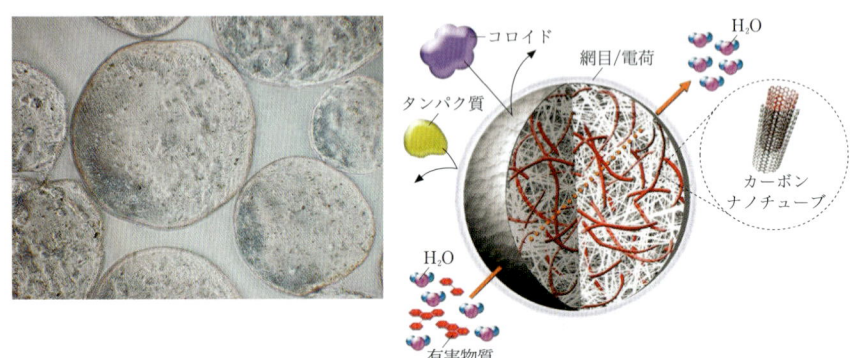

口絵4 単分散カーボンナノチューブをアルギン酸ゲルに内包させる手法により作成されたビーズ状の吸着剤の光学顕微鏡写真(左、ビーズの半径が200〜400 μm)。アルギン酸ゲルは網目構造をもち、吸着場であるカーボンナノチューブを固定すると同時に、これらの吸着場をコロイドやタンパク質などのようなサイズの大きい物質から守る役割も果たしている。高分子のネットワークの内に拡散することのできる物質のなかで、カーボンナノチューブと強く結合するものが、ゲル内に捕集され除去される。一方、カーボンナノチューブと作用しない物質あるいは結合しない物質、たとえば、水や無機電解質などは保持されずに、ゲルを通過する(右、模式図)。5-2節参照。

はじめに

　北海道大学大学院地球環境科学研究科（現 北海道大学大学院環境科学院）と低温科学研究所は，2002年から共同して21世紀COEプロジェクト「生態地球圏システム劇変の予測と回避」をスタートさせた。著者らはこのプロジェクトのなかのサブグループとして，「汚染物質の探索，影響評価，そして環境修復法の開発」を担当し，当研究科・研究院および獣医学研究科，創成科学共同研究機構など学内からの協力者と共に研究と教育を行なってきた。プロジェクトのスタート当初からプロジェクトの推進者と協力者で行なってきた汚染物質に関する勉強会は，2005年の大学院環境科学院の設立からは「環境修復課題セミナー」としてCOE研究員，リサーチアシスタント，そして環境起学専攻の院生を加えて続けられている。また，2004年からは研究科共通講義として「環境修復学特論」が開講され，この特論は2005年からは環境起学専攻の講義科目となっている。本書はこれらの勉強会と「環境修復学特論」の内容を整理し纏めたものである。
　地球環境の保全のためには，汚染物質を環境にださないようにすることが最も重要であり，そのための科学と技術を発展させなければならないことはいうまでもない。しかし一方で，環境中には既に汚染されたサイトが多数存在し，それを放置していては汚染が拡散し生体への影響も大きくなる。汚染されたサイトから汚染物質を取り除き，元の状態に戻す環境修復のための科学と技術の発展が今求められている。
　このような状況から，「環境修復学特論」では，環境科学，分析化学，有機化学，生物化学，高分子科学などさまざまな分野の研究者が共同で講義を行ない，そこでは単に環境修復技術を教えるのではなく，物質と生体とのかかわりや，物質の生体への影響評価，有害物質に対する生体における防御機構を含めて，学問としての環境修復学をめざしたものとなっている。これまでも，水や土壌の浄化技術を紹介した解説書は多くあるが，本書のように学問としての環境修復学をめざしたものは見あたらない。また，環境修復技術

の先端の技術や修復に必要となる最新の吸着材料などについても著者らの研究成果もまじえて紹介・解説し，環境修復を志すすべての院生，学生にとって役立つ内容になるように心がけた．また，環境修復に関心をもつ研究者や一般の読者にとっても興味深い内容となることをめざしたつもりである．もちろんこのような我々の試みがそう簡単に達成できるものでないことは充分認識しており，不充分なところも多々あるかもしれない．読者の方からの意見を聞きながらさらに改善してゆく所存であることから，忌憚のない意見をお寄せいただければ幸いである．

　最後に，なかなか進まない執筆者を激励すると共に，原稿を辛抱強く待っていただいた北海道大学出版会の成田和男・杉浦具子両氏に感謝したい．

2007年2月20日

北海道大学大学院環境科学院　田中俊逸・新岡　正

目　次

口　絵　i
はじめに　iii

第1章　環境修復とは　1

 1-1　環境修復の概念　1
 1-2　絵画や歴史的建造物の修復に学ぶ　3
 1-3　環境修復学の進め　6

第2章　物質と生体と環境　7

 2-1　生体と環境——ガイア説　7
 2-2　人類と物質　9
 2-3　生体がつくる物質　10
 2-4　生物濃縮　14

第3章　化学物質の生体への影響とその評価　21

 3-1　化学物質の影響評価　21
  内分泌撹乱化学物質とは　22/環境庁 SPEED '98 の概略　24/環境省 ExTEND 2005 の概略　31/性ホルモン撹乱作用以外の化学物質の影響　31/性ホルモン以外の作用についての影響評価法の必要性　33/化学物質の脳神経系に及ぼす影響評価法　34/COE 成果に基づく影響評価法開発の概略　36/PC12 細胞を用いた化学物質の影響評価　37/次世代影響評価法の必要性と構築戦略　42/まとめ　45
 3-2　重金属とメタロチオネイン　46
  「量が毒をつくる die Dosis macht das Gift」　46/重金属とは　48/

人体の構成元素と必須元素　48/非必須元素と最大無作用量　51/おもな必須重金属のヒト体内存在量と結合タンパク質　52/必須重金属と有害重金属の例　53/メタロチオネイン　62/ストレスとメタロチオネイン　64/ストレス状態におけるメタロチオネインの生合成の誘導　67/メタロチオネインを用いたストレスの評価　68/ストレス状態におけるメタロチオネインの生合成の誘導とメタロチオネインの生物学的役割　70/酸化的ストレス　72/酸化的ストレス状態におけるメタロチオネインの細胞防御効果　75

3-3　動植物を用いた影響評価　79

野生動物に蓄積する環境汚染物質とその影響　79/野生動物における解毒機構　87/海産動物の遺伝子発現を指標にした新たな影響評価系の開発　91/遺伝子組換え植物を用いたエストロゲン様物質の検出　99

第4章　環境修復技術　115

4-1　環境修復技術　115

修復技術の分類　115/修復技術の概要　117/環境修復技術の選択　119

4-2　物理化学的レメディエーション　122

化学的手法によるレメディエーション　122/物理学的レメディエーション　130/エレクトロカイネティックレメディエーションによる汚染土壌の修復　141

4-3　バイオレメディエーション　150

バイオレメディエーションとは　150/物質循環からみたバイオレメディエーション　152/環境汚染物質の微生物分解経路　156/バイオサーファクタント　160/微生物群集構造解析　166/ダイオキシン類の分解　177/バイオレメディエーションの将来展望　186

4-4　ファイトレメディエーション──植物による環境修復・浄化　187

植物の恩恵　187/ファイトレメディエーションとは　188/ファイトレメディエーション─その背景　188/ファイトレメディエーション

―その特徴　191/ファイトレメディエーション―その方法　191/重金属と植物　192/遺伝子組換え植物による重金属汚染土壌の浄化　194/遺伝子組換え植物の問題点　196

　4-5　事 例 研 究　197

　　　　　石油汚染土壌の環境修復　197/富栄養化した河川・湖沼の環境修復　198/海洋の環境修復　201

第5章　汚染物質回収のための新規材料の開発と代替物質の探索　213

　5-1　機能性超分子材料　213

　　　　　分子間相互作用と分子認識　213/シクロデキストリン材料　214/クラウンエーテルやキレート剤の利用　218/ミセル抽出媒体　220/固定化 DNA　222

　5-2　カーボンナノチューブを吸着場として用いた環境浄化材料　223

　　　　　背景　223/カーボンナノチューブの構造特徴および吸着場としての特異効果　223/カーボンナノチューブの単分散　226/単分散 CNT と有機高分子との融合　231/網目構造高分子ゲル中への包摂　231

　5-3　カーボンファイバー電極を利用した環境汚染物質の電気化学的除去　233

　　　　　電気化学的除去法の特徴　233/電解重合法における対象物質の電気化学的応答　235/カーボンファイバー電極を使用した電気化学的除去　236

　5-4　有機スズ代替品　239

索　　引　247
執筆者一覧　257

第1章 環境修復とは

北海道大学大学院環境科学院/田中俊逸

1-1　環境修復の概念

　地球上で人類はその文明を開化・発展させてきた。今では地球上に約65億の人間が生活している。65億人の生活を維持していくためには，飲料水や食料を確保し，エネルギーを供給しなければならない。豊かな生活のために人類は産業を興し，さまざまな製品を製造し，これらを流通させてきた。生活や産業活動の維持のために，その資源となり，エネルギーとなる石炭や石油，鉱物などを地球上のあらゆる場所から取り出すと共に，地球上には存在しなかった新たなものを創り出してきた。その結果として，我々の生活は便利で豊かなものになった反面，周りの環境は有害物質で汚染されることが多くなった。

　地球環境を守るために我々が第一にしなければならないことは，汚染物質をなるべく環境に排出しないことである。さまざまなプロセスにおいて省エネルギー技術を推進し，あらゆる過程において有害物質のでないプロセスに変換しなければならない。このような環境を保全するための技術は環境保全・削減技術，ゼロエミッションプロセスなどと呼ばれている。化学分野においては，化学プロセスのあらゆる過程で環境に配慮するグリーンケミストリーの展開が求められている。

　一方で，我々の周りには既に汚染された環境が多数存在する。また，完全

なゼロエミッションプロセスの完成にはまだ時間がかかることから，今後も環境の汚染は起こり得る。したがって，このような環境から汚染物質を取り除き，元の安全な環境に戻す技術が求められており，これらは環境修復法あるいはレメディエーションと呼ばれている。また，これらの技術は除去法，環境浄化法と呼ばれることもある。環境浄化法は浄化の結果，元の環境とは異なった状態になる可能性もある。したがって，正確にいえば環境浄化法は環境修復法とは異なるはずであるが，実際には同じことを意味する言葉として用いられている。環境修復の後，元のきれいな状況を保つためには，保全技術によって外から汚染サイトに汚染物質が流入するのを防がなければならない。したがって，真の環境修復法は保全技術をも内包したものとなろう。これらの関係を図1-1-1に示す。

汚染物質をまったく環境に排出しない究極の保全技術があらゆる分野で完成すれば，環境修復技術は必要なくなる。しかし現実にはすべてに完全な保全技術はできていない。したがってしばらくは図1-1-2のように環境保全技術と環境修復技術は互いに相補的な技術として共存していくことになろう。たとえばある汚染物質に対して保全技術によって全体の80％の排出が抑制されれば，残りの20％を修復技術で処理すればよい。効果的な保全技術が

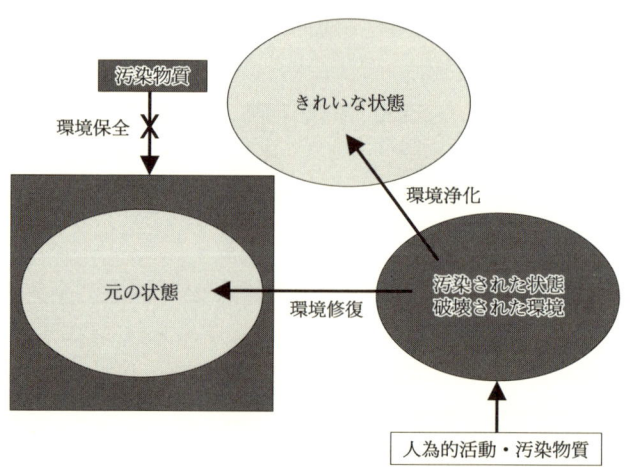

図1-1-1　環境修復の概念図

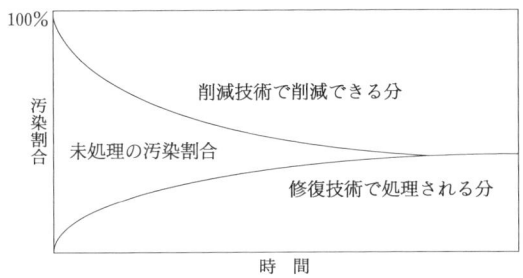

図1-1-2 環境保全技術と環境修復法との相補的関係。競争的ではなく相補的である。低コストの修復技術の出現は，削減技術を変えることもあり得る。

ない汚染物質については，修復技術を開発することによってカバーできる。

　環境修復を行なおうとする時に我々は何を考えるべきか。どんな汚染物質をどの程度除去すればよいのか，どのような除去技術が適用できるかを考えるのはいうまでもない。さらに，元の安全な環境に戻すというが，元とは何か，安全な環境とは何か，環境を修復するとは何を意味するのか。我々は環境修復を単なる技術として捉えるのではなく，体系化された学問としての環境修復学を展開する必要がある。

1-2　絵画や歴史的建造物の修復に学ぶ

　焼却法などの汚染物質の分解技術はかなり古くから存在していたが，新しい環境修復技術はここ20年ほどの歴史しか有さない。環境の修復を考える際に，修復に関して長い歴史をもつ歴史的建造物の修復や絵画の修復において学ぶべきところはないであろうか。1999年から京都西本願寺の修復が行なわれている。これは平成の大修復であり1800年の大修復に次ぐものとされる(図1-2-1, 2)。修復の様子は西本願寺のホームページでも知ることができるし，2004年正月にはNHKの番組でも紹介された。この番組のなかで興味深かったのは，腐った柱を新しいものと取り替えた時のことである。周りの柱は何百年もの長い歴史を感じさせる色合いをもっているのに対し，新しい柱は白木のままで，周りのものとはどうみてもバランスを欠くもので

図 1-2-1 西本願寺御影堂の平成の大修復(西本願寺から許可を得て掲載)。瓦降ろし(上)と御影堂を覆う素屋根の施工(下)の様子

図 1-2-2 絵画における修復(㈱イマジンから許可を得て掲載)

あった。もちろんこの柱にペンキを塗って周りのものに似せることは可能であろう。しかしこの時，宮大工たちは，西本願寺の天井裏に堆積したススを集めて，それを白木の柱に素手で何回も何回もこすり続け，ついに周りの柱とほとんど同じ色合いをもたせることに成功している。何百年にもわたって天井に溜まったススは，西本願寺がおかれた環境をまさに濃縮したものであり，このススを用いることは，新しい柱に歴史そのものを塗りつけることであり，そうすることによって歴史を経てきている他の柱と調和することができたのである。環境の修復においても，いかに周りの環境と調和しながら修復するかが重要であることを示している。

　絵画の修復ではどうであろうか。絵画の修復においてもいろいろのことが考慮されているが，特に重要なことは可逆的な修復という概念である。これは，もし必要であれば修復する前の状態に戻すことができることである。下

手な修復がなされた場合には修復前の絵画の価値さえも落としてしまう恐れがある。そう判断された場合に元の状態に戻せるようにしておくことが重要である。そのために修復に用いられる絵の具には特殊なものが用いられ，元の絵の具を溶かすことなしに，修復に用いた絵の具だけを溶かして除去できるようなものが用いられるという。

　絵画における可逆的な修復は，環境の修復にもあてはめることができるであろう。間違った修復が行なわれて取り返しのつかない状態にならないように，環境の修復もまたできるだけ可逆的なものをめざすことが必要である。

1-3　環境修復学の進め

　以上のことを踏まえて，単に環境修復の技術を学ぶだけでは真の環境の修復にならないことは明らかだ。それらを体系化し，その底流に流れる地球環境の理解に基づく学問としての環境修復学を確立しなければならない。この立場に立ってもう一度環境修復について考えてみよう。我々はまず修復する前の状態，自然の元の状態を知り，自然のシステムを充分に理解する必要がある。また，現在の状況をできるだけ詳しく知り，汚染の程度や広がりの予測，影響の評価をしなければならない。このためには感度が高く選択性に優れた分析技術やモニタリング技術も必要である。さらに，多様な汚染物質や汚染状況に対応し得る環境修復技術のライブラリーをつくっておく必要がある。そのために必要となる新規な吸着剤や除去・分解媒体の開発も必要となる。数ある修復技術のなかからその汚染サイトに最も適合した修復法を選ぶための方法論の確立，そして修復技術を実際の汚染サイトで運用するための行動規範のようなものも必要となるであろう。これらを体系化し学問としての環境修復学をめざす必要がある。

第2章 物質と生体と環境

北海道大学大学院環境科学院／沖野龍文・田中俊逸

2-1 生体と環境——ガイア説

　生体は環境にあるさまざまなものを利用して生活している。植物は光のエネルギーを用いて大気中の二酸化炭素を同化して有機物を合成し(光合成)，同時に酸素を環境中に放出している。動物は植物を餌として，あるいは植物を餌とする動物を食料として生息し，大気中の酸素を使って呼吸してエネルギーを得ると共に二酸化炭素を排出している。したがって環境と生体は相互に影響を及ぼし得る1つのシステムのようなものと捉えることができる(図2-1-1)。地球大気の酸素濃度は，図2-1-2に示すように地球が誕生してから今日までの46億年の間に大きく変遷してきた。生物が誕生する前の地球大

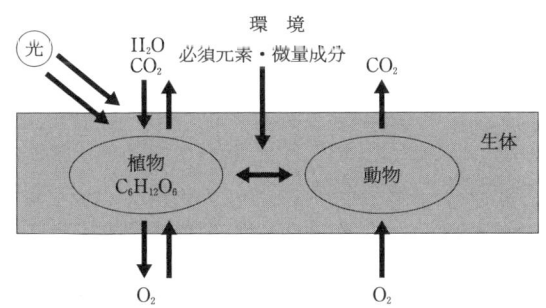

図2-1-1　環境と生体は切り離せない1つのシステム

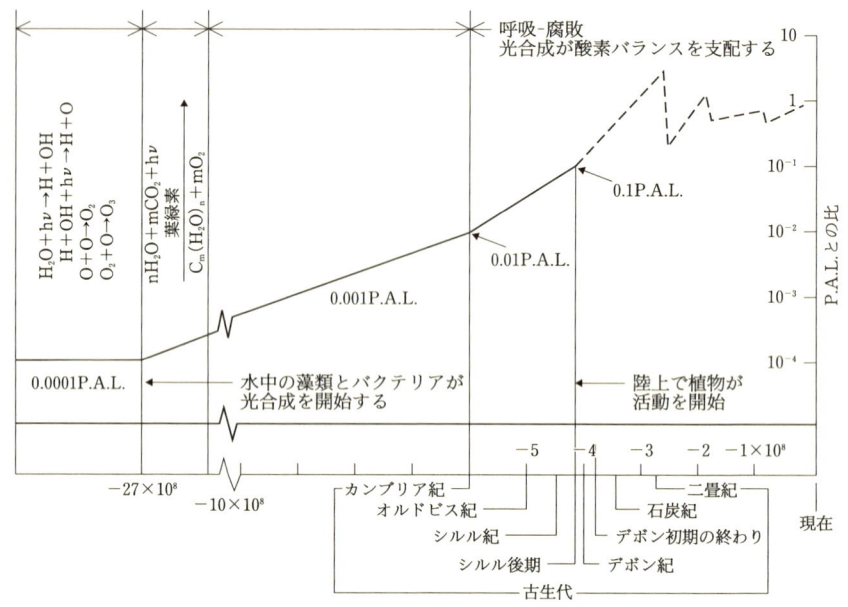

図 2-1-2 地球大気の酸素濃度の変遷(ルーベイ，1976)

気の酸素濃度は現在の酸素濃度レベル P.A.L. の 1 万分の 1 程度であったが，やがて太陽からの紫外線が届かない水のなかでシアノバクテリアのような光合成細菌が誕生し，さかんに酸素を大気中に放つことになる。大気中の酸素濃度が上昇すると共に，酸素自体あるいは酸素から生じたオゾンの出現によって地表に到着する紫外線量はさらに弱くなり，生物が活動できる場所が広がっていく。現在の酸素濃度レベルの 10 分の 1 程度になると，生物は陸上でも生息が可能になり，陸上植物の光合成によってますます酸素濃度は増加し，ついに現在の酸素濃度レベルに近づく。このようにみてくると地球環境は生体によって少しずつ変化したものであり，また生体も環境によって少しずつ変化してきたものである。英国の科学者ラブロックはこのことを捉え，地球と生体とのシステム(Biosphere)についてガイア(大地の女神)説 Gaia Hypothesis を唱えている。すなわち，

「両者は互いに作用しながら進化してきたもの，切り離すことのできない 1 つのシステムである」

「生物が一方的に環境を支配したものでもなければ，生物が単に環境に順応したものでもない」
というものである。

2-2　人類と物質

　人類は食物連鎖の頂点に位置し，さまざまな物質を食料として体内に取り込むと共に，それらを利用した後の残渣を排泄物として排出している。また，他の生物と同様，有害物質を体内に濃縮することもある。一方，人類は他の生物とは異なる物質との関係を有している。すなわち食料としてではない物質の利用である。人類と物質とのかかわりの1つとして，綿花や羊毛から繊維を得て衣類をつくり，あるいは木を使って住居を建て，また，木を燃やして暖を得るようなかかわり方がある。このような物質との関係は，自然にあるものをほぼそのままの形で使用するものであり，ここからは汚染物質は生成しない。ただし，その物質を多量に消費すれば森林破壊のような環境問題が生じる。人類はまた，自然にあるものを加工し形を変えることでより有用なものとして利用するようになった。たとえば，鉄鉱石を溶鉱炉で還元し，金属鉄を得ることによって，強固な農機具や武器を得ることができた。この場合精錬の過程で鉱滓がでたり，熱と還元のために，多量の木材を必要とするために，時に環境の破壊をもたらすこともあった。宮崎駿のアニメ映画「もののけ姫」の舞台は，たたら場という昔の鉄精錬所であり，環境問題がテーマの1つになっている。

　人類は近世になって，物質との新たな関係をもつようになる。それは自然界にはない新たな物質を合成化学，高分子化学的手法によってつくりだせるようになったことである。今ではその範囲は繊維やプラスチック，薬品や農薬など多岐にわたる。合成された多くの物質は人類の発展に大いに貢献した。人類の寿命が現在のように延びているのは，優れた医薬品の開発も理由の1つであろう。また，農薬は食料の増産に寄与し，食料の安定的な供給を支えている。多くの物質が人類の生存と発展に貢献している一方，なかには環境に対して深刻な影響を与えているものもある。PCBは開発当初は「夢の化

合物」と呼ばれ，その優れた熱的・化学的な安定性と絶縁性，疎水性から多くの分野で使用された。しかし，その優位性であった安定性が環境での残留性に，疎水性が生体への蓄積性をもたらす結果となり，有機化合物のなかでは最初に環境基準の項目のなかにいれられ規制の対象になった。

2-3 生体がつくる物質

　人類だけがその生活のために化学物質を使ってきたように思われているが必ずしもそうではない。人類以外の生物も化学物質を巧みに利用している。昆虫が性フェロモンによって異性を誘引するのも化学物質の利用である。植物は動物と違って動けないので，外敵や，熱や乾燥，紫外線などのストレスから身を守るためにさまざまな化学物質を産生し利用している。たとえば，カシやシラカバの葉は昆虫に加害されると，タンニンなどのフェノール性の化合物の含有量が高くなる。タンニンなどの苦味成分によって昆虫による摂食を阻害する(摂食阻害物質)，あるいは昆虫が近づくのを忌避しようとするのである(忌避物質)。また，植物が乾燥や紫外線，化学物質，ある種の細菌などによるストレスがかかると，これに対抗するための物質が体内で産生される。これらの物質はファイトアレキシンと呼ばれている。これらの生体が産生する忌避物質を船底塗料として使われていた有機スズ化合物の代替物質として利用する試みが行なわれている。このことについては第5章で詳しく述べる。
　次に生物個体間の情報伝達物質について詳しく述べ，自然界における化学物質の役割をこの節で深めることとする。
　一般に情報伝達物質というと，細胞間の情報伝達物質であるセカンドメッセンジャーや，個体内で別の組織の細胞に働くホルモンを思い起こすかもしれない。ホルモンについては，内分泌攪乱物質とも関連し，第3章で詳述される。フェロモンという言葉もよく一般に使われるが，同種の個体間情報伝達物質である。特に，昆虫のフェロモンとしては多種類の化合物が知られている(古前，1996)。害虫防除の手段としてフェロモントラップにより昆虫を集めて殺したり，逆に性フェロモンを放出してどこに異性がいるかわからず

交尾できなくするような使い方もある。したがってフェロモンは，環境に有毒物質を放出しない一種の農薬となり得る。また，一般にフェロモンはごく微量で作用することから，この撹乱農薬はごく微量の使用ですむ。昆虫のフェロモンの種特異性が非常に厳密であることも明らかにされており，目的とする種のみに作用する化学物質を用いることができる。以上3点は，環境に対する負荷の小さい農薬としての利点である。

異種の生物間で作用する情報伝達物質のことをアレロケミカルと呼ぶ(古前，1996)。アレロケミカルは，その物質を発信する生物にとって利益になるか，受容する生物にとって利益になるかによって以下のように分類される(表2-3-1)。つまり，アレロケミカルを発信する生物にとって有利になる化合物はアロモンと呼ばれる。たとえば，外的に対する防御物質や，餌となる生物を誘引するような物質である。カイロモンは，逆に受容する生物にとって有利になる化合物であり，摂食刺激物質などが例として挙げられる。一方，シノモンは両者にとって利益になる化合物であり，たとえば花の香りのように，花は花粉媒介昆虫を誘引し，昆虫は蜜を得ることができる。

アレロケミカルの古くから知られる例は，クロクルミ *Juglans nigra* である(古前，1996)。約2000年前から，クロクルミの周りには，他の植物が生育しないことが知られている。この現象は，クロクルミに含まれるある種の配糖体が，土壌中に溶け出し，加水分解と酸化を受けて，ジュグロンという化合物に変換され，このジュグロンが，他の植物に対して生育阻害作用を示すものである(図2-3-1)。

もう少し身近な例では，日本に戦後セイタカアワダチソウが繁茂したことが挙げられる。現在では，日本古来の植物であるススキがよくみられるようになった。セイタカアワダチソウが繁茂した理由には，帰化植物であるため

表2-3-1 アレロケミカルの利益関係

	産生者	受容者
アロモン	＋	－
カイロモン	－	＋
シノモン	＋	＋
アンチモン	－	－

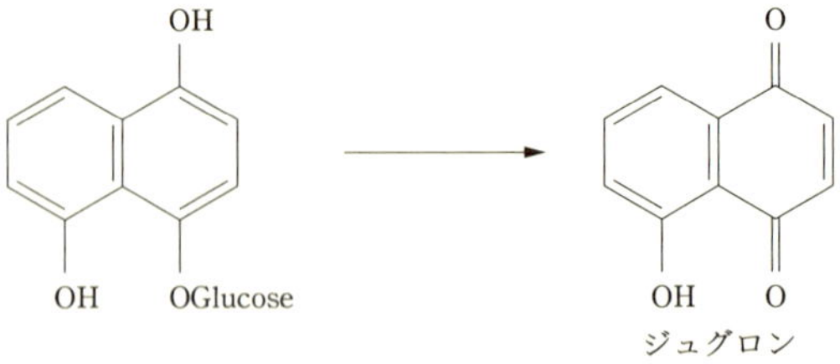

図 2-3-1　クロクルミのアレロケミカル

　害虫が少ない，背丈が高いので他の生物に対し有利であることもあろうが，化学物質が大きな役割を果たしている(今村, 1994)。つまり，図 2-3-2 に示すようなポリアセチレン類が，セイタカアワダチソウの繁茂している周辺土壌に放出され，他の植物の生育が阻害される。キク科の植物は，種に特異的なポリアセチレン類をもっており，図 2-3-2 に示すような強弱関係がある。そのため，新たな裸地が出現すると，ブタクサから，ヒメジオンなど，セイタカアワダチソウへと 3 年くらいの間に遷移が起こる。さらに，数十年の単位でススキへと移っていくのである。これらは，アレロケミカルの活性の強弱によって引き起こされる種の遷移である。侵入生物は大きな環境問題であるが，侵入生物が定着する要因として，時にはアレロケミカルのような化学物質が重要な役割を果たすことが挙げられる。

　植物の病原菌に対する防御機構として，上述のようなアレロケミカルが抗菌性物質として働き化学的に防御する他，セルロースなどからなる細胞壁や

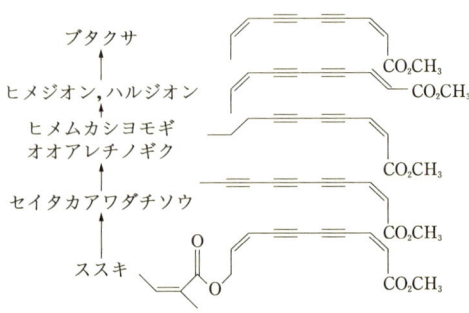

図 2-3-2　キク科植物のアレロケミカル

リグニンなどのような強固な壁による物理的防御機構がある．さらに，第三の防御機構としてファイトアレキシンがある．植物には動物のような免疫系(抗原抗体反応)はないが，病原菌の攻撃を受けた時に，植物組織が対抗するためにファイトアレキシンという防御物質が産生される．健全植物には検出されず菌の感染によって初めて産生される点で，感染前より存在する抗菌性物質とは区別される．ファイトアレキシンは，エリシターと呼ばれる分子によりその産生が誘導されるが，それには感染菌由来の化学物質である外因性のものと，植物組織自身に由来する内因性のものがある．ファイトアレキシンの例として，ジャガイモでは，内因性エリシターによりリシチン(図2-3-3)が産生される．

　海の侵入生物の問題も多数存在するが，ここではキラー海藻を取り上げる(内村，1999)．キラー海藻とは，地中海で大量に繁茂して大問題となっている緑藻イワヅタの一種イチイヅタ *Caulerpa taxifolia* である．イワヅタ類はもともと亜熱帯・熱帯海域に100種類以上生息しており，あまり魚などに食べられないので，よくめだつほどに生えている．1984年に初めて地中海で発見されたが，20°C以下では生存できないために，冬を越すことはないだろうといわれていた．しかしながら，2000年には地中海の1万3000 haを覆うほどまでに広がった．地中海に生息するイチイヅタは，熱帯種が変異したものといわれ，低温，深海でも生育可能であり，繁殖力が強い．また，二次代謝産物の含量が高いことでも知られる．実は，熱帯・亜熱帯海域のサンゴ礁魚も，この海藻をほとんど食べないことが知られており，1,4-ジアセトキシブタジエン部分を含むテルペン類(図2-3-4)が多く含まれるためといわれている(伏谷，1989)．この二次代謝産物は，魚毒性やウニに対する毒性を示し，天然の藻体濃度以下で摂餌阻害作用がある．ところで，このイチイヅタの起

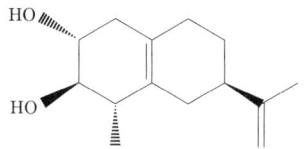

図2-3-3　ジャガイモのファイトアレキシン

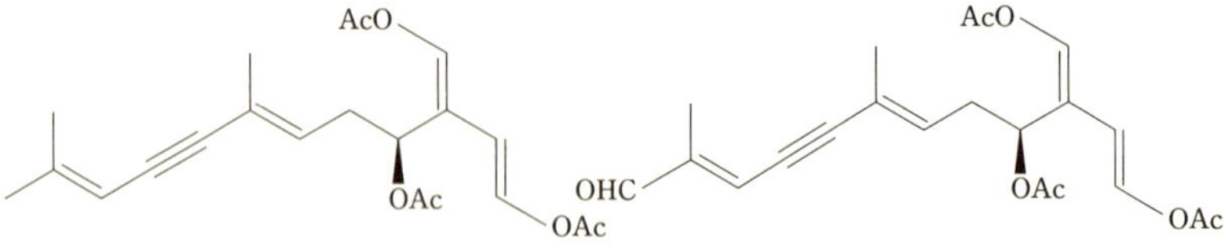

カウレルピニン　　　　　　タキシフォリアール B

図 2-3-4　イチイヅタのアレロケミカル

源は，最初の発見場所にあるモナコの水族館の熱帯水槽にあった展示海藻が排水口よりでてきたと考えられている。水族館の飼育環境で，地中海でも爆発的に増殖できるように変異してしまった。地中海ではさまざまな試みにもかかわらず，キラー海藻を制御できていない。2000年には米国のカリフォルニア州沿岸でも発見され，大きな話題となった。しかし，米国は迅速に駆除プログラムを実行し，現在のところ抑え込んでいるようである。ペットショップなどで売られていたイチイヅタを販売禁止にし，市民に対しても捨てないように啓蒙することで，海へキラー海藻が流れ込むことを防ぐ活動も同時に行なったのが成功の鍵である。アレロケミカルである魚の摂餌阻害物質も含め，増殖の要因はわかっているものの，一度大量に繁茂してからではなかなか制御できないのが現状である。

2-4　生物濃縮

　生体は環境にあるさまざまな物質を体内に取り込みながら生活をしている。取り込まれた物質は生体のいろいろなプロセスのなかで利用され，あるいは代謝されて体外に排出される。しかし，一部の物質は利用・代謝されることなく生体内にそのまま蓄えられる。化学物質が生体内に蓄積される時，生物濃縮が起こっているという。水中での有害化学物質の濃度がかなり低く生体に影響を与えるレベルではなくても，生体にこれらの化学物質が蓄積(濃縮)されることによって大きな影響を及ぼすことがある。したがって，化学物質の性質として難分解性と共に蓄積性・濃縮性が，生体への影響を考える時重要となる。化学物質審査規制法において特定化学物質を指定する際にも，そ

表 2-4-1　外洋生態系における有機塩素化合物の濃度(立川，1988)

	PCB	DDT
表層水(ng/L)	0.28	0.14
動物プランクトン(μg/kg)	1.8	1.7
ハダカイワシ(μg/kg)	48	43
スルメイカ(μg/kg)	68	22
スジイルカ(μg/kg)	3,700	5,200

の物質の生体への蓄積性が審査の指標の1つになっている。表2-4-1は，PCBやDDTなどの物質が食物連鎖を通して濃縮されていくことを示している。

　生物濃縮はそのメカニズムによって以下のように分類されることがある。ただし日本語としての「生物濃縮」は必ずしも厳密な定義にしたがっていないこともあるので注意を要する。

Bioaccumulation(生物蓄積)：化学物質が水中から直接，あるいは餌の摂取を通じて生物体内に取り込まれ，濃縮蓄積されること。

Bioconcentration(生物濃縮)：水中の化学物質が食物以外の経路で，主としてえらや体表から生物体に取り込まれ，濃縮されること。

Biomagnification(食物連鎖による蓄積)：食物連鎖の下位の生物を餌として摂取することにより化学物質を蓄積すること。

　ある化学物質が生物濃縮性を示すかどうかは，対象とする化学物質を溶解した溶液中で生物を飼育することにより化学物質に曝露させ，生物中と水中での化学物質濃度が平衡になった時点で両者の比を求めることで評価されている。OECDでは生物濃縮性の試験として表2-4-2のようなガイドライン(魚による流水式試験方法)を定めている。

　平衡時の生体中および水中の化学物質の濃度が求まると，以下の式によって生物濃縮係数 Bioconcentration Factor(BCF)を求めることができる。

　　$BCF = C_f / C_w$　　　C_f：平衡時の魚体中の化学物質濃度，C_w：平衡時の水中の化学物質濃度

また，化学物質の生体中への取り込み速度と，排出速度からBCFを表わす

表 2-4-2　魚を用いる濃縮試験（OECD テストガイドライン）

推奨魚種：	ゼブラフィッシュ，コイ，メダカ，グッピー，ニジマスなど
試験期間：	取り込み　28日，28日で平衡に達しない場合には平衡時または60日の短い方
	排泄　　　95%消失あるいは取り込みの2倍の期間の短い方
試験水の分析：	取り込み時5回，排泄時4回
溶存酸素：	飽和時の60%以上
水温：	推奨される水温，変動±2℃
水の交換：	流水式
給餌：	1日に体重の1〜2%程度

こともできる。

　　　$BCF = k_1/k_2$　　　k_1：取り込み速度，k_2：排出速度

　生物試験によって化学物質の生物濃縮性を調べるには，長い時間と手間のかかる操作が必要であるし，コストもかかる。そのため生物濃縮性を，その化学物質の疎水性から評価する試みが古くから行なわれている。疎水性を評価する手段としてオクタノール/水分配係数を求める方法がある。これは水に混じらないオクタノールと水の2つの溶媒間での物質の分配係数を求め，これをその物質の疎水性を示す指標にしようとするものである。

　　　$Pow = C_o/C_w$　　　C_o：オクタノール中の濃度，C_w：水中の濃度

　オクタノール/水分配係数を求める方法は簡単な化学的操作のみであるので，短時間で求めることができ，しかもコストもあまりかからない。オクタノール/水分配係数とBCFとはよい相関を示すことが知られている（図2-4-1）。また，表 2-4-3 にはいくつかの物質のオクタノール/水分配係数と生物濃縮係数を示す。

　種々のファクターが生物濃縮に影響を与える。生物の種類や成長段階によっても生物濃縮性は異なる。これは生体中の脂肪含有量や個体質量あたりの表面積の割合，あるいは，魚類などでは鱗があるかどうかなど表皮の状態の違いにも依存する。さらに温度や酸素量，pHなどの水質条件にも大きく依存する。

　一般にPowが大きくなると共に生物濃縮性も大きくなるが，logPowが6を超えると逆に生物濃縮性が低下するものがでてくる。これは分子サイズが大きくなると共に疎水性が大きくなりPowも大きくなるが，分子が大き

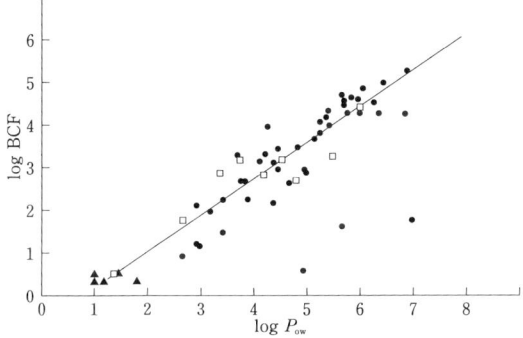

図 2-4-1　オクタノール/水分配係数と生物濃縮係数との相関(若林，2003)

表 2-4-3　塩素置換芳香族炭化水素の Pow と生物濃縮係数(若林，2003)

物質名	logPow	logBCF
ヘキサクロロベンゼン	5.8	>4
ヘキサブロモベンゼン	>6	0
1,2-ジクロロナフタレン	4.9	3.4
1,4-ジクロロナフタレン	4.4	3.8
1,2,3,4-ジクロロナフタレン	5.9	4.5
オクタクロロナフタレン	8.4	0
2,3,7,8-TCDD	>6	>3
OCDD	>6	0

TCDD：テトラクロロジベンゾ-p-ジオキシン
OCDD：オクタクロロジベンゾ-p-ジオキシン

くなりすぎて，分子の断面の幅が 0.98 nm を超えると魚類のえらの細胞膜における透過性が減少するためと考えられている。

　化学物質の環境や生体への影響を実験的に明らかにするのではなく，その化学物質の構造や電子論的性質から推測しようとする試みも行なわれている。これは薬物デザインなどで用いられている分子構造と生物活性との関係を定量的に明らかにする定量的構造活性相関の手法を環境分野にも適用しようとするものである。たとえば，化学物質が特定の影響やレスポンスを示す濃度を $C(mol/l)$ とすると，

$$\log(1/C) = a\pi + b\sigma + cE + d$$

π：疎水性を示すパラメーター(Pow)，σ：電子的寄与を示すパラメーター，E：立体的影響を示すパラメーター，a，b，c，d：実験値から求まる定数

疎水性が決定的要素の場合には，以下のような簡略化された式によって表わすことができる。

$$\log(1/C) = a\pi + d$$

重金属も生物濃縮される。ある種の生物は特定の重金属を濃縮することが知られている。ホヤはバナジウムを，ホタテはカドミウムを濃縮するし，海藻のなかには砒素を濃縮するものもある。水銀の食物連鎖による濃縮も報告されている(図2-4-2)。

多くの植物にとって重金属は毒物である。しかし，ある種の植物は重金属イオンを濃縮する。銅像や銅瓦のあるところに生息する銅ゴケは，銅を高濃度に濃縮しているし，ヘビノネゴザは「金山草」とも呼ばれ，銅，亜鉛，カドミウムなどの重金属を含む鉱山地帯によく繁茂する。そのため金属鉱脈を

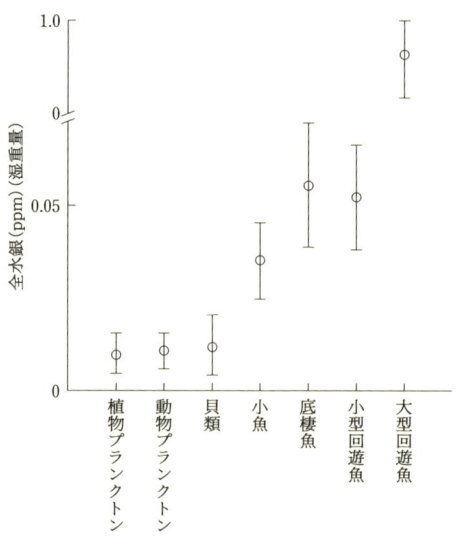

図 2-4-2　水銀における生物濃縮(西村，1975)

みつけるための指標植物にもなっている。リョウブやモエシマシダなども金属を濃縮する性質をもっている。重金属に対する耐性はメタロチオネインのような金属結合タンパクの産生による。メタロチオネインについては第3章に詳しく述べられる。植物の金属を吸収する性質は，重金属によって汚染された土壌の修復に用いられている（ファイトレメディエーション）。ファイトレメディエーションについては第4章に詳しく述べられる。

[引用文献]
[2-3　生体がつくる物質]
古前恒. 1996. 化学生態学への招待. 253 pp. 三共出版.
伏谷伸宏. 1989. 緑藻. 海洋生物のケミカルシグナル, pp. 50-54. 講談社サイエンティフィク.
今村壽明. 1994. 日本へ進駐した黄色い花. 化学で勝負する生物たち（I）, pp. 1-10. 裳華房.
内村真之. 1999. 地中海のイチイヅタ. 藻類, 47：187-203.
[2-4　生物濃縮]
西村雅吉・松永勝彦. 1975. 魚介類の水銀とその環境の地球化学. 化学と工業, 28：110.
W. ルーベィ・L.V. バークナー・L.C. マーシャル（竹内均訳）. 1976. 海水と大気の起源. 214 pp. 講談社.
立川涼. 1988. 有機塩素化合物による汚染. 水質汚濁研究, 11：148.
若林明子. 2003. 化学物質と生態毒性. 457 pp. 丸善.

化学物質の生体への影響とその評価

第3章

北海道大学大学院環境科学院／藏﨑正明・高橋洋介・
東條卓人・新岡　正・山崎健一，
北海道大学創成科学共同研究機構・北海道大学大学院薬学研究院／安住　薫
北海道大学大学院獣医学研究科／石塚真由美，

3-1　化学物質の影響評価

　有害化学物質，環境汚染化学物質という表現が多く見受けられる。しかし，化学物質を有害なものと無害なものとに明確に分けることは難しい。すべての化学物質はたとえヒトに有益な物質であったとしても何らかの毒性を発揮する場合がある。たとえば絶対安全であると信じられている砂糖のLD50(半数致死量)は30 g/kg，食塩だと4 g/kgである。つまり体重60 kgの成人が1.8 kgの砂糖を食べたり，240 gの食塩を摂取したりするとその半数の人間が死亡すると考えられているのである。これが少し危険そうな硫酸銅(5水和物)だと経口摂取でLD50が300 mg/kg(ラット)，明らかに危険そうな有機リン系の農薬のパラコートだとイヌの経口摂取で25 mg/kgと危険度は増してくる。多くの人が毒物の代名詞のように思う青酸カリ(シアン化カリウム)のLD50は10 mg/kgである。一般的にLD50が300 mg/kg以上のものを普通物，それ未満のものを危険物，危険物の内でLD50が30 mg/kg以下のものを特に毒物と規定している。しかし言い換えると青酸カリは砂糖のたった3000倍しか危険でないのである。このようにすべての化学物質はその過剰な摂取で毒性を発揮し，その毒性は量を多く摂取すれば摂取するほど，また

一定量摂取している場合は摂取期間が長ければ長いほど発揮されると考えられてきた。量と毒性の関係は明確な量-反応関係 dose response が認められ，それが化学物質の生体への影響を考える毒性学者の基本となっていたのである。しかし 1962 年にレイチェル・カーソンが『沈黙の春 Silent Spring』という環境中に残留した DDT の毒性についての著書を出版し，さらに 1996 年に動物学者であるテオ・コルボンが『奪われし未来 Our Stolen Future』を発表すると多くの毒性学者は強い衝撃を受けることとなった。それは毒性学的見地から考えると生体に影響を与えないはずの環境中に微量に残留した化学物質が性ホルモン作用を撹乱するという内容であったからである。このような性ホルモン作用を撹乱する化学物質は外因性内分泌撹乱化学物質と総称している。わが国では放送局が当初用いた「環境ホルモン」の呼び名の方が通りがいいかもしれないし，現在世界でも Environmental Hormones で通用するようになってきている。では，なぜこれらの外因性内分泌撹乱化学物質が微量で性ホルモン作用を撹乱できるかを次に考えてみたい。

3-1-1 内分泌撹乱化学物質とは

アメリカ五大湖に生息する魚類のなかで成熟遅延，生殖巣の縮小，加齢による生殖能の低下，雄の二次性徴欠如，血中エストラジオール・テストステロン濃度低下などが観察された。またフロリダの Apopka 湖のミシシッピーワニに雄のペニス矮小化，血中テストステロン量低下，精巣機能不全，雌の血中エストラジオール濃度上昇，卵胞での異常卵・多卵，卵巣の退行などが観察されたことが化学物質の内分泌撹乱作用を推定させる始まりとなった。どのような機構で化学物質が性ホルモンを撹乱するのかに関しては，1996 年のサイエンス誌に掲載されて以来，多くの報告がなされている (Arnold et al., 1996)。図 3-1-1 に示すように生体に取り込まれた化学物質が性ホルモンの受容体に結合することにより，あたかも性ホルモンが存在したかのような挙動をとるのである。では，なぜ化学物質が受容体と結合できるのか。図 3-1-2 の上部に示したのが女性ホルモンであるエストラジオール類であるが，この女性ホルモンと一部が類似した構造をもつ化学物質が受容体に誤って結合することで性ホルモン系を撹乱しているのではないかと考えられてい

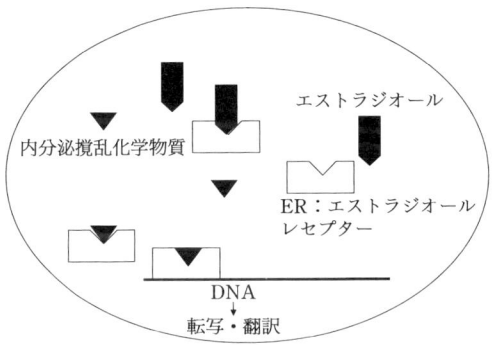

図 3-1-1　内分泌撹乱化学物質の性ホルモン撹乱メカニズム

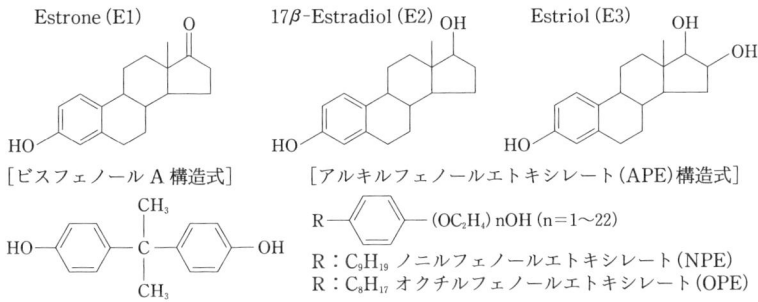

図 3-1-2　エストラジオールと内分泌撹乱化学物質の構造

る。もちろん受容体に結合する親和力はエストラジオールに比べてかなり低いが，生体内に取り込まれた化学物質が，その取り込まれた濃度(量)自体は毒性を発揮する濃度(量)でなくとも，性ホルモン受容体に結合することであたかも性ホルモンが生体内に分泌された時と同じ反応を体に引き起こし内分泌系を撹乱するのである。この現象は，化学物質の毒性はその取り込まれた量によって規定されるとした毒性学の基本概念を根底から覆し，社会的にも大きな問題となった。次の項ではこの内分泌撹乱化学物質に対する，わが国の対応をみていきたい。

3-1-2 環境庁 SPEED '98 の概略

　1996年3月に『奪われし未来』が刊行されて9か月後に環境庁，厚生省，通商産業省，農林水産省，労働省による情報交換会が設置され，1997年3月に外因性内分泌撹乱化学物質問題に関する研究班(座長：鈴木継美国立環境研究所長)が立ち上がり，「環境ホルモン戦略計画 SPEED '98」につながっていった。そのなかで環境ホルモン問題は「人や野生動物の内分泌作用を撹乱し，生殖機能阻害，悪性腫瘍誘発を引き起こす可能性のある内分泌撹乱化学物質(環境ホルモン)による環境汚染は，生物存続の基本条件に関わるものであり，世代を超えた影響が懸念される環境保全上重要な課題である」と定義づけたのである。

　この項では「化学物質の内分泌かく乱作用に関する環境省の今後の対応方針について」(環境省，2005)を参考に概説しよう。

　環境省ではまず，内分泌撹乱作用が疑われる67の化学物質(表3-1-1)を選定した。しかし，この67化学物質すべてが内分泌撹乱化学物質(性ホルモン撹乱物質)であるかのような印象を多くの人および団体に与えることとなり，各地方自治体の対応にも混乱がみられた。そこで2000年11月に65化学物質に訂正する際に，「リストに挙げられた物質＝性ホルモン撹乱作用がある」という誤解を避けるために，「これらの物質は，内分泌かく乱作用の有無，強弱，メカニズムなどが必ずしも明らかになっておらず，あくまでも優先して調査研究を進めていく必要性の高い物質群であり，今後の調査研究の過程で増減することを前提としている」というただし書きが付記された。SPEED '98において具体的にその化学物質の影響評価を行なう骨格として，①環境中での検出状況，野生動物などにかかわる実態調査，②試験研究および技術開発の推進，③環境リスク評価，環境リスク管理および情報提供の推進，④国際的なネットワーク強化のための努力の4つの目標が掲げられた。

　この方針により大気，土壌，水質，底質，室内空気に関して38〜61化学物質の濃度が測定され，さらに野生生物中の体内濃度，人体への影響を考慮して室内空気などの濃度が測定された。これらの結果はすぐに重篤な障害を予見させるものはなかったが，後述する影響評価試験の濃度選定のための基礎資料として用いられた。野生生物の調査では，トリブチルスズなどが原因

表 3-1-1 内分泌撹乱作用が疑われる 67 化学物質

A. 非意図的生成物，難燃剤，絶縁油など
 ベンゾピレン，ポリ臭化ビフェニール類，ポリ塩化ビフェニール類，ポリ塩化ジベンゾダイオキシン，ポリ塩化ジベンゾフラン

B. 除草・殺虫剤など，農薬
 アルジカルブ，ベノミル，カルバリル，メソミル，ビンクロゾリン，マンコゼブ，マンネブ，メチラム，ジネブ，ジラム

C. 有機塩素系殺虫剤
 アルドリン，ディルドリン，trans-/cist-クロルデン，ヘプタクロル，ヘプタクロルエポキサイド，trans-ノナクロル，オキシクロルデン，DDT，DDD，DDE，エンドリン，エンドスルファン，ヘキサクロロシクロヘキサン，ケポン，メトキシクロル，マイレックス，トキサフェン，シペルメトリン，エスフェンバレレート，フェンバレレート，ペルメトリン，アトラジン，メトリブジン，シマジン，2,4-ジクロロフェノキシ酢酸，2,4,5-トリクロロフェノキシ酢酸，アラクロール，アミトロール，ジブロモクロロプロパン，2,4-ジクロロフェノール，エチルパラチオン，ヘキサクロロベンゼン，ケルセン，マラチオン，ニトロフェン，オクタクロロスチレン，ペンタクロロフェノール，トリフルラリン

D. プラスチック可塑剤，樹脂関連物質
 プラスチック可塑剤：フタル酸類全般，フタル酸ブチルベンジル，フタル酸ジブチル，フタル酸ジシクロヘキシル，フタル酸ジエチルヘキシル，フタル酸ジエチル，フタル酸ジヘキシル，フタル酸ジ-n-ペンチル，フタル酸ジプロピル，アジピン酸ジ-2-エチルヘキシル
 樹脂関連物質：ビスフェノール A，アルキルフェノール，ノニルフェノール，p-オクチルフェノール，スチレン

E. その他
 スズ化合物：トリブチルスズ，ビストリブチルスズオキサイド，トリブチルスズ，塩化トリブチルスズ，トリフェニルスズ，塩化トリフェニルスズ
 紫外線吸収剤，合成中間体など：ベンゾフェノン 2.4-ニトロトルエン

と考えられるイボニシ貝の雌にペニスが形成される現象を国立環境研の堀口博士が発見し，大きな成果として特筆される(Horiguchi et al., 1997)。

　生体への影響評価は，諸外国の論文の検索などから特に内分泌撹乱作用が疑われる 28 化学物質について，実際に環境中で検出された濃度をメダカおよびラットに曝露して行なわれた。メダカはこれまで化学物質の影響を鋭敏に検知する生物として広く認知され，一部の化学物質の曝露により性転換を起こすことがよく知られている。このメダカを用いたメダカ試験およびラット試験の方法の概略を図 3-1-3 に，結果を表 3-1-2(1)と 3-1-2(2)に示す。共にこれらの試験の眼目は性ホルモン系の撹乱作用を次世代にわたって調べることにある。その結果を要約すると，メダカ試験において環境中に存在し得

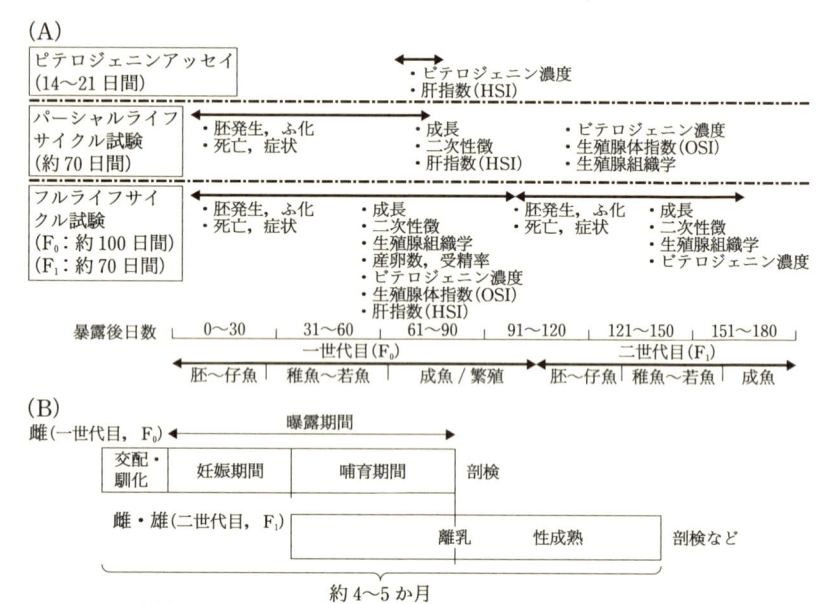

図3-1-3 メダカ試験(A)とラット試験の概要(環境省, 2005 より)

ラットの妊娠期間はおよそ22日, 生後, 離乳まで21日。雌の場合, 妊娠可能となるまでは離乳後およそ30～35日, 雄の場合は, 包皮分離まで40日前後である。妊娠期間から離乳までの間およそ43日間にわたり試験物質により曝露される。

る濃度条件下でノニルフェノール, オクチルフェノール, ビスフェノールAに内分泌撹乱作用が認められ, DDTおよびDDEに内分泌撹乱作用を疑わせる所見を得たが, 残りの23化学物質については明らかな内分泌撹乱作用は認められなかった。また哺乳類への影響(ヒトを含む)を推定するためのラットを用いた試験では, ヒト推定曝露量での条件下で調べられた28化学物質すべてで明確な内分泌撹乱作用が認められなかった。これらの結果を受けて化学物質の性ホルモン関係への影響に対する懸念は急速に世間では薄れていくことになる。しかしながらここでしっかり認識しなくてはいけないのは, 現在のわが国の化学物質汚染状況のもとではこれら化学物質による性ホルモンによる撹乱は受けていないという意味であり, 今後これより高い濃度の汚染が起こった時, あるいは他の国でより高い濃度での汚染が認められた時に, これらの化学物質が安全であるという意味ではないということである。

表 3-1-2(1) メダカ試験の結果(環境省, ExTEND 2005 より)

物質名	試験結果
アジピン酸ジ-2-エチルヘキシル	頻度は低いものの, 精巣卵の出現が確認されたが, 受精率に悪影響を与えるとは考えられず, 明らかな内分泌かく乱作用は認められなかった.
アミトロール	明らかな内分泌かく乱作用は認められなかった.
塩化トリフェニルスズ	明らかな内分泌かく乱作用は認められなかった.
塩化トリブチルスズ	明らかな内分泌かく乱作用は認められなかった.
オクタクロロスチレン	明らかな内分泌かく乱作用は認められなかった.
4-t-オクチルフェノール	①魚類の女性ホルモン受容体との結合性が強く, ②肝臓中ビテロジェニン(卵黄タンパク前駆体)濃度の上昇, ③精巣卵の出現, ④産卵数・受精率の低下が認められ, 魚類に対して内分泌かく乱作用を有することが強く推察された.
cis-クロルデン	明らかな内分泌かく乱作用は認められなかった.
2,4-ジクロロフェノール	明らかな内分泌かく乱作用は認められなかった.
4-ニトロトルエン	頻度は低いものの, 精巣卵の出現が確認されたが, 受精率に悪影響を与えるとは考えられず, 明らかな内分泌かく乱作用は認められなかった.
trans-ノナクロル	明らかな内分泌かく乱作用は認められなかった.
4-ノニルフェノール(分岐型)	①魚類の女性ホルモン受容体との結合性が強く, ②肝臓中ビテロジェニン(卵黄タンパク前駆体)濃度の上昇, ③精巣卵の出現, ④受精率の低下が認められ, 魚類に対して内分泌かく乱作用を有することが強く推察された.
ビスフェノールA	①魚類の女性ホルモン受容体との結合性が弱いながらも認められ, ②肝臓中ビテロジェニン(卵黄タンパク前駆体)濃度の上昇, ③精巣卵の出現, ④孵化日数の高値(遅延)が認められ, 魚類に対して内分泌かく乱作用を有することが推察された.
フタル酸ジエチル	明らかな内分泌かく乱作用は認められなかった.
フタル酸ジ-2-エチルヘキシル	頻度は低いものの, 精巣卵の出現が確認されたが, 受精率に悪影響を与えるとは考えられず, 明らかな内分泌かく乱作用は認められなかった.
フタル酸ジシクロヘキシル	頻度は低いものの, 精巣卵の出現が確認されたが, 受精率に悪影響を与えるとは考えられず, 明らかな内分泌かく乱作用は認められなかった.
フタル酸ジ-n-ブチル	頻度は低いものの, 精巣卵の出現が確認されたが, 受精率に悪影響を与えるとは考えられず, 明らかな内分泌かく乱作用は認められなかった.

物質名	試験結果
フタル酸ジプロピル	明らかな内分泌かく乱作用は認められなかった。
フタル酸ジヘキシル	明らかな内分泌かく乱作用は認められなかった。
フタル酸ジペンチル	明らかな内分泌かく乱作用は認められなかった。
フタル酸ブチルベンジル	明らかな内分泌かく乱作用は認められなかった。
β-ヘキサクロロシクロヘキサン	頻度は低いものの，精巣卵の出現が確認されたが，受精率に悪影響を与えるとは考えられず，明らかな内分泌かく乱作用は認められなかった。
ヘキサクロロベンゼン	頻度は低いものの，精巣卵の出現が確認されたが，受精率に悪影響を与えるとは考えられず，明らかな内分泌かく乱作用は認められなかった。
ベンゾフェノン	頻度は低いものの，精巣卵の出現が確認されたが，受精率に悪影響を与えるとは考えられず，低濃度(文献情報等により得られた魚類推定曝露量を考慮した比較的低濃度)での明らかな内分泌かく乱作用は認められなかった。
ペンタクロロフェノール	明らかな内分泌かく乱作用は認められなかった。
p,p'-DDD	頻度は低いものの，精巣卵の出現が確認されたが，受精率に悪影響を与えるとは考えられず，明らかな内分泌かく乱作用は認められなかった。
p,p'-DDE	肝臓中ビテロジェニン(卵黄タンパク前駆体)濃度の濃度依存的な上昇，精巣卵の濃度依存的な出現が認められたため，フルライフサイクル試験を実施後に評価の予定。
o,p'-DDT	肝臓中ビテロジェニン(卵黄タンパク前駆体)濃度の濃度依存的な上昇，精巣卵の濃度依存的な出現が認められたため，フルライフサイクル試験を実施後に評価の予定。
p,p'-DDT	明らかな内分泌かく乱作用は認められなかった。

http://www.env.go.jp/chemi/end/speed98/speed98-20.pdf

表 3-1-2(2) ラット試験の結果(環境省，ExTEND 2005 より)

物質名	試験結果
アジピン酸ジ-2-エチルヘキシル	文献情報等により得られたヒト推定曝露量を考慮した用量(4用量群で実施)での明らかな内分泌かく乱作用は認められなかった。
アミトロール	文献情報等により得られたヒト推定曝露量を考慮した用量(3用量群で実施)での明らかな内分泌かく乱作用は認められなかった。
塩化トリフェニルスズ	文献情報等により得られたヒト推定曝露量を考慮した用量(4用量群で実施)での明らかな内分泌かく乱作用は認められなかった。

第 3 章　化学物質の生体への影響とその評価　29

物質名	試験結果
塩化トリブチルスズ	文献情報等により得られたヒト推定曝露量を考慮した用量(4用量群で実施)での明らかな内分泌かく乱作用は認められなかった。
オクタクロロスチレン	文献情報等により得られたヒト推定曝露量を考慮した用量(4用量群で実施)での明らかな内分泌かく乱作用は認められなかった。
4-t-オクチルフェノール	文献情報等により得られたヒト推定曝露量を考慮した用量(4用量群で実施)での明らかな内分泌かく乱作用は認められなかった。
cis-クロルデン	文献情報等により得られたヒト推定曝露量を考慮した用量(4用量群で実施)での明らかな内分泌かく乱作用は認められなかった。
2,4-ジクロロフェノール	文献情報等により得られたヒト推定曝露量を考慮した用量(4用量群で実施)での明らかな内分泌かく乱作用は認められなかった。
4-ニトロトルエン	文献情報等により得られたヒト推定曝露量を考慮した用量(4用量群で実施)での明らかな内分泌かく乱作用は認められなかった。
trans-ノナクロル	文献情報等により得られたヒト推定曝露量を考慮した用量(4用量群で実施)での明らかな内分泌かく乱作用は認められなかった。
4-ノニルフェノール(分岐型)	文献情報等により得られたヒト推定曝露量を考慮した用量(4用量群で実施)での明らかな内分泌かく乱作用は認められなかった。
ビスフェノール A	文献情報等により得られたヒト推定曝露量を考慮した用量(4用量群で実施)での明らかな内分泌かく乱作用は認められなかった。
フタル酸ジエチル	文献情報等により得られたヒト推定曝露量を考慮した用量(4用量群で実施)での明らかな内分泌かく乱作用は認められなかった。
フタル酸ジ-2-エチルヘキシル	文献情報等により得られたヒト推定曝露量を考慮した用量(4用量群で実施)での明らかな内分泌かく乱作用は認められなかった。
フタル酸ジシクロヘキシル	文献情報等により得られたヒト推定曝露量を考慮した用量(4用量群で実施)での明らかな内分泌かく乱作用は認められなかった。
フタル酸ジ-n-ブチル	文献情報等により得られたヒト推定曝露量を考慮した用量(5用量群で実施)での明らかな内分泌かく乱作用は認められなかった。
フタル酸ジプロピル	文献情報等により得られたヒト推定曝露量を考慮した用量(4用量群で実施)での明らかな内分泌かく乱作用は認められなかった。

物質名	試験結果
フタル酸ジヘキシル	文献情報等により得られたヒト推定曝露量を考慮した用量（4用量群で実施）での明らかな内分泌かく乱作用は認められなかった。
フタル酸ジペンチル	文献情報等により得られたヒト推定曝露量を考慮した用量（4用量群で実施）での明らかな内分泌かく乱作用は認められなかった。
フタル酸ブチルベンジル	文献情報等により得られたヒト推定曝露量を考慮した用量（4用量群で実施）での明らかな内分泌かく乱作用は認められなかった。
β-ヘキサクロロシクロヘキサン	文献情報等により得られたヒト推定曝露量を考慮した用量（4用量群で実施）での明らかな内分泌かく乱作用は認められなかった。
ヘキサクロロベンゼン	文献情報等により得られたヒト推定曝露量を考慮した用量（4用量群で実施）での明らかな内分泌かく乱作用は認められなかった。
ベンゾフェノン	文献情報等により得られたヒト推定曝露量を考慮した用量（3用量群で実施）での明らかな内分泌かく乱作用は認められなかった。
ペンタクロロフェノール	文献情報等により得られたヒト推定曝露量を考慮した用量（4用量群で実施）での明らかな内分泌かく乱作用は認められなかった。
p,p'-DDD	文献情報等により得られたヒト推定曝露量を考慮した用量（4用量群で実施）での明らかな内分泌かく乱作用は認められなかった。
p,p'-DDE	文献情報等により得られたヒト推定曝露量を考慮した用量（4用量群で実施）での明らかな内分泌かく乱作用は認められなかった。
o,p'-DDT	文献情報等により得られたヒト推定曝露量を考慮した用量（4用量群で実施）での明らかな内分泌かく乱作用は認められなかった。
p,p'-DDT	文献情報等により得られたヒト推定曝露量を考慮した用量（4用量群で実施）での明らかな内分泌かく乱作用は認められなかった。

http://www.env.go.jp/chemi/end/speed98/speed98-19.pdf

わが国の環境中で検出された濃度条件下，わが国内でヒトが曝露されていると推定される濃度の条件下で，調べられた28化学物質の内23化学物質に内分泌撹乱作用が認められなかったという事実から，あたかもこれら23化学物質がいかなる場合においても内分泌撹乱作用を示さないかのような情報が一人歩きしている。

3-1-3　環境省 ExTEND 2005 の概略

環境省は2005年3月，SPEED '98 の総括をもとに新たな環境ホルモン戦略を提示した。いわゆる ExTEND 2005 である。本項も環境省(2005)を参考に記述する。

Extend とは Enhanced Tack on Endocrine Disruption の略に策定年を添えたものであるとされている。その策定理念は2003年5月の内分泌撹乱化学物質に関する政府見解「内分泌系に影響を及ぼすことにより，生体に障害や有害な影響を引き起こす外因性の化学物質」をもとにしている。

具体的な目標としては，①野生生物の基礎データの収集と観察，②環境中化学物質濃度の実体調査と曝露量の推定，③化学物質受容体などの探索を含む基盤研究の推進，④新たな影響評価系の開発，⑤リスク評価・リスク管理，⑥情報提供とリスクコミュニケーションなどの推進，などが掲げられているが，大枠としては SPEED '98 の目標と大きな変化はない。ただ，SPEED '98 において顕著な内分泌撹乱化学物質が見出されなかったことから，性ホルモン以外の生体影響にも目を向け，まず，基本的な生体における化学物質の作用機序を明らかにしていこうという姿勢が窺える。併せて，性ホルモン撹乱作用以外の影響も評価するための新しい影響評価系の構築の必要が説かれている。現在2005年度の試験的研究を経て，2006年からの本格的な研究がスタートを切られている。ただ採択された基盤研究の多くはやはりメダカを中心とした性ホルモン撹乱作用のメカニズムに関する研究，あるいは性ホルモン撹乱作用を中心とした影響評価系の開発，および性ホルモン撹乱現象の有無に関する野生生物の調査など，性ホルモン撹乱作用以外の研究には未だ踏み出せていないのが現状である。

3-1-4　性ホルモン撹乱作用以外の化学物質の影響

化学物質が，性ホルモン撹乱作用以外に影響を及ぼしたとする報告について以下に述べる。

このことを早い内に明らかにしたのは Jacobson and Jacobson(1996)である。彼らはアメリカ五大湖が PCB(ポリ塩化ビフェニル，内分泌撹乱化学物質の1種であると認定されている)による汚染が進んでいることに着目して，五大湖沿

表3-1-3 五大湖沿岸居住母子のPCB量(Jacobson and Jacobson, 1996より)

測定項目	PCB量	サンプル数
臍帯血	3±2 ng/ml	139
母親血清	6±4 ng/ml	142
母乳	841±386 ng/g fat	113
生後4年児血清	2±3 ng/ml	179
生後11年児血清	1±1 ng/ml	156

表3-1-4 PCB母乳摂取児童のIQ(Jacobson and Jacobson, 1996より)

	出生前曝露		P値
	<1.25 μg/g of Fat (N=148)	≧1.25 μg/g of Fat (N=30)	
	不出来数(%)		
フルスケール知能指数	17(11)	12(40)	<0.001
動詞理解力	16(11)	12(40)	<0.001
混乱の秩序性	18(12)	11(37)	<0.001
文章読解力	14(10)	7(23)	0.03

岸に居住している母親の母乳にPCBが高濃度に蓄積していることを明らかにした(表3-1-3)。そのことから,その母乳で育てられた子供のIQを調べてみるとPCB濃度の低い母乳で育てられた子供に比べて有意に低下していることを発見した(表3-1-4)。さらに行動理解力,言語理解力などを調べてみるとPCB高濃度母乳で育った子供では,そうではない子供に比べて明らかに理解力の劣る子供の出現頻度が,3倍から4倍多いことがわかった。この報告はPCBが子供の脳神経系に影響を与えている可能性を強く示すものである。脳神経系に影響を与えているということを示唆する報告はビスフェノールAにおいてもなされている。国立環境研のIshido et al.(2004)は生後5日齢の雄ラット脳(大槽内)に,注射針で直接ビスフェノールAを注入し,行動を観察した(図3-1-4)。この時期のラットは神経があまり分化しておらず,シナプスもできつつある時であるが,ビスフェノールAを投与されたラットの自発運動量は,投与されていないコントロールのラットよりも約1.6倍増加していた。同様に多動性障害モデルラットの自発運動量は,コントロールのラットに比べて約1.8倍の増加を示しているので,ビスフェノー

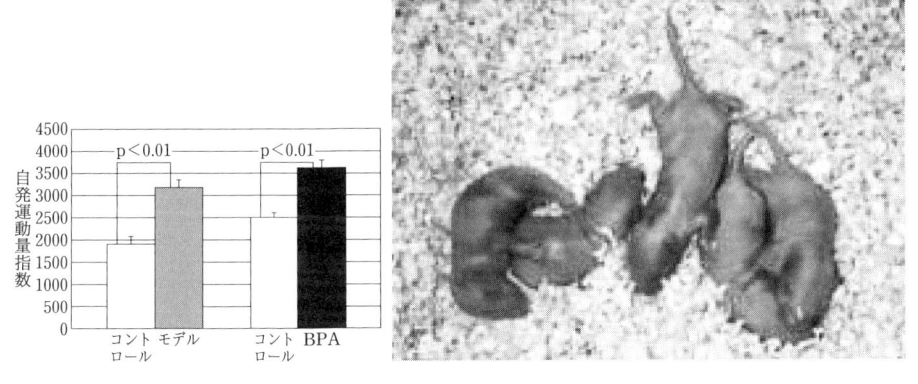

図 3-1-4 生後5日齢の雄ラット脳(大槽内)に直接，ビスフェノールA(BPA)を注入した時の12時間あたりの自発運動量。自発運動量は，コントロールのそれよりも約1.6倍増加する。多動性障害モデルラットの自発運動量は，約1.8倍の増加 (Ishido et al., 2004)

ルAの自発運動量に及ぼす効果は多動性障害を起こしているものとほぼ同程度であることが明らかにされた。またTanabe et al.(2006)はビスフェノールAの存在によって培養した海馬のニューロンでカルシウムイオンのシグナル応答が早くなることを見出すなど，近年，ビスフェノールAの神経伝達系に及ぼす影響が数多く報告されている。ビスフェノールAの影響は神経系のみにとどまらず最近Iwamuro et al.(2006)はビスフェノールAが甲状腺ホルモンの受容体にアンタゴニストとして作用することを発見して報告するなど，生体内のさまざまな機構に影響を及ぼしていることが示唆されており，化学物質の生体影響については，さまざまな角度から評価する必要があることを示している。

3-1-5　性ホルモン以外の作用についての影響評価法の必要性

環境省のExTEND 2005において新たな影響評価系の構築の必要性が謳われ，前述したように従来，性ホルモン撹乱作用があると考えられてきた化学物質が微量の曝露で性ホルモン撹乱作用以外の影響を生体内のさまざまな器官，ことに脳神経系で及ぼしていることが明らかにされつつある現状を考えると，化学物質のさまざまな生体影響評価を行なえる評価系の開発が急務

となっていると考えられる。これまでのメダカを用いる評価系は多くのデータが集積され性ホルモン撹乱作用を評価するのには優れた系であるが，それ以外の影響の評価系としては残念ながら用いることができない。確かにメダカに対してノニルフェノールのような内分泌撹乱作用が疑われる物質を比較的低濃度曝露させるだけでメダカの精巣中に卵母細胞が出現するという実験結果は充分に衝撃的であったが，今後化学物質の生体への影響を多角的に評価するためには前述したように脳神経系の評価系，生体防御の観点から免疫系に及ぼす影響評価系，さらに受胎から，正常な分娩に至る影響を評価できる発生・分化に及ぼす影響を評価する系などさまざまな多角的な影響評価系の開発が必要になる。

3-1-6 化学物質の脳神経系に及ぼす影響評価法

脳神経系に対する化学物質の影響評価系についてはいろいろな試みが行なわれているが，共同研究者である北海道大学高等教育機能開発総合センター細川敏幸教授の考案した新しい方法を1つ紹介したい(細川ら，2004)。

脳の記憶の中枢は海馬の領域にあるといわれている。ことに短期記銘力に関しては海馬の力が大きい。この記憶と海馬領域の電気生理学的な長期増強 Long Term Potentiation(LTP)は密接な関係があることが広く知られている。また，海馬組織は動物の脳から分割し活かしたまま短期間の培養が可能であり，電気的な刺激によりLTPを誘発することも可能である(図3-1-5；Hosokawa et al., 1995)。この海馬の培養液に化学物質を加えることにより，LTPに対する影響を観察する手法が考えられる。この方法を用いると記憶に対する化学物質の影響評価が行なえる期待がもてる。また，実験動物に化学物質を投与する，あるいは前述のようなシステムで海馬培養液に化学物質を添加し，ニューロンに特異的な抗体を用いて組織を染色するという方法も可能である。ニューロンは記憶の集積が進み，そのニューロンを経由する回路が頻繁に使われることによりニューロン軸策にSpainと呼ばれる棘のようなものを多く形成する。その棘が化学物質によってどのように変化するかで，神経系への影響評価が達成される可能性がある。現にイボニシ貝にインポセックスを誘発するトリブチルスズの微量曝露でLTPが有意に低下し，副腎皮

[記憶・学習機能への影響評価(LTP の変動)]
1. 長期増強(LTP)を指標とした評価法の開発

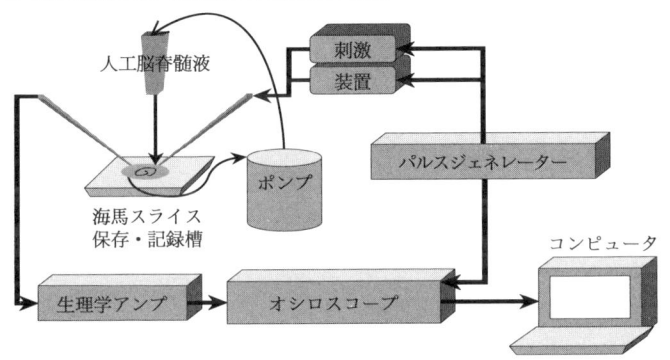

2. LTP の例

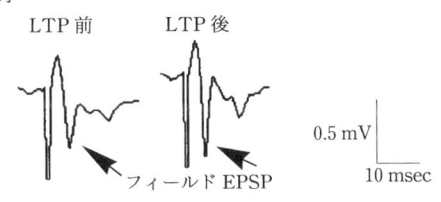

3. TBT による長期増強への影響

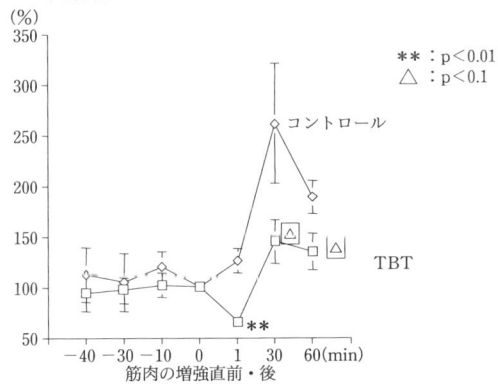

** : p<0.01
△ : p<0.1

図 3-1-5 微量化学物質による神経機能障害評価法の開発

質ホルモンの添加で Spain 密度が減少するなどの予備的な知見を得ている。脳神経化学的手法を応用することで化学物質の脳神経系への影響評価が可能になるかもしれない。

3-1-7 COE 成果に基づく影響評価法開発の概略

　北海道大学地球環境科学研究院は 21 世紀 COE として「生態地球圏システム劇変の予測と回避」というテーマに取り組んでいる。そのなかに環境汚染化学物質(外因性内分泌撹乱化学物質を含む)による汚染の影響評価と環境修復という課題があり，新たな影響評価系の構築が必要とされた。この影響評価系は，取り扱いが比較的簡便で，短期間で影響評価が行なえるものでなければならない。また従来の性ホルモン撹乱作用だけでなく多様な生体影響を評価できる系でなければならない。ラットなどの実験動物を用いる評価系は投与から影響をみるまでに長期間を要し，したがって次世代の影響を評価するにはさらに長時間が必要とされる。以上のことからまず時間的な要因から培養細胞を用いることを考えた。細胞を用いると細胞の分裂周期から考えて短期間に多くの影響を観察することが可能である。また，手軽に扱えることといつも一定の条件で供給可能という点から，継代が可能な細胞という条件で，既に繁用されている腫瘍細胞のなかから選択しなければならない。数多くある継代可能な腫瘍細胞から，我々は影響評価系ラット構築のために副腎髄質腫細胞，PC12 細胞に着目した。

　なぜ PC12 細胞に細胞に着目したかというと，この細胞は栄養因子であるウシ胎児血清(あるいはウマ胎児血清)を培養液から除くとアポトーシス(Kerr et al., 1972)を誘導することができる性質を有している。アポトーシスとは定められた細胞死のことである。細胞が死に至るのにはさまざまな経路があるが，その内でアポトーシスは遺伝子に規定された死であり，死へのシグナルがオンになると決まった生体反応を起こし DNA が分解されて死に至る。細胞が死ぬというとマイナスのイメージで捉えられがちであるが，生体(生命体)が受精し分化していく過程には不要な細胞をアポトーシスにより除去する過程がなければならない。ヒトの受胎から出産までの期間に，もしアポトーシスが起こらなければ，指の間に水かきが残ったままで生まれてきたり，エラの

ような器官を残したまま生まれてきたりする。このように正常な発生・分化の過程を制御しているのがアポトーシスである。このアポトーシスを発生・分化の評価指標に用いて評価に用いることを考えた。つまり，ウシ胎児血清を抜いてアポトーシスを誘導させる系に化学物質を添加してその化学物質のアポトーシスに及ぼす影響を評価しようとしたのである(Saito and Kurasaki, 2000)。

もう1つ，PC12細胞を選択した理由は，この細胞が培養液中に神経成長因子を添加することにより神経様細胞に分化するという性質を有していることが挙げられる。培養細胞は通常，無限に分裂を繰り返し継代することが可能だという性質をもっており，決して分化することがない未分化な状態である。ところが，PC12細胞は神経成長因子を加えることで分化を起こすのである。この分化を誘導するような状態にして化学物質を加えることで，加えた化学物質の分化に及ぼす影響を評価できるのではないかと考えたのである。

次の項ではこのPC12細胞を用いて化学物質の影響を実際に調べた結果を詳述する。

3-1-8 PC12細胞を用いた化学物質の影響評価
(1) アポトーシスを評価指標にした結果

アポトーシスを評価指標にする際，アポトーシスを起こした時の何を具体的な評価指標にするのかということが問題となる。アポトーシスを起こすと図3-1-6に示すようにデスレセプターを介した経路をとっても，Bclファミリーの変動が契機になった経路をとっても最終的にはエンドヌクレアーゼが活性化してDNAの断片化が生じる。このDNA断片化はアポトーシスの場合，一方方向からの分解を受けるために断片化DNAは180 bpの倍数の大きさで断片化される。このDNAをアガロース電気泳動に供するとDNA断片化はラダー状(階段状)になっているのを観察することができる(図3-1-7)。このラダー状DNAがアポトーシスの大きな特徴とされている(アポトーシス以外のDNA分解を受けた時，たとえばネクローシスなどの場合ではDNAを電気泳動すると全体にボーッとにじむスメアリングの形で観察される)。このラダーが曝露された化学物質によってどのように変化するのかを指標に用いることにした。も

[細胞の内外から誘導されるアポトーシス]

```
他の細胞からのシグナル分子提示        遺伝子の障害(微量化学物質など)や
         ↓                              遺伝プログラム
   シグナル分子の受容                          ↓
         ↓                    cyt-c の流出や Bcl-2 ファミリーの解離
   受容体複合体の多量体化                        ↓
         ↓                            Apaf-1 の多量体化
     カスパーゼ 8                              ↓
         ↓                              カスパーゼ 9
         └──────────┬──────────────────┘
                    ↓
          下位カスパーゼ(-3 など)の活性化
                    ↓
               DNA のラダー化
                    ↓
               細胞成分の破壊
```

図 3-1-6 アポトーシス経路

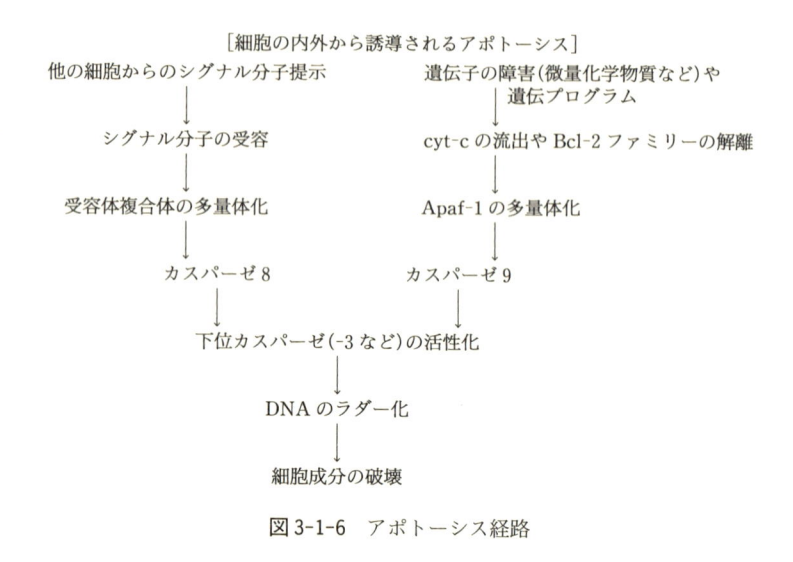

ちろん電気泳動で判断するだけでは正確な影響を評価することができないので，アポトーシスによるDNA断片化を定量する方法も併せて考案した。アポトーシスを組織標本中で検出する方法にTUNEL法という方法がよく用いられる。この方法はDNA末端に1塩基を付加するターミナルデオキシヌクレオチドトランスフェラーゼという酵素を用いている。付加される塩基をビオチン化し，ビオチンに特異的に結合するアビジンに酵素を結合し，酵素反応によりアポトーシスを組織の上で可視化する方法である。我々はこの方法を応用して断片化と酵素反応生成物の発色が直線性になることを証明した。具体的な方法としては，化学物質を曝露した細胞からDNAを抽出しそのDNAの一定量を反応に供し断片化DNA量を定量するのである(Kurasaki et al., 2001)。

　以上の準備を完了し，影響評価を行なう化学物質を，船底塗布剤でイボニシ貝にインポセックスを誘発するトリブチルスズ，枯葉剤として散布された2,4,5トリクロロフェノキシ酢酸，洗剤の原料であるノニルフェノール，食器，哺乳瓶に用いられるビスフェノールA，農薬として広く用いられているベンゼンヘキサクロライドなど内分泌撹乱作用が疑われる物質，また女性ホルモンであるエストラジオール，それ以外の化学物質で化粧品・食品の保

存料として使われるパラベン，合成甘味料として食品に使われるソルビトールなどについて 1 ppt(1×10^{-12}g/ml)〜100 ppm(1×10^{-4}g/ml)の範囲でアポトーシスに及ぼす影響を調べた(図3-1-7)。まず，これらの化学物質は濃度に依存してPC12細胞内への取り込み量を増加させていたが，ほとんどすべての化学物質で細胞自体に対する細胞毒性は 1 ppt〜1 ppm の曝露濃度範囲内ではほとんど認められなかった。しかしながら図3-1-7に示すようにアポトーシスへの影響をみると，僅か 1 ppt の曝露でトリブチルスズはアポトーシスを強く抑制し(Yamanoshita et al., 2000)，2,4,5トリクロロフェノキシ酢酸も同様の傾向が認められた(Yamanoshita et al., 2001)。一方ノニルフェノール，ベンゼンヘキサクロライドなどでは 10 ppb 曝露でアポトーシスを増強する効果が認められた(Aoki et al., 2004)。ビスフェノールA，ソルビトールなどはほとんどアポトーシスには影響を与えなかった。興味深いことに女性ホルモンであるエストラジオールはアポトーシスに影響を与える効果は認められず，トリブチルスズなどによるアポトーシス抑制，ノニルフェノールなどによるアポトーシス増強は性ホルモン受容体を介さない反応であることが示唆された。このことは化学物質の微量曝露で従来考えられていた性ホルモン撹乱作用以外の反応が起こり得るという1つの実証になったものである。また，アポトーシスが抑制されるということは胎児期に正常な分化が行なえないこ

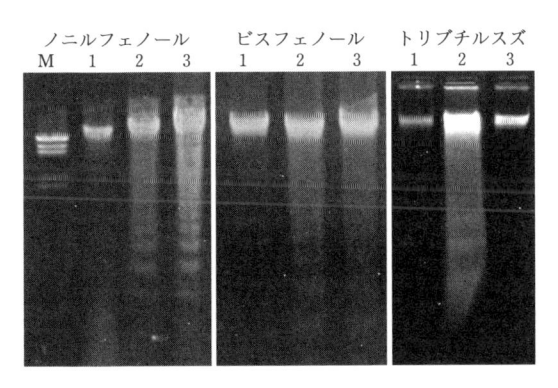

図3-1-7 化学物質のアポトーシスへの影響。各項目1はコントロール細胞のDNA，2はウシ胎児血清を抜いてアポトーシスを起こした細胞のDNA，3は2の条件にノニルフェノール10 ppb，ビスフェノールA 100 ppb，トリブチルスズ1 pptを培地に加えた細胞のDNA

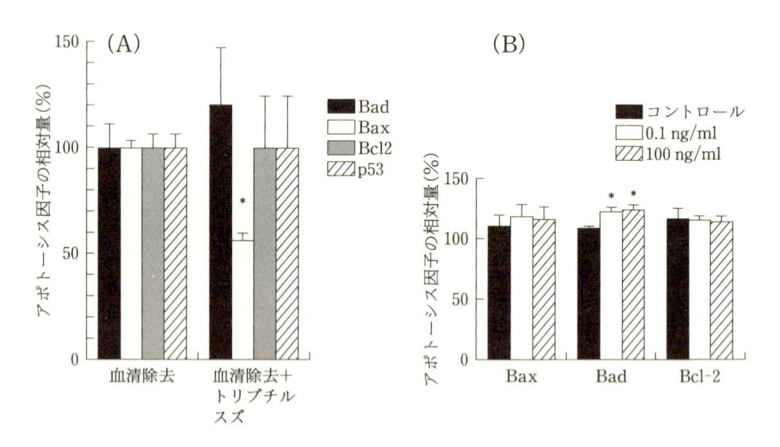

図3-1-8 トリブチルスズ添加(A)およびノニルフェノール添加細胞のBcl2ファミリー因子(A：Yamanoshita et al., 2000；B：Aoki et al., 2004より)。* は P＜0.01 を示す

と，アポトーシスが増強されるというのはアポトーシスを起こしてはいけない細胞にも何かのきっかけでアポトーシスを起こす可能性があることを示す。もちろん，培養細胞を用いた実験で起きたことが，生体での現象に直結するものではないが，これらの化学物質にそのような危険性があることを示すことができたのではないかと考えている。では，どのような経路でアポトーシスの抑制および増強を起こすのかということを次に調べた(図3-1-8)。細かい手法などはここで省略するがトリブチルスズのアポトーシス抑制はアポトーシス進行因子である Bax 量の低下(Yamanoshita et al., 2000)，ノニルフェノールなどのアポトーシス増強は Bax の増加によるものであると考えられた(Aoki et al., 2004)。今回調べた範囲内でのことに留まるが，化学物質のアポトーシスへの影響はデスレセプターを介した反応への影響ではなく，Bcl ファミリーへ影響を及ぼした結果によるものであると推論できる。また，現象から原因を探ることにより新しい影響評価方法を開発できる。今回のようにアポトーシスに影響を及ぼしているのがアポトーシス進行因子である Bax の増減による影響であるとすれば，この Bax 量を測定することにより化学物質の影響を評価することが可能になるかもしれない。このように現象を見出して，その原因を突き止めるという基礎科学的な方針が，新しい化学

物質の影響評価への応用への道を拓くということを常に頭におかなければならない。

(2) PC12の神経様細胞分化を評価指標にした結果

前述したようにPC12細胞に神経成長因子を添加することにより神経様細胞への分化が誘導される。分化を起こすと細胞は分裂を停止し、ニューロンのような軸策を伸ばす。この分化に及ぼす化学物質の影響を前項で挙げた化学物質を用いて調べた(図3-1-9)。その結果、ほとんどの化学物質は影響を及ぼさなかったが、ビスフェノールAのみ5〜100 ppbの曝露でこの分化をほぼ完全に抑制することがわかった。この分化抑制はやはり同程度量曝露したエストラジオールでは認められなかったので性ホルモンレセプターを介さ

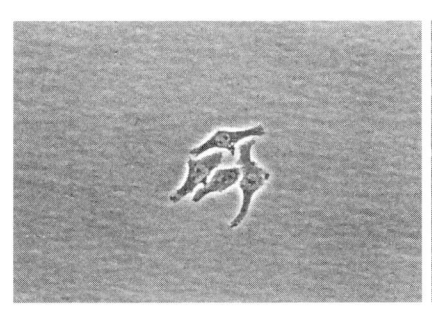

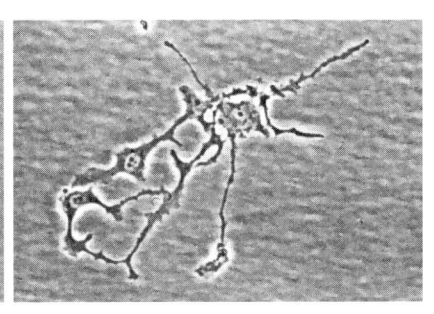

コントロール	NGF(100 ng/ml)添加
ビスフェノールA (50 ng/ml)添加	NGF＋ビフェスノールA添加

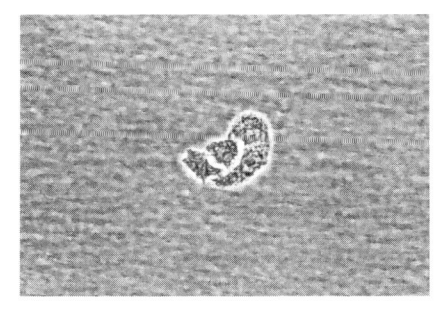

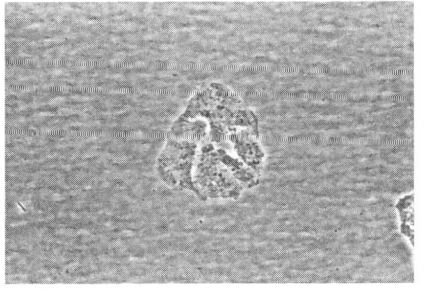

図 3-1-9 PC12細胞における神経成長因子(NGF)による神経突起伸長活性に対するビスフェノールAの影響

ない抑制反応であることが確かめられた。またこの分化抑制は一般的な分化，つまり胎児期の分化を抑制するものか，神経細胞の分化を抑制するものかは今後さらに研究を続けていかなければ明確にはならないが，近年多く報告されている脳神経系へのビスフェノールAの影響と関係があることも類推される。現在，このようなビスフェノールAの分化への抑制がどのような経路で起こるのかについて研究中である。神経成長因子は細胞内に取り込まれると受容体に結合し，シグナル伝達系を介してDNA結合因子であるCREBにシグナルを伝え，軸索伸長を起こす。このMAP Kinaseを含むシグナル伝達系に対するビスフェノールAの影響を現在調べて，どこの部分を抑制することで分化を抑制しているかを研究中である。この成果からまた新たな影響評価系が構築できることを期待している。

3-1-9 次世代影響評価法の必要性と構築戦略

　化学物質の生体影響を考えた時に一番重要なものは次の世代への影響，次世代への影響評価の確立である。現在，我々の身の回りには日々化学物質が増加している。2006年現在で登録されている無機有機を併せた化学物質の登録数は2740万余りにも及んでいる。これら化学物質の非常に多くの有害作用・生体感受性を考えると，化学物質の生体への影響を評価し，予防するためには国の定める内分泌撹乱化学物質対策だけでは当然不充分であり，微量化学物質の多面的多角的な生体影響を把握することが重要であることはこれまでにも述べてきたが，それに加えて将来にわたる微量化学物質の潜在的な危険性を考えると微量化学物質の次世代影響評価系を考えることは最も重要なことである。特に細胞の分裂・機能分化がさかんな胎生期における影響評価系は現在までに有効な評価系がなく，その開発が嘱望されている（齋藤ら，2003）。

　ここに我々が考える次世代影響評価系の概念を図3-1-10に示す。本評価系は胎盤モデル膜を構築し，そのモデル膜を通過した化学物質濃度についてこれまでに述べてきた細胞分化障害，細胞内特異的遺伝子発現，神経機能障害，細胞ストレス応答など多角的な影響を評価するという方法である。ここで一番の眼目は胎盤モデル膜の構築である。哺乳動物の胎盤には胎児と母体

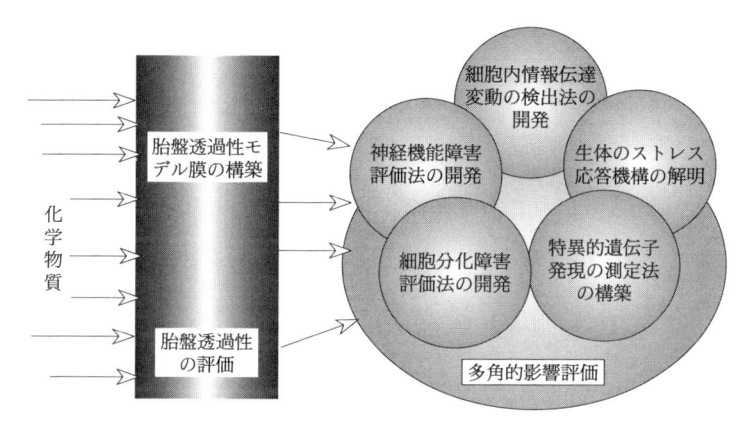

図 3-1-10　微量化学物質の次世代影響評価法の概要

の間に胎盤関門があるとされている。この胎盤関門は母体の有害な物質が胎児に移行しないように働く生体防御機構の1つである。この胎盤関門のおかげで重金属のような無機化学物質の移行は阻害され，またウイルスや細菌などの感染にも有効に働いている。ところが脳にある同じような血液脳関門も働きは同じであるが，有機化学物質に対しては有効に働いていない。有機化学物質は脂溶性であることから細胞膜に浸透し比較的容易に関門を通過すると考えられている。この胎盤関門を含めた胎盤の機構を人為的再構築するのはきわめて困難である。事実，我々の提案に対しても多くの評価委員からその点に関する疑義が多く提示された。

しかしながら胎盤そのものを再現することは現状では困難でもより近いものを構築していくことは可能である。図 3-1-11 に示すような三次元膜に胎盤由来細胞 BeWo を培養し，その膜全体の透過性をモデル物質を用いて行なっている。モデル物質の透過性が胎盤と同じであれば少なくとも有機化学物質の透過性に関しては近い結果が得られるのではないかと考えている。このモデル膜が使えることになれば，胎児期における化学物質の影響，障害の危険性の予知などに有効になることに加え，潜在的な化学物質の危険性を予知し，その危険性を取り除くことが可能になると期待している。現在，膜の形成は培養開始後2週間程度で細胞のタイトジャンクションが形成され，ス

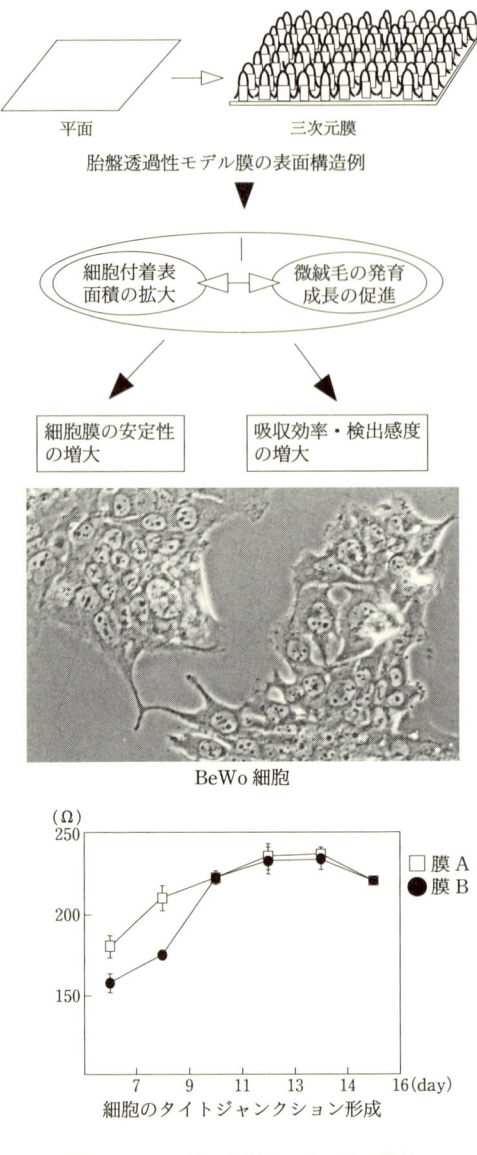

図 3-1-11 胎盤透過性モデル膜の構築

テロイドホルモンの透過性などが胎盤に近い値を示し始めている(図3-1-11)。実用化がなされれば次世代影響評価に大きな貢献をなすことが期待される。(この項で紹介した方法は北海道大学医学部保健学科齋藤健教授が研究代表者である2000〜2003年科学技術庁革新的技術開発研究推進費補助金課題「微量化学物質の胎盤透過性モデル膜構築と次世代影響評価法の開発」内容を中心にまとめた。)

3-1-10 まとめ

以上，影響評価法についていろいろと述べてきたが，化学物質の影響評価を行なう上では論文などの報告されている通り化学物質がさまざまな生体機構に影響を及ぼしていることを常に考えなければならない。国(環境省)がSPEED '98およびExTEND 2005でおもに行なっている性ホルモン撹乱作用(外因性内分泌撹乱化学物質の影響)の解明は重要な要素の1つではあるが，それに留まることなく，多角的な生体影響評価を行なっていくことが必要である。もっとも環境省もExTEND 2005のなかで新たな影響評価系の開発を謳っているがそこまで手が回っていないのが実情である。

この項において性ホルモン撹乱作用以外の影響評価系について脳神経系の影響評価法，アポトーシスおよび細胞分化を指標にした影響評価系など我々の研究室で開発しつつある新しい影響評価系を紹介し，さらなる目的としている次世代影響評価系に関しての概念的な紹介を行なった。では実際この評価系を用いて影響があったとされる化学物質の濃度，すなわちアポトーシスを抑制する効果があった1 pptのトリブチルスズ，アポトーシスを増強する効果が観察された10〜100 ppbのノニルフェノール，PC12細胞の神経様細胞への分化を抑制した5〜100 ppbのビスフェノールAは現実的に環境中でその影響のあった濃度で検出されているか否かについて，興味をもっておられると思う。船底塗布剤のトリブチルスズは既にわが国で製造販売が禁止されているが未だに日本近海ですら1 ppt以上の濃度で存在している地域はあるし，今現在トリブチルスズを使用している国ではそれよりはるかな高濃度が海水中で検出されている。ノニルフェノールやビスフェノールAはわが国河川での検出例は少ないが，我々がここ数年来ほぼ毎年調査を行なっているインドネシア，ジャワ島のジャカルタ近郊の河川では充分に培養細胞系の

影響評価系で影響が認められた濃度でもある5〜20 ppbの濃度をいくつかの河川水中から検出している。また，我々の身近なものであるポリカーボネート樹脂製食器を95℃で30分洗浄した水や，哺乳瓶中に95℃のお湯を10分いれておくと約2〜20 ppb程度のビスフェノールAが検出されており，この濃度も細胞培養系では充分に影響がある濃度である。このように化学物質の生体影響を多角的な影響評価系を用いて行なうと従来はみえてこなかった危険性がみえてくるようになるのである。

　また環境修復と影響評価は密接な関係をもっている。環境修復を行なう上でまずどの程度汚染されているかという把握が第一に必要であるが，どこまで修復を行なえば安全と見なされるかという環境修復の目標値設定には影響評価なしには不可能である。もちろん修復を行ない，修復の目的化学物質をすべて除去し得るのであれば影響評価のデータは必要ないかもしれない。しかしながら，修復の過程ですべての化学物質を完全に除去するのは現実的に困難である。その場合，多角的な影響評価を行ない，ここまで修復を行なえば生態系あるいは生体に危険を及ぼす可能性がほとんどなくなるという目標値を設定することは効率のよい修復を行なう上でとても重要である。このように修復と影響評価は唇歯の関係にあるといえるのである。

　環境修復同様，影響評価法の開発も新しい学問である。化学物質の危険性は予測しがたい方面に及ぶこともある。若い人の新しい発想で化学物質の新たな危険性を予防できる日が訪れることを切に希望している。

3-2　重金属とメタロチオネイン

　この節では，重金属と，重金属結合タンパク質であるメタロチオネインに関連する事項について述べる。

3-2-1　「量が毒をつくる die Dosis macht das Gift」

　16世紀前半に活動したスイスの医学者・化学者Paracelsus（パラケルスス，本名Philippus Aureolus Theophrastus Bombastus von Hohenheim, 1493-1541）が，本項の表題に掲げたように本質をついた言葉を残している。

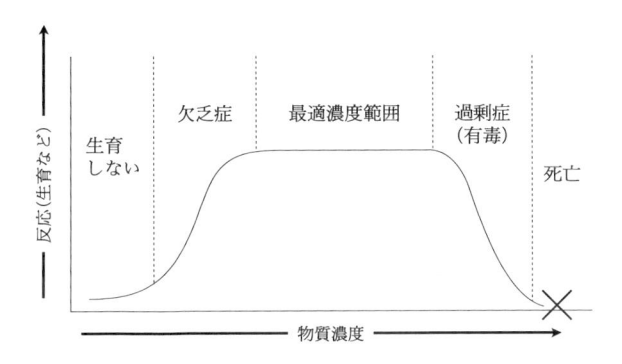

図 3-2-1　生体中物質濃度と生体の反応

　ある元素，あるいは物質が，たとえば生体が生育する場合において，生体にとって必須であれば，その摂取量が少なければ欠乏症が生じる。しかし，図 3-2-1 に示すように，たとえ必須元素・物質であっても過剰であれば，必ず有害作用(＝過剰症)を引き起こし，重篤な場合は，死へと至る。したがって必須物質の生体における最適濃度が存在する。

　さらに，多ければ肝臓あるいは骨などの組織中に蓄え，過剰分を体外に排泄し，少なければ貯蔵されている組織中から血液を介して必要な組織へ運搬するなど，生体にはこの最適濃度に保とうとする積極的な機構が存在する。これを恒常性の維持＝ホメオスタシス homeostasis(ギリシャ語からの造語で"homeo"：同様＋"stasis"：静止・固定している)と呼ぶ。フランスの生理学者 Bernard, Claude(クロード・ベルナール，1813-1878)が 1865 年に提唱した概念に，後年(1932 年)，米国の生理学者 Cannon, Walter B.(キャノン，1871-1945)がホメオスタシスと名づけた。これは，生体は元来，内部環境(これも Bernard (1979，三浦訳)が提唱した概念で，細胞や組織を取り巻く血液や組織液など，細胞外液の物理化学的性状をさしている)が一定になるように自律神経系や内分泌系が協同して働くことを意味している。

　ある化学物質が生体に及ぼす効果は，例外はあるが(たとえば生理的条件を超える範囲の血中アドレナリン濃度と血管反応の関係など)，一般的にはその化学物質の量に応じて増加する。量－効果関係 dose-effect relationship とは，1 個体において，曝露量と個体に生じた効果(変化)の大きさとの関係をいう。また，

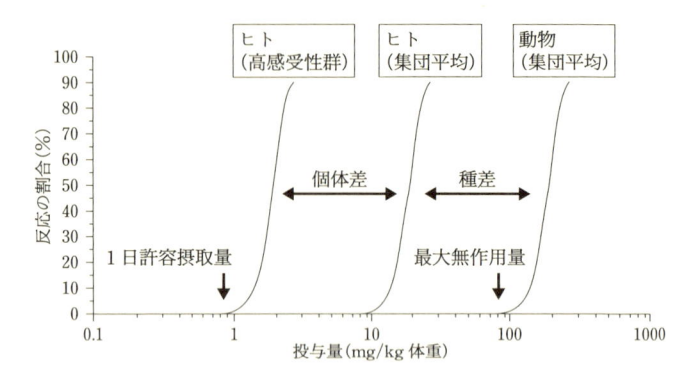

図 3-2-2　仮想的な量‐反応曲線(最大無作用量および1日許容摂取量については3-2-4項を参照のこと)

量‐反応関係 dose-response relationship とは，一群の対象集団において，曝露量と特定の反応が起こる率(割合)との関係をいう．図3-2-2に量‐反応関係を表わす仮想的な量‐反応曲線を示す．たとえば半数が死に至る曝露量を50％致死量(LD50)という．

3-2-2　重金属とは

金属とは，①金属光沢を有する，②電気と熱をよく通す，③固体状態では展性・延性に富む，④水銀以外は常温で固体である，などの性質を有する物質である(『岩波理化学事典』(長倉ら，1999)に基づき一部改変)．本節では特にことわらない限り，金属を単体(1種類の元素)として扱うが，合金も金属とする定義もある．

金属のなかで，重金属とは比重が大きいものをさすが，一般的に比重が4.0以上の金属元素をさす．したがって，金属のなかで，軽金属はナトリウム(Na)，カリウム(K)，マグネシウム(Mg)，カルシウム(Ca)，そしてアルミニウム(Al)だけであり，他の金属は重金属に分類される．

3-2-3　人体の構成元素と必須元素

人体は，酸素，炭素，水素，窒素，リン，硫黄，塩素(以上7非金属元素)，カリウム(アルカリ金属)，ナトリウム(アルカリ金属)，カルシウム(アルカリ土類)

表 3-2-1 地表付近, 海水および河川水における金属元素量

金属元素	地表付近*	海水*2	河川水*2
ナトリウム	26.3 g/kg	11.05 g/L	9.0 mg/L
カリウム	24.0 g/kg	0.42*3 g/L	2.3 mg/L
カルシウム	33.9 g/kg	0.42*3 g/L	1.5 mg/L
マグネシウム	19.3 g/kg	1.33*3 g/L	4.1 mg/L
亜鉛	0.04 g/kg	5 μg/L	0.01 mg/L
鉄	47 g/kg	3 μg/L	0.67 mg/L
銅	0.1 g/kg	3 μg/L	5 μg/L
マンガン	0.9 g/kg	2 μg/L	5 μg/L
ニッケル	0.1 g/kg	2 μg/L	0.3 μg/L
コバルト	0.04 g/kg	0.1*3 μg/L	0.2 μg/L
バナジウム	0.15 g/kg	1.5 μg/L	1 μg/L
モリブデン	0.013 g/kg	10 μg/L	1 μg/L

* 地下16 km までの岩石圏に水圏と気圏を加えた範囲における元素の存在度で, アメリカの Clarke, F.W. の計算による (不破・松本, 1989 を一部改変)
*2 Riley and Chester(1971)を一部改変
*3 四捨五入値

およびマグネシウム(以上4金属元素)という軽い元素を主成分としている。これは, 地表には軽い元素が集まっており(表3-2-1), 人類の起源の生命体もそれを構成成分としたためであると考えられている。これら11元素はヒトにとって必須であり, 必須常量元素と呼ばれ, 重量比で人体の99.96%を占める(表3-2-2)。このなかで酸素, 炭素, 水素, 窒素の4元素は主要元素と呼ばれ, これだけで約97%を占める。主要元素以外の元素を一般にミネラル(微量栄養素である無機元素類；桜井・田中, 1994)という。なお, 厚生労働省策定の日本人の食事摂取基準ではミネラルとしてマグネシウム, カルシウム, リン, 微量元素として, クロム, モリブデン, マンガン, 鉄, 銅, 亜鉛, セレン, ヨウ素, そして電解質としてナトリウム, カリウムに分類している(厚生労働省, 2006)。

必須常量元素を除くと, 残りは全部合わせても僅か0.1%以下であるが, そのなかにも生体にとって必須な元素が存在する。これを必須微量元素 essential trace elements と呼ぶ。表3-2-3 に, 周期表を用いてヒトの必須元素をまとめた。ヒトでは現在, 鉄(Fe), 亜鉛(Zn), 銅(Cu), マンガン(Mn), ヨウ素(I), モリブデン(Mo), セレン(Se), クロム(Cr), コバルト(Co)の9種類

表 3-2-2　標準人体(体重 70 kg)の元素組成(ICRP(国際放射線防護委員会), 1975 より)

元素名(元素記号)	体内存在量(g)	体重に対する割合(%)
1. 酸素(O)	43,000	61
2. 炭素(C)	16,000	23
3. 水素(H)	7,000	10
4. 窒素(N)	1,800	2.6
5. カルシウム(Ca)	1,000	1.4
6. リン(P)	780	1.1
7. イオウ(S)	140	0.20
8. カリウム(K)	140	0.20
9. ナトリウム(Na)	100	0.14
10. 塩素(Cl)	95	0.12
11. マグネシウム(Mg)	19	0.027
12. ケイ素(Si)	18	0.026
13. 鉄(Fe)	4.2	0.006
14. フッ素(F)	2.6	0.0037
15. 亜鉛(Zn)	2.3	0.0033
16. ルビジウム(Rb)	0.32	0.00046
17. ストロンチウム(Sr)	0.32	0.00046
18. 臭素(Br)	0.20	0.00029
19. 鉛(Pb)	0.12	0.00017
20. 銅(Cu)	0.072	0.00010
21. アルミニウム(Al)	0.061	0.00009
22. カドミウム(Cd)	0.050	0.00007
23. ホウ素(B)	<0.048	0.00007
24. バリウム(Ba)	0.022	0.00003
25. スズ(Sn)	<0.017	0.00002
26. マンガン(Mn)	0.012*	0.00002
27. ヨウ素(I)	0.013*	0.00002
28. ニッケル(Ni)	0.010	0.00001
29. 金(Au)	<0.010	0.00001
30. モリブデン(Mo)	<0.0093	0.00001
31. クロム(Cr)	<0.0018	0.000003
32. セシウム(Cs)	0.0015	0.000002
33. コバルト(Co)	0.0015	0.000002
34. ウラン(U)	0.00009	0.0000001
35. ベリリウム(Be)	0.000036	0.00000005[*2]
36. ラジウム(Ra)	3.1×10^{-11}	

* 原表の順序のまま
[*2] 体内存在量に基づいて計算(原表では欠値)

表 3-2-3　ヒトの必須元素

	Ia	IIa	IIIa	IVa	Va	VIa	VIIa	VIII	VIII	VIII	Ib	IIb	IIIb	IVb	Vb	VIb	VIIb	0
1	ⓗ																	He
2	Li	Be											B	Ⓒ	Ⓝ	Ⓞ	F	Ne
3	Ⓝⓐ	Ⓜⓖ											Al	Si	Ⓟ	Ⓢ	Ⓒⓛ	Ar
4	Ⓚ	Ⓒⓐ	Sc	Ti	V	[Cr]	[Mn]	[Fe]	[Co]	Ni	[Cu]	[Zn]	Ga	Ge	As	[Se]	Br	Kr
5	Rb	Sr	Y	Zr	Nb	[Mo]	Tc	Ru	Rh	Pd	Ag	Cd	In	Sn	Sb	Te	[I]	Xe
6	Cs	Ba	La*	Hf	Ta	W	Re	Os	Ir	Pt	Au	Hg	Tl	Pb	Bi	Po	At	Rn
7	Fr	Ra	Ac*2															
*	ランタノイド		La	Ce	Pr	Nd	Pm	Sm	Eu	Gd	Tb	Dy	Ho	Er	Tm	Yb	Lu	
*2	アクチノイド		Ac	Th	Pa	U	Np	Pu	Am	Cm	Bk	Cf	Es	Fm	Md	No	Lr	

○常量元素，□微量元素

が必須微量元素として確認されている．これらのなかで，亜鉛は中心静脈栄養法，すなわちいわゆる高カロリー輸液において，輸液中に元素を添加することの必要性が認識された代表的元素である(3-2-6 項を参照)．他に実験哺乳動物では，ケイ素(Si)，フッ素(F)，ストロンチウム(Sr)，鉛(Pb)，ホウ素(B)，スズ(Sn)，ニッケル(Ni)，ヒ素(As)，バナジウム(V)が必須微量元素であることが確認されている．また，現在，ホウ素とストロンチウムを除いて，いずれもヒトにおいても必須微量元素である可能性が考えられている．なお，体重 1 kg あたり 1 mg 未満の元素を特に超微量元素と呼ぶこともある．

3-2-4　非必須元素と最大無作用量

　非必須元素・物質とは，たとえそれが生体中に存在しなくても欠乏症が生じない元素・物質であるが，これは，いわゆる有害化学物質(有毒元素・物質あるいは有害元素・物質)とも呼べる(法律的には，毒物の定義は，刑法「毒物及び劇物取締法」が定める)．有害化学物質において，一定量以下では有害作用を生じない量があれば，その最大値を最大無作用量 NOEL (no-observed-effect level, 図 3-2-2 を参照)と呼ぶ．あるいは非必須・必須を問わずに物質全般について用いる場合には，毒性が生じない最大量を最大無毒性量 NOAEL (no-observed-adverse-effect level)と呼ぶ．WHO などでは NOEL ではなく NOAEL が用いられるようになってきた．なお，ヒトが一生涯摂取し続けても，健康への悪

影響がないと推定される1日あたり，体重1kgあたりの摂取量を1日許容摂取量(ADI)と呼ぶ．これは，動物におけるNOELあるいはNOAELを安全係数(たとえば100)で割って定められることが多い．非意図的に食品中に混入する物質には耐容摂取量が設定され，1日あたりの摂取量を耐容1日摂取量(TDI)と呼ぶ．これは，たとえばカドミウムでは1 μg/kg体重/日程度であると考えられる(暫定的耐容週間摂取量は7 μg/kg体重/週；FAO/WHO国連食糧農業機関・世界保健機構合同食品添加物専門家会議(JECFA)，2003による)．参考までにわが国の水道水の水質基準は10 μg/L以下であること，となっている．

　必須・非必須の区分は，欠乏症の有無によって行なわれる．このため，新たな必須元素の発見は，分析技術の進歩の他，動物実験においては，飼料精製・作製技術，また，飼育環境(フィルターを用いたアイソレーターと呼ばれるシステムの利用など)の向上が大きく貢献することになった．欠乏症が見出されれば，それまで有害元素と考えられていたものが，必須元素であると認識が改められる．たとえば，セレンは少量で致死作用を有するが(田中(1998)によるとラットの最小致死量は3 mg/kg体重ほど)，1957年に高等動物にとって必須性が示された．その後，1973年に抗酸化酵素であるグルタチオンペルオキシダーゼの活性中心を構成することが明らかになり，ヒトにとってもその必須性が確認された(厚生労働省(2006)による日本人の食事摂取基準(2005年版)では30 μg/日(18〜29歳男性)が推奨量である)．

　なお，ヒトにおいては，新たな必須元素の発見・確認は，1970年代からさかんに行なわれるようになってきた高カロリー輸液治療の際に，必須元素が輸液に含まれていないために発症する欠乏症によって，次々と明らかになってきた(斎藤・青島，1988)．

3-2-5　おもな必須重金属のヒト体内存在量と結合タンパク質

　ヒトの必須重金属は，3-2-3項で述べたように，体内での存在量が多い順に，鉄，亜鉛，銅，マンガン，モリブデン，クロム，コバルトである．これらの必須重金属は亜鉛を除くといずれも遷移金属である．必須重金属は，金属酵素における活性中心となる，あるいは酵素やタンパク質の構造の保持を担うなど，生体中で重要な役割を有しており，微量ではあるが生体にとって

必須な元素である。これらの内，特に鉄，亜鉛，銅，マンガンについて，機能，おもな結合タンパク質，欠乏症，過剰症を，体内存在量と共に表3-2-4に掲げる。

3-2-6　必須重金属と有害重金属の例

必須重金属である亜鉛と銅，そして有害重金属として水銀とカドミウムを取り上げる。

(1)　亜　鉛

表3-2-4に機能，欠乏症，過剰症などをまとめているが，亜鉛は生体において，300種にものぼる亜鉛酵素として存在しており(Vallee, 1991)，生体にとって最も重要な元素の1つである。

ほとんどすべての食品中に含まれ，海産物(特に，カキ)，肉類，穀物，乳製品，ナッツ類に多い。したがって，通常の食生活をしている限り，欠乏症は問題にならないが，インスタント食品あるいは加工食品の偏食などによる，潜在的な亜鉛欠乏が懸念される。

ヒト亜鉛欠乏症の最初の症例報告は，1961年にイランで発見された小人症，性器発育不全，異食症を併発した例で，亜鉛の吸収不全が原因とされた

表3-2-4　おもな必須重金属のヒト体内存在量，機能，結合タンパク質・酵素，欠乏症および過剰症

重金属	g/60 kg 体重[*]	機能[*2]	結合タンパク質・酵素の例	欠乏症[*2]	過剰症[*2]
Fe	3.6	酸素の運搬と貯蔵，酸素添加	ヘモグロビン，フェリチン，トランスフェリン	貧血，運動機能・認知機能低下[*3]	血色素症，肝毒性
Zn	2.0	亜鉛酵素による代謝作用，細胞分裂，核酸代謝，酵素の補因子	炭酸脱水酵素など300種以上の金属酵素，ほとんどの遺伝情報発現タンパク質[*4]，メタロチオネイン	矮小発育症，腸性肢端皮膚炎，性機能障害，脱毛症，味覚障害，嗅覚障害[*4]	発熱，肺疾患，上気道炎症[*4]
Cu	0.06	鉄の代謝・輸送[*3]，酸化還元，電子伝達，酸素添加	セルロプラスミン，スーパーオキシドジスムターゼ，メタロチオネイン	貧血，心不全，血管壁の弾力消失，Menkes病	発熱，Wilson病
Mn	0.01	酵素の補因子	ピルビン酸カルボキシラーゼ，スーパーオキシドジスムターゼ	生殖機能低下，中枢神経障害，骨発育不全，ビタミンK作用障害	中枢神経障害，鉄と拮抗，甲状腺肥大

*ICRP(1975)に基づき体重60 kgあたりで計算，*2桜井・田中(1994)を改変，*3厚生労働省(2006)より，*4千葉(2002)より

(千葉, 2002)。

　過剰摂取による中毒は稀であるが，古くから亜鉛ヒューム(0.2～1μm径)の吸入による中毒(亜鉛熱など)が知られている(千葉, 2002)。

　亜鉛欠乏症の典型的な例の1つである皮膚炎(腸性肢端皮膚炎)については以下の通りである。

　腸性肢端皮膚炎には，常染色体劣性遺伝による先天性(高安, 1984)のものと，亜鉛欠乏による獲得性のものがある。以下に亜鉛非添加の高カロリー輸液による獲得性の腸性肢端皮膚炎について述べ，次に亜鉛治療による治癒例を紹介する。

　高カロリー輸液(中心静脈栄養法)は，経口摂取や経鼻経管栄養法あるいは経腸栄養法を行なうことができない場合の栄養補給法である。これは，上大静脈など，心臓近くの太い静脈までカテーテルを挿入し，このカテーテルを通して点滴を行なうものである。数週間にわたって高カロリー輸液を続けると，輸液に必須元素が含まれていない場合には，欠乏症が生じる。もし，亜鉛が含まれていない場合には腸性肢端皮膚炎が生じる。現在，高カロリー輸液に亜鉛が1日量として10～50μmol(約0.7～3.3mg)添加される。ただし，1日あたり摂取すべき量は，厚生労働省(2006)によると推奨量として男性(18～29歳)で9mgであり，年余にわたる長期高カロリー輸液においては1日あたり60μmol(3.9mg)の投与でも血漿亜鉛値の低下を示す場合が多い。

　次に，亜鉛欠乏による重篤な獲得性腸性肢端皮膚炎に対する亜鉛治療による劇的な治癒例を以下に紹介する。

　1973年12月5日に亜鉛療法(硫酸亜鉛35mg/日)を開始する前は，青年の前肢に手袋状に，そして眼，鼻，口の周りに重篤な皮膚炎があり，また頭髪や眉は完全に脱毛状態であった。亜鉛療法開始1週間後には早くも，顔面などの皮膚炎の明確な軽減が認められた。6週間後の1974年1月17日には口の周りの皮膚炎も治まりをみせ，頭髪や眉の発毛もめだってきた。2か月半後の1974年2月21日には手指の皮膚炎も軽快した。5か月後の1974年5月5日に治療終了した時点では，皮膚炎および脱毛からの完全治癒が認められた。

　(2) 銅

　体内存在量，機能，欠乏症，過剰症などを表3-2-4にまとめている。銅の

体内存在量は，必須重金属としては，鉄，亜鉛に次いで3番目に多い。銅酵素として，表3-2-4に示した以外にも，モノアミンオキシダーゼ，チトクロームcオキシダーゼなど多くの酸化酵素が知られており，活性酸素の除去や，神経伝達物質の代謝を担っている。

肉，内臓，魚，緑黄色野菜には銅が豊富に含まれている。

銅の慢性的過剰摂取によるめだった中毒症状はほとんどないとされている（遠山・本間，1994）。

先天性銅代謝異常による欠乏症・過剰症として，以下に述べるMenkes病とWilson病がある。

Menkes病の特徴は，
①伴性劣性遺伝
②硬い縮れ毛
③進行性脳変性症
④血清銅およびセルロプラスミン低値
⑤肝臓・脳などで銅欠乏
⑥腎臓・脾臓などで銅蓄積
⑦腸管粘膜細胞から血液への銅の輸送障害

などである。

Menkes病の種々の症状は，ATP7Aと呼ばれる銅輸送タンパク質に欠陥があり，腸管粘膜細胞から門脈側に銅が輸送されないことに起因することがわかってきた。早期治療を行なわない場合，2歳くらいまでに死亡することが多いとされる。

Wilson病については，
①常染色体劣性遺伝
②肝硬変
③進行性神経症状（運動失調）
④血清銅およびセルロプラスミン低値
⑤肝臓・腎臓・脳・角膜輪などで過剰の銅蓄積
⑥銅の胆汁排泄障害

などを特徴とする。

Wilson病は，ATP7Bと呼ばれる銅輸送タンパク質に欠陥があり，このため肝臓から胆汁中へ銅を排泄できず，また，セルロプラスミンに銅を結合させることができないため，血中に分泌できない。これらによってWilson病の種々の症状が起こることがわかってきた。早期発見・治療を行なえば，予後はよいとされるが，発見が遅れた場合は，予後不良である。

(3) 水銀（山崎，1988；永沼，1994；佐藤，1994；荒記，2002）

生体内に存在する元素のなかで，現在，生体にとって明らかに不必要，あるいは有害とされているものが水銀と次に述べるカドミウムである。これらについては，欠乏症は認められず，有害作用だけが認められる。

水銀とその化合物には，単体の金属水銀(Hg^0)，無機イオン型水銀(Hg^+, Hg^{2+})，および有機水銀が存在する。金属水銀は，生体内で，大部分酸化されてHg^{2+}になるとされている。

無機イオン型水銀は腎臓に多く蓄積し，メタロチオネイン(3-2-7項参照)の合成を誘導し，メタロチオネインと結合して存在する。一方，有機水銀の一種であるメチル水銀は，肝臓や腎臓中にも多く蓄積するが，無機イオン型水銀と比べ相対的に脳や胎児中への蓄積が高い。

メチル水銀は，全身的な毒性をもち，種々の器官や機能に影響を及ぼすが，多くの動物種において，メチル水銀のおもな標的臓器は中枢神経系である(McAlpine and Araki, 1958；平山・安武，1994)。メチル水銀は組織内で徐々に脱メチル化し無機水銀に変化する。脳でこの変化が起きると血液‐脳関門を通過しにくいため，長期滞在し，障害を及ぼすことになる。

メチル水銀中毒は，メチル水銀の曝露後，一定の潜伏期間をおいて出現する。ヒトにおける典型的な症状は，感覚障害(知覚鈍麻)，運動失調，言語障害，聴力障害，求心性視野狭窄などの，いわゆるハンター・ラッセル症候群Hunter-Russell syndromeである。

メチル水銀は，アミノ酸輸送系を介して，血液‐脳関門を容易に通過して脳に取り込まれる。また，胎盤も容易に通過する。発生・発育過程の中枢神経系は，メチル水銀に対する感受性が高い。したがって，母胎がメチル水銀に曝露された場合，母胎を通じて，むしろ胎児の中枢神経系がメチル水銀の曝露を受け，障害が発生する。これが胎児性水俣病である。

なお，メチル水銀による水銀毒性の機序が，一部，酸化的障害によるものであることが示唆されている。

水俣病

水俣病 Minamata disease は，化学工場廃液中のメチル水銀が，バクテリア・植物プランクトン・魚類の食物連鎖などにより魚介類の体内で濃縮・蓄積され(Klaassen, 2001)，この汚染された魚介類を摂取することによって起きたメチル水銀中毒(中枢神経疾患)である。

原因がただ1つであり，症状の過激なことと，被害者数および被害対象地域の大きなことで，世界でも類をみない公害被害・環境汚染事件である。

被害者の多発が，貧しい漁民など魚を多食した人々の間に起き(土井，1994)，当時日本の化学工業をリードしていて地元のあこがれの的ともいえた「チッソ株式会社」(1965年に新日本窒素肥料株式会社から社名変更)の従業員と，生活などに格差があったことも，被害者に対する偏見助長に預かったことは否めない。症状が現われても病院で診察を受けることすら憚られる雰囲気があったといわれる(「熊本県民医連の水俣病闘争の歴史」編集委員会, 1997)。

経済優性，大企業優遇政策が行政側にあり，責任企業の自己保身・秘密隠蔽を助長させることとなった。

さらに，日本化学工業協会は，日本医学会長田宮猛雄を委員長とする水俣病研究懇談会を設けた。この委員会は，水俣病の原因について，メチル水銀中毒であることに疑義を唱え，そこでは，東京工業大学清浦雷作教授の「有毒アミン説」(土井, 1994 ; 荒記, 2002 ; 津田, 2004)などを紹介した。いわば日本の医学会における重鎮を委員長とする委員会の反対意見は，メチル水銀中毒説を唱え，水俣病を追究しようとする研究者に大きな重荷を負わせたことは想像に難くない。

日本化学工業会と日本医学会は，そのリーダーシップを真の原因解明に発揮できなかったばかりか，有機水銀説を否定することによって，結果として水俣病の発生をさらに継続させたといえよう。

科学研究を行なうものとして，また，将来それをめざすものにとって，さらに産業界で生産に携わるものにとっても，この事件を深く心に刻んで同じ轍を踏むことがないよう肝に銘ずるべきである。

日本化学工業会と日本医学会が，上に述べたような動きをする一方で，マスコミからも，水俣病公式確認初期の「伝染病説」誤報道(1956年)や，「有明海第三水俣病」報道騒ぎ(1973年)などの勇み足も加わり，世間一般の水俣病に対する見方が冷ややかなものとなったといわれる。したがって，研究者ばかりではなく一般市民も，甚大な被害をもたらした中毒事件を，それを取り巻くこのような社会背景と共に，記憶にとどめなければいけない。
　以下に，水俣病に対する行政責任を認めた最高裁判所第二小法廷(2004年10月15日，関西水俣病訴訟)の判決文(要旨)(北海道新聞，2004を改変)を掲げる。
　『1956年5月1日，チッソ株式会社(以下チッソ)水俣工場附属病院の医師が水俣保健所に原因不明の患者の発生を報告したことにより，公的機関が水俣病の存在を知った。保健所が調査した結果，1957年1月の時点で54名の患者が発生し，その内，17人が死亡していたことが判明した。
　その原因として，魚介類の摂取であることが，国・熊本県の関係者も参加した1957年1月の合同研究発表会において，一応の結論に達した。
　1958年7月，厚生省公衆衛生局長は，関係省庁および熊本県に対して文書により，水俣病は，ある種の化学毒物によって有毒化された魚介類を多量に摂取することによって発症するものであり，チッソ[下線部著者加筆]肥料工場の廃棄物によって魚介類が有毒化されると推定し，水俣病の対策について一層効率的な措置を講ずるよう要望した。
　他方，通産省軽工業局長は1958年9月ごろ，厚生省に対し，水俣病の原因が確定していない段階において，断定的な見解を述べることがないよう，申し入れた。
　1959年10月，厚生大臣の諮問機関の特別部会だった水俣食中毒部会は，原因は水銀が最も重要視されると中間報告した。
　このころ，チッソ水俣工場付属病院の医師が行なった実験により，チッソ水俣工場のアセトアルデヒド製造施設の排水を経口投与したネコに水俣病と同様の症状が現われることが認められたが，チッソは実験の続行を中止し，この実験結果を公表しなかった。
　このころ，通産省はチッソ水俣工場に口頭で水俣川河口への排水路廃止などを行政指導し，11月にかけて，チッソの社長に廃水処理施設の完備を文

書で求めた。1959年8月時点の死亡者は28人であった。

　これらの事実関係から，国は1959年11月末までに，①水俣湾や周辺海域の魚介類を摂取する住民の生命は健康に対する重大な被害が生じる状況が継続し，多数の水俣病患者が発生し，死者も相当数に上っていることを認識していた。②水俣病の原因物質がある種の有機水銀化合物であり，その排出源がチッソ水俣工場のアセトアルデヒド製造施設であることを高度の蓋然性をもって認識できる状況にあった。③チッソ水俣工場の廃液に微量の水銀が含まれることについて定量分析することは可能だった―との事情を認めることができる。なお，チッソが1959年12月に整備した廃水浄化装置が水銀の除去を目的としたものでなかったことも国は容易に知り得た。そうすると，国は1959年11月末の時点で，水俣湾や周辺海域を指定水域とし，工場排水から水銀や水銀化合物が検出されないという水質基準を定めるなどの規制権限を行使するために必要な水質保全法に基づく［下線部著者加筆］水質二法の手続きを直ちにとることが可能だったし，またそうすべき状況にあった。

　この手続きに要する期間を考慮しても，1959年12月末には通産大臣が規制権限を行使して，チッソに対して工場排水の処理方法の改善，施設使用の一時停止など必要な措置をとることを命じるのは可能だった。しかも水俣病の健康被害の深刻さを考えると，直ちにこの権限を行使すべき状況にあったと認めるのが相当である。

　この規制権限が行使されていれば，それ以降の水俣病の被害拡大を防ぐことができたのに，行使されなかったために被害が拡大する結果となったことは明らかである。

　以上の事情を総合すると，1960年1月以降，水質二法に基づく規制権限を行使しなかったことは，法の趣旨，目的，権限などに照らし，著しく合理性を欠き，国家賠償法上違法である。

　熊本県知事は，国と同様の認識があるか，認識できる状況にあった。知事が，1959年12月末までに，県漁業調整規則32条に基づく規制権限を行使しなかったことが著しく合理性を欠き，県が損害賠償責任を負う，とした大阪高裁の判断は，是認できる』

　以上述べた水俣病は，日本では1965年に，新潟県・阿賀野川流域で，第

二水俣病が発生したが，その後も，カナダ・インディアン居留区(1974年)，中国・松花江(1980年前後)など，世界の各地で，繰り返し起き(土井，1994)，また，ブラジル・アマゾンなど，発生が懸念されている地域もある(「熊本県民医連の水俣病闘争の歴史」編集委員会，1997；原田，2000)。水俣病の教訓が生かされているのかを絶えず問いかけることが必要といえる。

(4) カドミウム(佐藤，1994；Klaassen, 2001；荒記，2002)

生体にとって，水銀と同様，現在，明らかに不必要あるいは有害とされている。

自然界では，亜鉛や鉛と共存しており，これらの金属の採掘，精錬の際に副産物として得られる。

カドミウムによる健康影響は，電池工場，合金製造精錬工場などでの職場でのカドミウム取り扱い者のカドミウム曝露と，一般環境汚染によるカドミウムの過剰摂取により認められる。

カドミウムの慢性毒性としては，

①腎臓：尿細管障害および尿細管リン再吸収率の低下，糸球体機能低下
②骨：骨軟化症，骨粗鬆症
③呼吸器：肺気腫，肺癌

などがおもなものとして挙げられる。他に動物実験では，生殖毒性として，精子の運動性低下，血清テストステロン活性の低下などがあるとされているが，ヒトでは認められておらず，また妊娠や胎児などへの影響もないとされる。

生体内に取り込まれたカドミウムの大半が肝臓と腎臓にカドミウム結合メタロチオネインとして蓄積される。生物学的半減期はヒトで，18～33年とされる。日本人の腎皮質中のカドミウム濃度は諸外国の住民に比べ高値であるとされている。

以下に，カドミウム中毒であるイタイイタイ病 itai-itai disease について述べる。これは，水俣病 Minamata disease と共に，日本語の疾病名称に基づいて英語の名称がつけられた疾病であり，日本で発生した重金属による規模が大きな中毒公害としての認識の必要性を示しているといえる。

イタイイタイ病(日本化学会,1977；斎藤・青島,1988；佐藤,1994；Klaassen, 2001；荒記,2002)

　1955年に富山の新聞紙上に初めて公表された。骨の激痛から患者が発する"いたい，いたい"という声が，この病気に対する俗称として病院関係者の間で使われ，そのまま公称となったものである。同様の症状が，既に1919年に認められたとする調査もあり，実際の発生はかなり以前にさかのぼると考えられている。

　イタイイタイ病の自覚症状は，疼痛，特に，大腿痛，腰痛である。前述のように，カドミウムの過剰曝露が続くと，腎臓の尿細管障害を引き起こし，これにより，リンの再吸収が低下し，血液中のリン濃度が低くなる。これが持続すると骨の石灰化不全(骨軟化症)を発症させる。典型的な骨軟化症のレントゲン写真には，骨を横断して骨折線に似た骨改変層(偽骨折)が認められる。イタイイタイ病が進行し，股関節，下腿，肋骨など，いたるところに骨改変層が生じると，体重を支えられずに，どのような動作をしても，体中が痛む原因となる。ただし，イタイイタイ病は，更年期以降の経産婦に発症するため，カドミウムの慢性曝露以外の要因を無視することはできない。

　1968年には，厚生省は，「富山県におけるイタイイタイ病に関する厚生省の見解」を発表した。これによると，イタイイタイ病はカドミウムの慢性中毒により，まず腎障害を生じ，次いで，骨軟化症をきたし，これに妊娠，授乳，内分泌の変調，老化および栄養としてのカルシウムなどの不足が誘因となって生じたもので，この原因は，三井金属鉱業株式会社神岡鉱業所の排水であるとした。

　富山県のほぼ中央を流れる神通川の上流40〜50 kmに神岡鉱山が位置している。神岡鉱山は亜鉛鉱量として世界的な規模をもつ。この亜鉛採掘などにより，大量の鉱泥・廃水が流され，神通川下流域の水田や畑をカドミウムによって汚染した。1972年には，排水によって年間約315 kgものカドミウム汚染が生じた。1974年に公害健康被害補償が成立，イタイイタイ病指定地域は，富山市，婦中町，大沢野町の合計で，約5400 haに及んでいる。

　1970年，厚生省は，食品衛生法に基づき，玄米中カドミウムの基準値として1 mg/kgを設定した。これにより1 mg/kg以上のカドミウム含有米の

販売は禁止されている。なお，国際的な食品基準を審議し，決定する政府間機関であるCodex委員会は，2006年7月の総会で，精米中のカドミウムの国際基準値として上限0.4 mg/kgを最終採択した(Codex Alimentarius Commission, 2006)。日本において，0.4 mg/kg以上，1 mg/kg未満のカドミウム含有米については，かつては食糧庁が，そして2004年度からは，(社)全国米麦改良協会が買い入れることにより，0.4 mg/kg未満の玄米だけが流通されているとされる。

3-2-7 メタロチオネイン

1957年，ハーバード大学のValleeグループが，カドミウムと結合するタンパク質を初めて発見した。彼らは，亜鉛結合タンパク質を研究していて，亜鉛と同族であるカドミウムが何か生物学的役割をもつのではないかと期待して研究してみようと思い至ったのが研究の端緒であった(Vallee and Maret 1993)。そのようにして新しく発見されたのがメタロチオネイン metallothionein(1960年に精製，命名された)である。

メタロチオネインはその名の示す通り，金属metalloと，イオウthioすなわち含硫アミノ酸であるシステインを極度に多く含む低分子量(哺乳動物のメタロチオネインの分子量は6000〜7000)のタンパク質である(木村，1980；Kägi and Schäffer, 1988；Kojima, 1991；Kägi, 1991；Binz and Kägi, 1999)。図3-2-3にヒ

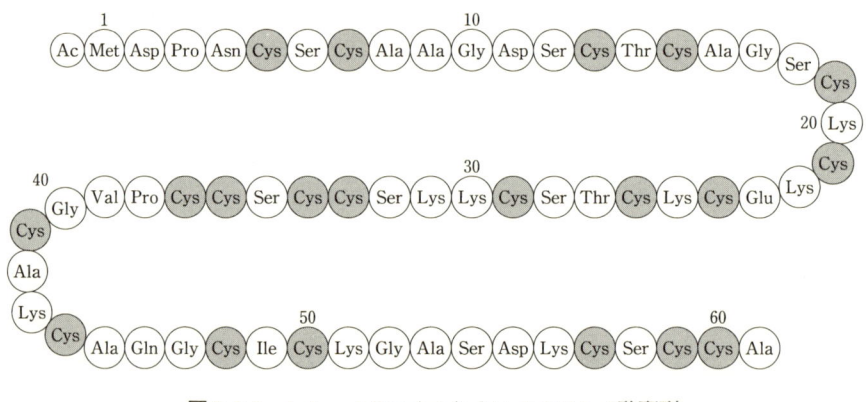

図3-2-3 ヒト・メタロチオネイン-2のアミノ酸配列

ト・メタロチオネイン-2 のアミノ酸配列を示す．全体でアミノ酸 61 残基からなり，その内 20 残基，約 3 分の 1 がシステイン残基である．このシステイン含有量の極端に多いこと，および金属含有量の多いことなどがこのタンパク質を非常にユニークなものにしている．なお，システイン残基のチオール基は，ジスルフィド結合(S-S 結合)を 1 つももたず，すべて金属と結合している(Kägi and Schäffer, 1988)．また，芳香族アミノ酸を欠いているため，通常のタンパク質溶液に特有な 280 nm の極大吸収はない．ヒスチジンを含まず，また熱にも強い．なお，多くの哺乳類のメタロチオネインには 2 つのアイソフォーム(メタロチオネイン-1 およびメタロチオネイン-2)が共通して存在する．ヒトやマウスにおいては，この他に 2 種のアイソフォーム(メタロチオネイン-3 およびメタロチオネイン-4)が存在する(Binz and Kägi, 1999)．メタロチオネイン-1 とメタロチオネイン-2 は肝臓や腎臓をはじめほとんどの臓器の細胞で発現する．メタロチオネイン-3 は特に脳において発現する(Uchida et al., 1991；Palmiter et al., 1992)．メタロチオネイン-4 は舌や食道などの扁平上皮細胞で発現する．なお，メタロチオネイン-3 は神経成長抑制因子(GIF)として見出され，これとアルツハイマー病との関連性に関心がもたれたが，その後の研究では，両者の関連性は否定的である(Palmiter, 1999)．メタロチオネインのアイソフォームの臓器特異的な発現の意義は未だ明確ではなく，大いに興味がもたれる．

　なお，メタロチオネインの発見の経緯から，ウマの腎臓由来のメタロチオネインのアミノ酸配列のシステインの位置に基づいてメタロチオネインはクラス I，クラス II，クラス III の 3 つのクラスに分類される(Kojima, 1991)．クラス I メタロチオネインには哺乳類をはじめとする多くの真核生物のメタロチオネインが含まれる．クラス II メタロチオネインにはウニや酵母(出芽酵母)のメタロチオネインが含まれる．クラス III メタロチオネインには植物のメタロチオネイン(フィトケラチン)などが含まれる(4-4-6 項を参照)．

　メタロチオネインは，亜鉛，カドミウムであれば 1 分子中に最大 7 原子の金属を含む．また，銅であれば最大 12 個結合する．含有金属としておもなものは，亜鉛，カドミウム，銅であるが，水銀，金，銀，ビスマスも結合する．これらの金属の組成は，生物種，臓器，誘導条件などにより異なるが，

表 3-2-5　培養細胞または生体内でメタロチオネインを誘導する因子(Bremner, 1987 を改変)。左列：生理学的・物理的要因，中央列：生理活性物質，右列：その他の化学物質

身体的ストレス*	グルココルチコイド	重金属
飢餓	プロゲステロン	四塩化炭素
開腹手術	エストロゲン	クロロホルム
感染	グルカゴン	カラギーナン
炎症	カテコールアミン	デキストラン
X 線照射	エンドトキシン	アルキル化剤
酸素分圧の増加	ストレプトゾトシン	エチオニン
	インターフェロン	エタノール
	インターロイキン1	イソプロパノール

* 原文表現に基づく

　通常，ヒト肝のメタロチオネインは，ほとんど亜鉛のみを含んでいる。1985年にはその立体構造が決定された。
　このタンパク質は，亜鉛や銅など生体必須金属の吸収，貯蔵，代謝，また，カドミウムや水銀など有害重金属の解毒に重要な役割を果している，と考えられてきた。
　Piscator(1964)が，カドミウムの投与によって，メタロチオネインの生合成量が増加すること，すなわち誘導現象を発見して以来，このタンパク質の生合成を誘導する要因や物質が次々と見出されてきた(表 3-2-5)。

3-2-8　ストレスとメタロチオネイン
(1)　はじめに
　ストレスは，過労死あるいは突然死との関連などで，社会的にも大きな関心を呼んでいるが，ストレスを客観的に評価する方法として特に優れた方法がないのが現状である。メタロチオネインが，ストレスに際して，臓器，おもに肝臓中でその生合成が誘導されることが明らかとなったことから(Oh, 1978)，ストレスとこのタンパク質の関係に大いに関心がもたれる。著者らは，心理的ストレスあるいは感覚生理学的ストレス(本書では後述のように，感覚器を介して生体を刺激する因子によるストレス(疼痛，騒音などによるもの)をこのように呼ぶ)状態でのメタロチオネインの生合成の誘導を見出しており，このタンパク質を利用したストレスの客観的評価法の開発に向けて研究を行なった。

ここでは，ストレス状態におけるメタロチオネインの生合成の誘導およびストレス評価指標としてのメタロチオネインの有用性などについて述べる。

(2) **ストレスとは**

ボールを指で押すと，押されてへこんだ部分にはこれを押し戻しそうとする力が働く。このように，ボールに対して外力(外からの刺激)が加わった時，外力に対抗してもとの状態を保とうとする力(応力，ストレス)が生じる。

カナダの大学の内分泌学者 Selye, Hans(セリエ，1907-1982)は，生体に刺激が加わった時に生じる生体の反応を，ストレス stress と呼んだ(物理用語であるストレスを医学領域に初めて持ち込んだのは前述の Cannon であるが，体全体の非特異的な臓器反応を意味する言葉として初めて用いたのが Selye である)。ラットを対象として，寒冷刺激などを用いて実験を行ない，刺激の種類によらずに同じような全身反応が生ずることを見出し，これに汎(あるいは全身)適応症候群 general adaptation syndrome と名づけ(Selye, 1936)，いわゆるストレス学説を提唱した。

ストレス学説によると，刺激(ストレッサー：stressor)に対する生体の非特異的反応であるストレス反応は，主として，内分泌の視床下部-脳下垂体前葉-副腎皮質系によるものであるとした。この汎適応症候群は，図 3-2-4 に示すように，初期の「警告反応」から「抵抗期」を経て，刺激が過激かつ長期間に及ぶ場合は「疲憊期」へと向かい，最後は死に至る。臓器

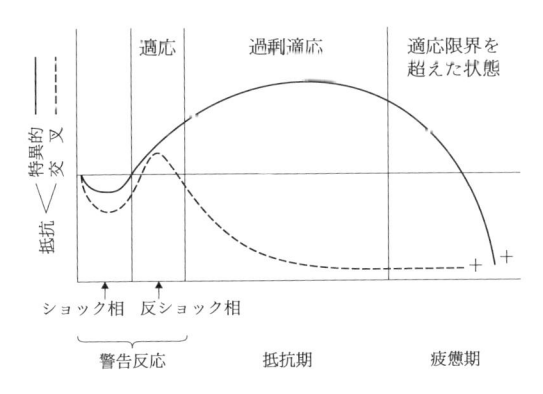

図 3-2-4 汎適応症候群の抵抗力の時間経過(Selye, 1976 および 1997 などによる)。＋：死亡

には副腎の肥大，胸腺・リンパ節の萎縮，胃・十二指腸の出血性潰瘍の三徴候が認められるとした(Selye, 1936, 1976, 1997)。

このような考え方は，19世紀以来主流となっていた「特定の病気は特定の原因によって起こる」という病理観を覆すものであり，病気の原因が，必ずしも，そのままで結果をもたらすものとは限らないということを認識させるものであった。

(3) **ストレッサー**(生体にストレス状態を引き起こす刺激)

生体に何らかの刺激を与えると，生体反応(ある種の緊張状態)すなわちストレス反応を引き起こす。この刺激のことをストレッサーと呼ぶ。この時，生体に有害な影響を与える刺激だけをストレッサーと定義する場合もある。ただし，3-2-1項で，特に物質に関して述べたが，物質に限らず，刺激因子は，それが弱い刺激であれば生体に有害ではなくとも，それが強くなれば一般的に有害となるということを考えると，同じ刺激因子がその強さによってストレッサーとなったり，ならなかったりということは混乱を生じさせる。したがって，ここでは，非特異的生体反応を引き起こす刺激すべてをストレッサーと呼ぶ。この考えによると，生体には何らかの刺激が必要であることから，生体は，ストレス状態(ある種の緊張状態)にあることが必要である，ということもできる。

なお，Selyeの死後発表された論文に，ストレスとストレッサーについての最終的な彼自身の考えが記述されている(Selye, H., http://www.icnr.com/articles/thenatureofstress.html)。

(4) **種々のストレッサーとその分類**

Selyeは，熱さ，寒さ，熱傷，外傷，ホルマリン，アドレナリン，結核菌，エックス線，出血，痛み，運動など，あらゆる刺激を試み，そのすべてにおいて汎適応症候群の三徴候が生じることを確かめた。ただし，その後，多くの研究者が行なった研究で，たとえば低血糖は副腎髄質，副腎皮質，交感神経系それぞれを興奮させるのに対して，寒冷・高温ストレッサーは交感神経を第一に刺激するが，副腎皮質への刺激は比較的小さいなど，ストレッサーによっては生体の反応に違いが生じることがわかってきた(日本比較内分泌学会，2000)。

さまざまな要素をどのように捉えるかによって，ストレッサーの分類の仕方が異なる。たとえば，①物理的・化学的要因(冷温，騒音，化学物質，栄養)，②生理学的要因(細菌，疲労，飢え)，③精神的・社会的(感動，焦燥，過密)などの要因に分類することができる。

ただし，騒音刺激あるいは痛み刺激などは，これらの3要因をすべて含んだものであり，3要因のいずれかに分類することには無理がある。そこで，中間型・統合型としての感覚生理学的要因を考え，刺激のエネルギーは少なくても感覚器(五感すなわち視覚，聴覚，触覚，嗅覚，味覚，の各感覚器)を介して知覚されて，ストレッサーとなる刺激を他の生理学的あるいは物理的ストレッサーと区別して，特に感覚生理学的ストレッサーとして，独立させて本節で扱う。

なお，『岩波生物学辞典』(山田ら，1983)では，生物的，物理的，化学的，精神的，社会的などの各要因例を挙げている。

ストレスに関連して，「life-event scales」(Holmes and Rahe, 1967)，「daily hassles」と「coping」(Lazarus and Folkman, 1984)，あるいは「job stress」(Karasek and Theorell, 1990)などについては，紙面が限られているため割愛するので，興味がある場合は，章末に挙げた文献を参考にしていただきたい。

3-2-9　ストレス状態におけるメタロチオネインの生合成の誘導

3-2-7項で述べたようにPiscator(1964)が，カドミウムの投与によって，メタロチオネインの生合成の誘導現象を発見して以来，このタンパク質の生合成を誘導する要因や物質が次々と見出された。

1978年に，Ohらにより，激しい運動などの身体的ストレッサーにおいてメタロチオネインが誘導されることが見出され(Oh et al., 1978)，このタンパク質の新たな側面が注目され始めた。その後，Hidalgo et al.(1986)による拘束，著者ら(Niioka and Kojima, 1988, 1991)による電撃，拘束水浸，騒音，さらに，Arizono et al.(1991)による情動ストレッサーなど，感覚生理学的ストレス(本書では，感覚器を介して生体を刺激する因子によるストレスをこのように呼ぶ)や心理的ストレスに際しても，同様に，メタロチオネインが誘導されるという報告がなされてきている。

表3-2-6 種々のストレッサーと肝臓中メタロチオネイン量(新岡・小島, 1992より)

負荷条件			メタロチオネイン量*	
	刺激の強さなど	曝露時間(h)	(μg/g 肝)	比
無処理	—	—	3.6	1
電撃1	尾部(6 mA DC-パルス)	8	30.1	8.4
電撃2	格子状床(2 mA DC-パルス)	8	28.5	8.0
拘束	6×13 cm チューブ	2	9.4	2.6
寒冷	4°C	24	9.0	2.5
拘束水浸	34°C水	8	6.9	1.9
騒音	ベル音 100 dB(A)	8	6.4	1.8

* 亜鉛量から換算(1 mol/7 グラム原子として)

ストレス状態におけるメタロチオネインの誘導に関して，著者らの研究結果を以下に紹介する。

ラットを種々のストレッサーに曝露し(表3-2-6)，その肝臓のホモジネートの可溶性画分をゲル濾過し，メタロチオネイン画分の亜鉛濃度より，メタロチオネイン量を求めた。その結果，寒冷および拘束条件において認められた肝臓中の亜鉛メタロチオネイン量の増加は，それまでの報告(Oh et al., 1978；Hidalgo et al., 1986)と同様であった。しかしながら，ラットなどを用いたストレス研究にこれまで用いられ，強いストレス状態に陥らせると考えられる電撃および拘束水浸でメタロチオネインが誘導されるか否かについては，報告がまったくなかった。また，騒音はラットの血中グルココルチコイド濃度の上昇を引き起こすため，ストレス状態に陥らせると考えられるが，騒音に関しても不明であった。著者らの研究で，電撃の場合，尾部電極刺激，格子床電極刺激共に，無処理群に比較して，約8倍という著しいメタロチオネインの増加を初めて明らかにした。また，拘束水浸および騒音でも，メタロチオネインの増加が認められた。このように，身体的ストレスのみならず，感覚生理学的あるいは心理的ストレス状態においても，メタロチオネインが誘導されるといえることが明らかとなった。

3-2-10 メタロチオネインを用いたストレスの評価(新岡・小島, 1992)

ストレス状態でのメタロチオネインの生合成の誘導に関して，Brady

(1981)は，ラットに副腎剔除擬似手術(擬似手術ストレッサー)を行なった結果，手術後2～4時間で，肝臓中メタロチオネイン量が増加し始め，18時間後に最大値に達し，その後，半減期約16時間で減少すると報告している。また，Hidalgo et al.(1986)は，0.5，3，8，24時間の拘束ストレッサー後の肝臓中メタロチオネイン量を測定し，24時間拘束で最も肝臓中メタロチオネイン量が増加すること，また，このことは，肝臓中メタロチオネイン量はストレスの持続時間に依存することを示すと報告している。

これらより，このタンパク質はストレッサーが与えられた後，比較的速やかに生合成が誘導され始め，かつ，比較的ゆっくりと分解され，また，ストレスが持続した場合，その生合成量はストレスの持続時間に応じて増加すると考えられる。したがって，メタロチオネインは，ストレスの累積的評価指標として用いることができると期待される。

さらに，Hidalgo et al.(1986)は，肝臓中あるいは血清中のこのタンパク質に関して，概日リズムは認められなかったと報告している。メタロチオネインの誘導に関するこれらの挙動は，このタンパク質をストレス評価指標として利用しようとする場合に大いに有用であると考えられる。

一方，メタロチオネイン以外に，ストレスに関係した生体内物質として，副腎皮質刺激ホルモン(ACTH)，グルココルチコイド，あるいはカテコールアミン(アドレナリン，ノルドレナリン，ドーパミン)などがある。しかし，これらの物質は，代謝されやすく，その濃度は短時間の内に一過性に変化するため，それらの物質の量的変化を追跡，検出することは容易ではない。さらに，副腎皮質刺激ホルモンやグルココルチコイド，あるいはその関連物質は概日リズムによる日内変化が大きいなど，ストレス評価指標としては問題があると考えられる。

以上の所見を総合して，著者らは，ストレス一般の客観的指標としてメタロチオネインを利用することに大いに期待をもてると考えている。ただし，メタロチオネインが，亜鉛や銅などの重金属により誘導されることは，常に，気にとどめておく必要がある。

ヒトへの応用を考える場合，メタロチオネインの微量定量が必要になる。著者らの研究室では，酵素結合抗体法(ELISA)を用いて，血液中あるいは尿

中のメタロチオネインを高精度で定量するための研究を進めている(Nagashima et al., 1998 ; Hirauchi et al., 1999)。なお，免疫系の働きに注目して，唾液中の免疫グロブリンを定量することによってストレスを評価しようとする研究もあり，興味がもたれるが，有用性は明確ではない(Walsh, 1999)。

3-2-11 ストレス状態におけるメタロチオネインの生合成の誘導とメタロチオネインの生物学的役割(新岡・小島，1991)

図3-2-5に，これまでの論議を含め，ストレス状態におけるメタロチオネイン(MT)の生合成の誘導について，これまでの生理学的知見など(Cosins, 1985)を考慮してまとめたものを掲げる。

生体に種々のストレッサーが加わった場合，交感神経系を介して副腎髄質におけるカテコールアミン分泌が起こる。また，下垂体-副腎皮質系を介し

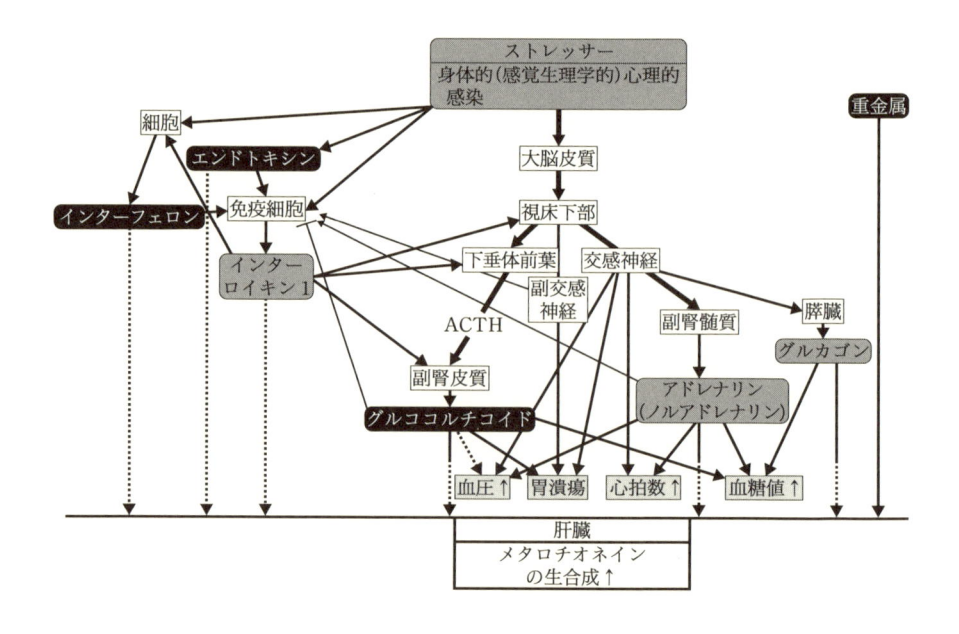

図3-2-5 ストレス状態でのメタロチオネインの生合成の誘導(新岡・小島，1991を改変)

てグルココルチコイド分泌が促進される。これら神経内分泌系の他に，免疫系も関与している。

心拍数・血圧・血糖値の上昇や，過酸化脂質が増加し(図には示されていない)，これらが過剰な反応であり長期間継続する場合，高血圧，動脈硬化，胃潰瘍などのいわゆるストレス病となる。

メタロチオネイン遺伝子のプロモーター(転写開始調節)領域に，グルココルチコイドによる調節部位が，重金属，インターフェロン，エンドトキシン(内毒素)およびインターロイキン1などによる調節部位と同様に存在している(Karin et al., 1987)。したがって，ストレス状態においては，主としてグルココルチコイドがメタロチオネインの調節部位に直接働きかけてメタロチオネインを誘導するものと考えられる(Cousins, 1985)が，他にカテコールアミン(Brady and Helvig, 1984；Bremner, 1987；Hidalgo et al., 1988a)，およびグルカゴン(Etzel and Cousins, 1981)などが間接的に関与していると考えられている。また，プロモーター領域に抗酸化剤応答領域(ARE)も存在することから，ストレス時に発生した活性酸素種によってメタロチオネインが誘導されることも充分考えられる。これに加えて，免疫系の働きによるインターフェロンやインターロイキン1も関与していると考えられている。

表3-2-5(3-2-7項)に示されたように，非常に広い範囲にわたる種々の因子に対して共通してメタロチオネインの生合成が誘導されることは，メタロチオネインが生体防御機構に，一般的に関与していることを強く示唆している(Cousins, 1985, 1986；Bremner, 1987)。種々の因子によって誘導されたメタロチオネインの生体防御機構への関与について，Bremner(1987)は，肝臓細胞内において亜鉛の再配分を行なうこと，あるいは血漿中亜鉛濃度を減少させることなど，亜鉛濃度を調節することによる生体防御への関与を示唆している。

また，メタロチオネインがヒドロキシルラジカル(·OH)などのフリーラジカルの消去作用を有することから(Thornalley and Vašák, 1985)，この働きを通じて，メタロチオネインが生体防御において重要な役割を担っているのかもしれないとの考えもある(Cousins, 1986)。

さらに，メタロチオネインは脂質の過酸化反応の抑制効果を有すること(Hidalgo et al., 1988b)などから，メタロチオネインの抗酸化作用についての働

きを重視する考えもある(Matsubara, 1987; Hidalgo et al., 1988b)。

これらの知見を総合すると，ストレス状態において誘導されるメタロチオネインは，亜鉛の代謝に関連して，抗酸化機能を発揮し，これにより生体防御にかかわっている可能性が強いが，詳しい検討は今後の研究に待たれる。

3-2-12 酸化的ストレス (大柳, 1989; 谷口・淀井, 2000; 吉川, 2002)

我々人類を含めた好気性生物にとって，酸素は不可欠なものである。空気中に酸素は約21%存在するが，酸素が不充分な状態では数秒以内で意識を失う(Schmidt and Thews, 1994が引用したデータに基づいて計算すると，酸素濃度2%で10秒未満)。一方で，体内で酸素の一部は何らかの原因で活性化されて，活性酸素 reactive oxygen と呼ばれる反応性の高い物質となる。過剰な活性酸素の存在は酸化的ストレス状態を招く。

ヒトは1日に空気を2500 L呼吸している。その内の酸素は500 Lであり，これを肺でガス交換により体内に取り入れる。そしてミトコンドリアの呼吸機能によって酸素から効率的に大きなエネルギーを得ているが，酸素の1%からは活性酸素種が発生するといわれている(吉川, 2002)。これが細胞内で発生する活性酸素種の最大要因であるとされる。

図3-2-6に酸化的ストレスの原因となるおもな活性酸素種とその電子配置を示す。活性酸素種 reactive oxygen species とは酸素分子が還元されて生じる反応性の高い酸素種の総称であり，代表的なものは，スーパーオキシド(O_2^-)，ヒドロキシルラジカル(・OH)，過酸化水素(H_2O_2)そして一重項酸素($^1O_2$)である。このなかでO_2^-と・OHはフリーラジカルである。フリーラジカルとは最外殻電子が不対となっている分子であり，一般に反応性が非常に強く，短命である。なお，酸素も不対電子をもち，フリーラジカルであるが，反応性はそれほど強くなく活性酸素種とされない。また，窒素酸化物である一酸化窒素(NO)と二酸化窒素(NO_2)もフリーラジカルであり，活性酸素種でもあるが，生体内ではこれら自身は比較的安定であるといわれる。この両物質は大気汚染物質でもある。

これらの活性酸素種はそれ自体も有毒であるが，他の生体成分と反応して，さらに毒性を強める物質を生じる。図3-2-7には，脂質ペルオキシルラジカ

酸素($^3O_2$)   :O:O:

スーパーオキサイド(O_2^-)   :O:O:

ヒドロキシルラジカル(•OH)   H:O:

過酸化水素(H_2O_2)   H:O:O:H

一重項酸素($^1O_2$)   :O:O:

図 3-2-6　酸素および活性酸素種の電子状態(吉川，2002)。
　　　　　点は最外殻電子の配置

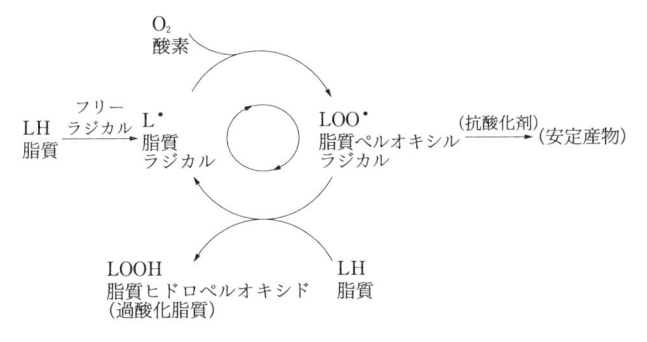

図 3-2-7　自動酸化による脂質過酸化反応(吉川，2002 を改変)

ル(LOO•)が酸化的ストレス状態において生じる様子と，脂質の過酸化が自動酸化によって起こる様子を示している(吉川，2002)。

　図 3-2-8 には酸化的ストレスの発生原因をまとめて示した。また，図 3-2-9 には生体内の活性酸素種の発生と，それによる細胞傷害を示す。呼吸によって生ずる O_2^- の他，免疫細胞である好中球やマクロファージなどが，体内に侵入したウイルスや細菌などの異物を攻撃する時の食作用などで，O_2^- を発生する。また，誘導性一酸化窒素合成酵素(iNOS)を介してNOを産生する。なお，NO は血管弛緩因子としての作用の研究がノーベル賞受賞対象(1998 年度)となり，大きな注目を集めたが，他に神経伝達，殺菌，あるいは制癌作用などがあるとされ，さらに，抗酸化・抗炎症作用も有するとされる(谷口・淀井，2000)。NO と O_2^- は非常によく反応し，高い反応性をもつペルオキシナイトライト($ONOO^-$)が生じる。他に，好中球によって次亜塩素

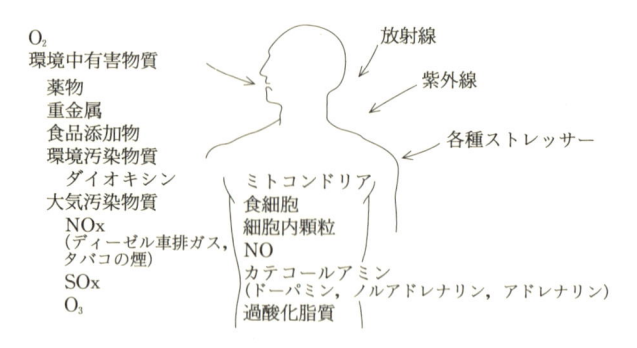

図 3-2-8 酸化的ストレスの発生原因

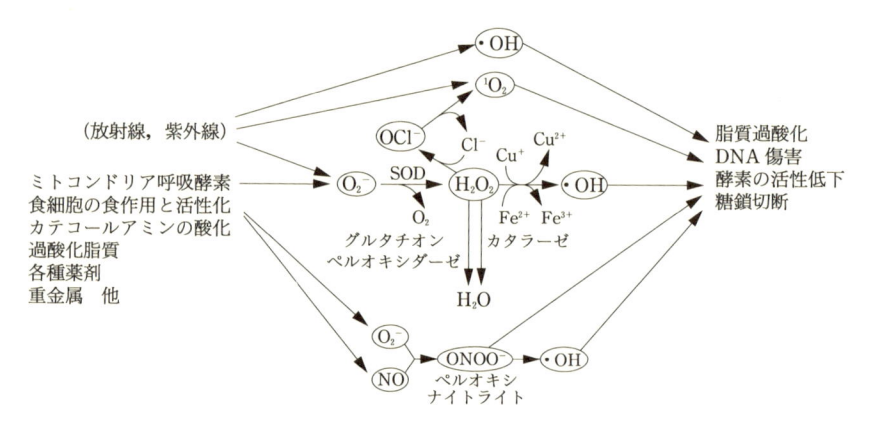

図 3-2-9 活性酸素種の発生による細胞傷害作用とおもな抗酸化酵素

酸イオン(OCl^-)が生成される。OCl^- からは $^1O_2$ が生ずる。この他にも活性酸素種はカテコールアミンの酸化, 過酸化脂質, 抗癌剤をはじめとする各種薬剤, 重金属などによって発生する。また放射線や紫外線も直接 O_2^-, $^1O_2$, あるいは・OH を生じさせる。

このように体内では活性酸素種が生まれていて, 好気性生物はそれを消去する機構を生み出し, 酸素毒性を軽減させている。図 3-2-9 には代表的な抗酸化酵素も示してある。O_2^- は, ミトコンドリアにあるマンガン SOD (Mn-SOD) によって, あるいは細胞質中の Cu,Zn-SOD によって直ちに消去され, H_2O_2 へと変化する。H_2O_2 はその濃度によって, グルタチオンペルオキシ

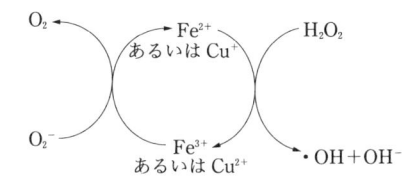

第3章 化学物質の生体への影響とその評価　75

$$O_2 \xrightarrow{Fe^{2+} \text{あるいは} Cu^+} H_2O_2$$
$$O_2^- \xrightarrow{Fe^{3+} \text{あるいは} Cu^{2+}} \cdot OH + OH^-$$

図 3-2-10　Fenton-type 反応によるヒドロキシルラジカルの発生（大柳，1989 を改変）

ダーゼあるいはカタラーゼで H_2O となる。ただし，これは近傍に遷移金属である Cu あるいは Fe イオンがない時の反応である。

酵素以外にも，抗酸化物質として体内で働くものに，グルタチオン，ビタミン A，ビタミン E などがある。また，抗酸化作用を有するタンパク質としては，セルロプラスミン，トランスフェリン，フェリチンなどがある（谷口・淀井，2000）。

H_2O_2 は，もし，Cu^+ あるいは Fe^{2+} が近傍にあれば，それと反応し，Fenton-type 反応によって非常に反応性が高い・OH を発生させる（大柳，1989；図 3-2-10）。

消去されなかった活性酸素種や，生体内にもともと抗酸化酵素がない・OH，$ONOO^-$ あるいは $^1O_2$ は細胞や組織を傷害する。脂質にあってはその過酸化，核酸にあっては DNA 傷害，タンパク質である酵素にあっては活性低下，糖にあっては糖鎖切断である（図 3-2-9）。

3-2-13　酸化的ストレス状態におけるメタロチオネインの細胞防御効果
(1)　亜鉛，銅，カドミウムの誘導によるメタロチオネインの細胞防御効果

重金属結合タンパク質であるメタロチオネインの抗酸化作用については多くの報告がある（Thornalley and Vašák, 1985；Chubatsu and Meneghini, 1993；Quesada et al., 1996）。一方で，銅結合 (Cu-) メタロチオネインが DNA 損傷を引き起こすことが明らかになりつつある（Oikawa et al., 1995；Suzuki et al., 1996）。しかし，メタロチオネインの生合成を誘導する金属種の違いによる，酸化的ストレス下におけるメタロチオネインの細胞防御効果の差異について比較検討した報告はなかった。以下に，過酸化水素 (H_2O_2) による酸化的スト

レス下におけるメタロチオネインの細胞防御効果が，メタロチオネインの生合成を誘導する金属種によってどのように異なるのかを培養細胞を用いて検討した著者らの研究を紹介する(田中・新岡, 2001)。

培養細胞として，ヒト子宮頸癌由来細胞(HeLa 細胞)を用いた。まず，亜鉛，カドミウムおよび銅の添加による HeLa 細胞でのメタロチオネインの生合成の誘導を検討するため，$ZnSO_4$，$CdCl_2$，および $CuCl_2$ をそれぞれ培地に添加し，各金属添加開始から 24 時間培養後に，抗メタロチオネイン抗体(E9)と FITC 標識 2 次抗体とを用いてメタロチオネインの免疫染色(蛍光抗体法)を行なった後，蛍光顕微鏡下で観察した(図3-2-11)。また，H_2O_2 による細胞傷害に対するメタロチオネインの抑制効果を検討するため，$ZnSO_4$，$CdCl_2$ あるいは $CuCl_2$ を含む培地で 24 時間培養し，通常培地に戻した後，H_2O_2 を培地に添加した。この状態で 1 時間培養後に細胞を回収して，細胞生存率をトリパンブルー排除試験により求め，金属添加を行なわない場合と比較した。

結果として，HeLa 細胞において，Zn，Cd あるいは Cu によって誘導さ

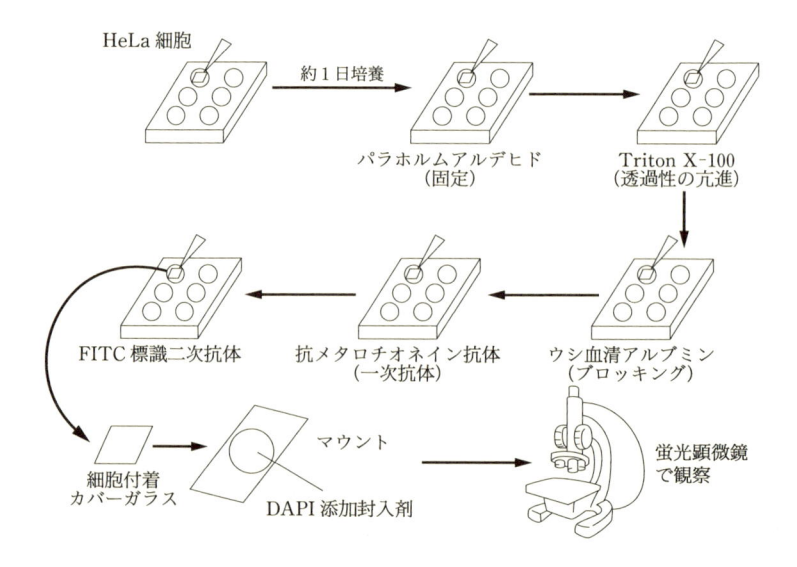

図 3-2-11　免疫染色(蛍光抗体法)

れたメタロチオネインは各金属に対して濃度依存的に増加した。なお，メタロチオネインは細胞質の他，核にも多く存在していた。また細胞質ゾル以外での細胞質中のメタロチオネインの存在が確認された。HeLa 細胞が H_2O_2 に曝露された場合，その濃度に応じて細胞死が増加した。しかし，Zn の添加によってあらかじめメタロチオネインを誘導させた細胞では，H_2O_2 曝露による細胞死が明確に抑制された。これは Zn によって誘導された Zn-メタロチオネインの抗酸化作用によるものであると考えられた。Cd 添加の場合は，その抑制効果は明確ではなかった。一方，Cu によってメタロチオネインを誘導させた場合，H_2O_2 曝露による細胞死が増加した。これは，Cu-メタロチオネイン自身が細胞傷害作用を増強させたというわけではなく Cu-メタロチオネインから放出された遊離の Cu イオンの作用によると考えられた。しかし，この実験結果からだけでは明らかではない。そこで，メタロチオネインが，直接，細胞傷害作用を増強するというわけではないことを確認しようと，次に述べるような実験を行なった。

(2) メタロチオネインの過剰発現と細胞防御効果

前述のように，メタロチオネインの生合成を誘導する金属種によっては，酸化的ストレス下におけるメタロチオネインの細胞防御効果に大きな違いが認められるなど(Tanaka and Niioka, 2001)，酸化的ストレス下におけるメタロチオネインの細胞防御作用が確立されたとはいいがたい。そこで，酸化的ストレス下におけるメタロチオネインの細胞防御効果を，より明らかにすることを目的として，HeLa 細胞を対象としてメタロチオネイン遺伝子を過剰発現する細胞株を作製し，酸化的ストレス下におけるメタロチオネインの細胞防御効果を検討した著者らの研究を，以下に紹介する(Akita and Niioka, 2004)。

メタロチオネインの cDNA については，HeLa 細胞に対して $ZnSO_4$ 処理でメタロチオネインの発現を誘導させた後，全 RNA を抽出し，RT-PCR により，メタロチオネイン-2A(MT-2A)など計 10 種類について合成を試みた。得られた cDNA 断片を用いて大腸菌 JM109 株に形質転換し，シークエンシングにより確認後，プラスミドを大量調整して，リポフェクション法により HeLa 細胞に導入した。HeLa 細胞内でのメタロチオネインの発現については，前述と同様，免疫染色によって確認した。最終的に，MT-2A(お

よび MT-1E)を過剰発現する HeLa 細胞株を作製することができた。

結果として，H_2O_2 曝露などに対するメタロチオネインの細胞防御効果を示す細胞生存率は，MT-2A を過剰発現する細胞では $CuCl_2$(150 μM) 24 時間前処理後に H_2O_2(20 mM) 1 時間曝露を行なった場合，野生型株と比べ有意に高くなった。また，この過剰発現株の細胞生存率は，野生型株に比べて，添加した Cu イオン濃度によらずに常に高かった。しかし，Cu イオン濃度が高くなるにつれてその差は小さくなった。これらから，メタロチオネインを過剰発現する HeLa 細胞株では，メタロチオネインは Cu と結合し，Cu-メタロチオネインとなって H_2O_2 による酸化的ストレス下において，Cu による細胞傷害を軽減させると考えられた。ただし，Cu イオン濃度が高くなるにつれてメタロチオネインと Cu との結合能が飽和状態となり，ついに Cu イオンが過剰な状態となり，遊離の Cu イオン(Cu^+)が生じ，これが H_2O_2 による細胞傷害を増強すると考えられた。

これは，Cu-メタロチオネインによって酸化的ストレス状態における細胞傷害の増強が起こる場合，それは Cu-メタロチオネインそのものによって生じるというよりも，Cu が過剰に存在する場合，Cu-メタロチオネインから放出された遊離の Cu イオンによって生じるという考え(Suzuki et al., 1996；Fabisiak et al., 1999)を支持するものである。なお，遊離の Cu イオン(Cu^+)の作用としては，ヒドロキシルラジカル(・OH)あるいは・OH 類似の活性種の形成(Oikawa et al., 1995；Suzuki et al., 1996)と(図3-2-10参照)，それによる細胞傷害の増強が考えられる。

以上，この節では重金属と重金属結合タンパク質であるメタロチオネインに関連する事項について述べてきた。重金属による環境汚染・健康被害だけを取り上げても，古くて新しい問題があり，この節で取り上げた内容は，そのごく一部である。問題解決に向けたアプローチの仕方，あるいは取り組むべき研究課題は数多くあるであろう。この分野の研究にも，大いに興味と関心をもっていただけたら幸いである。

3-3 動植物を用いた影響評価

3-3-1 野生動物に蓄積する環境汚染物質とその影響
(1) 有機塩素系化合物(ダイオキシン類, PCB, 農薬)

ダイオキシン類(ポリ塩化ジベンゾパラジオキシン, ポリ塩化ジベンゾフラン, コプラナー PCB), PCB 類, そして DDT など有機塩素系農薬は, すべて有機塩素系化合物に分類される.

ダイオキシン類については, 耐容 1 日摂取量(TDI), 環境基準の設定, 特定施設からの排出規制などを定めるため, ダイオキシン類対策特別措置法が平成 12(2000)年に施行された. 一方, 有機塩素系農薬(アルドリン, クロルデン, ディルドリン, エンドリン, ヘプタクロル, ヘキサクロロベンゼン, DDT)や PCB は, 既に第一種特定化学物質に指定されており, 製造・使用が事実上禁止されている. PCB については一部の用途に限り使用が認められていたが, 平成 14 年より試験研究用途を除き全面的に使用を禁止している.

このように, 有機塩素系化合物は, その毒性から, 生産・使用あるいは排出について, 厳しい基準が設定されている. しかしながら, 有機塩素系化合物は, いったん生体に取り込まれると脂溶性が高いためになかなか排泄されず, 脂肪組織に高濃度に蓄積する. したがって難分解性の化学物質は, ある生物の生息環境中の濃度が低くても, 食物連鎖による生物濃縮で, 生体において毒性を発揮するレベルにまで蓄積濃度が上昇する可能性が考えられる. 実際, 生産・使用が中止されている DDT や PCB は, 現在でも多くの野生動物において検出される.

以下に, 各動物種ごとに, 実際に報告されている有機塩素系化合物の野生動物汚染の具体例を挙げる(岩田, 1999; 石塚ら, 2002).

① 魚 介 類

わが国では, 前述の通り, 既に, DDT などの有機塩素系農薬や PCB 類は, 製造・使用が禁止されている. しかし, 野生生物に蓄積するこれら化合物を分析すると, 法規制から 50 年近く経った現在でも, 魚食性鳥類や哺乳類のみならず, 食物連鎖の底辺に属する魚類や水生甲殻類においても有機塩

[図: モクズガニの中腸腺に蓄積する4塩素ダイオキシンの異性体、都市近郊（北海道）・農村・都市（関東）ごとの棒グラフ、凡例：1368, 1379, 1268, 1478, 1237]

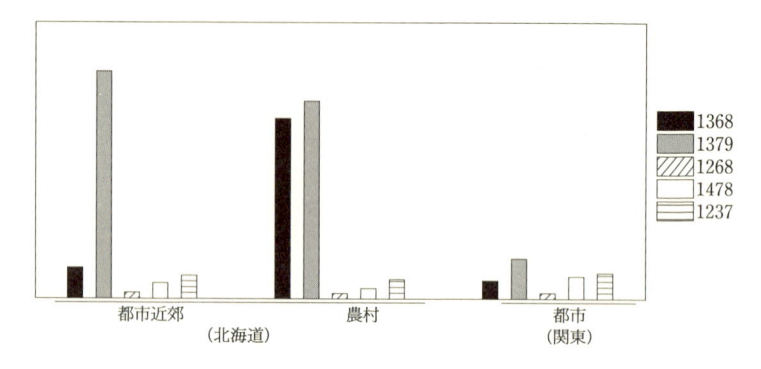

図3-3-1 モクズガニの中腸腺に蓄積する4塩素ダイオキシンの異性体(Ishizuka et al., 1998)。北海道由来の個体では，1，3，6，8-および1，3，7，9-位が塩素化されたダイオキシン類が蓄積されていた。

素系農薬やダイオキシン類異性体は検出される(Ishizuka et al., 1998)。魚類や水生甲殻類に蓄積するダイオキシン類の発生源は，その同族体パターンから，焼却由来であることが判明している。

また，同時に，本州関東域由来の甲殻類に比べると，北海道河川域に生息する甲殻類では，4塩素化ジベンゾパラダイオキシン(TeCDD)のなかに1368-，1379-TeCDDが多く検出された。したがって，北海道に生息する水生生物においては，ダイオキシン類のおもな汚染源は，CNP(Chlornitrofen)など過去に使用されていた農薬由来であることがその異性体蓄積パターンから明らかとなった(Ishizuka et al., 1998；図3-3-1)。

② 爬虫類

爬虫類は卵生時の環境によって性が決定される種類があり，また孵化時の性ホルモンは生殖器の形成・発育に大きな影響を与えることがわかっている。したがって，この時期にホルモンホメオスタシスを撹乱する環境汚染物質への曝露は，生殖期の形成や発育に影響を及ぼすことが懸念される。

フロリダのアポプカ湖では1980年代にアリゲーター*Alligator mississippiensis*の生息個体数が急激に減少したが，その原因として，孵化率の低下が考えられている。実際，雄のアリゲーターでは，雄性ホルモンであるテストステロンホルモン濃度の低下，陰茎の発育不良が観察され，雌では雌性

ホルモンである血中のエストラジオール濃度の上昇，多卵性濾胞や多核卵が報告されている。

アポプカ湖はこれまでも生活廃水や肥料，農薬の流入によって汚染されてきた。1980年には農薬であるダイコフォールの流出事故によって，副生成物であるDDTに曝露されることとなった。このころからアリゲーターの個体数異常が報告されており，DDTや代謝物のDDEは，内分泌撹乱作用をもつことから，これがアリゲーターの生殖器異常の原因ではないかと考えられている。このようなアリゲーターの生殖器異常はフロリダの他の湖でも観察されており，生息密度との関連性の他，アポプカ湖同様，有機塩素系化合物の汚染の影響も疑われている。

③ 鳥　類

北米大陸とカナダにまたがる五大湖は，有機ハロゲン系化合物による汚染が進み，1970年ころより生息する鳥類において数多くの奇形や卵殻の薄化，胚の死亡率の増加，繁殖異常が報告されるようになった。鳥類では，DDTと卵殻の薄化は既に報告されており，五大湖に生息する鳥類の卵殻の薄化は，DDTの生産・使用の規制が始まると共に減少し，個体数も回復した。

しかし，五大湖周辺に生息するミミヒメウ *Phalacrocorax auritus* の雛の奇形発生率は，その他の地域に生息する同種の奇形発生率よりもはるかに高い。これらの奇形発生は，有機塩素系化合物のなかでも毒性の強いダイオキシン類がその原因物質の1つである可能性が考えられている。

一方，食物連鎖の頂点に立つ鳥類であるオオワシやオジロワシは，わが国に飛来する猛禽類であるが，現在，絶滅危惧種に指定されている。北海道において，事故などで死亡したオオワシ・オジロワシの胸筋に蓄積する有機塩素系化合物の分析を行なったところ，高濃度の有機塩素系農薬やPCBの残留が検出された(Sakamoto et al., 2002；図3-3-2)。その蓄積は，孵化など「繁殖」に影響を及ぼすレベルであることもわかっている。これらの猛禽類は，極東ロシアにその営巣地をもち，日本に飛来する。これまでの研究から，オオワシ・オジロワシに蓄積していたPCBの汚染源が，極東ロシアであることが，その大気の有機塩素系化合物の汚染パターンから予想されている。

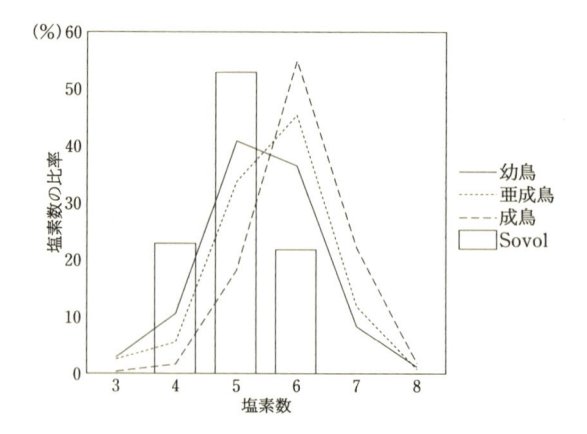

図 3-3-2　オオワシの胸筋に蓄積する PCB 類(Sakamoto et al., 2002)。Sovol はロシアで使用されていた PCB 製剤。

④ 哺 乳 類

　ダイオキシン類，PCB，DDT は，脂溶性に富んだ難分解性の有機塩素系化合物である。これらの化学物質は，環境中の残留性が高く，食物連鎖などを通して，野生生物種に蓄積しやすいことが問題となっている。特に，魚食性の生物種では，草食の生物種に比べるとこれら有機塩素系化合物の蓄積レベルが著しく高いことが報告されている。海生哺乳類であるアザラシなどの鰭脚類や，イルカの属する歯鯨類は，強毒性の化学物質であるこれら有機塩素系化合物を高濃度に蓄積している。その理由として，①水圏食物連鎖の上位に位置する生物であること，②脂溶性化学物質の蓄積しやすい厚さ数 cm の皮下脂肪を有していること，③母乳を介して母親から仔獣に汚染化学物質が受け渡され代々蓄積されていくこと，が挙げられる。また，北海道沿岸に生息するアザラシを採集し，脂肪に蓄積するコプラナーPCB 濃度と血中甲状腺ホルモン濃度とを測定したところ，これらが反比例関係にあることがわかった(Chiba et al., 2001)。したがって，野生生物においてもコプラナーPCB が甲状腺ホルモン分泌に影響を与えている可能性が示唆されている(図 3-3-3)。

　一方，陸生哺乳類では，魚食性の海生哺乳類に比べると，有機塩素系化合物の蓄積は低いと考えられてきた。しかし，人の生活圏に近いところで生息

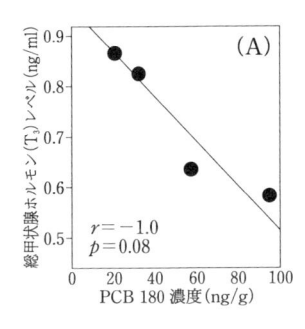

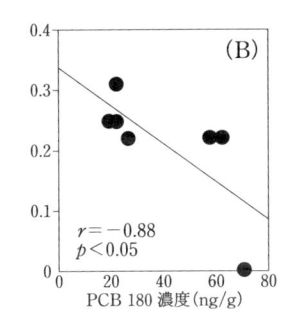

図 3-3-3 ゴマフアザラシ(A)およびクラカケアザラシ(B)に蓄積する PCB180 濃度と血中の甲状腺ホルモン濃度の関係(Chiba et al., 2001 より)

するドブネズミ Rattus norvegicus について，肝臓では PCB や DDT など，高濃度の有機塩素系化合物が検出されている(Ishizuka et al., 2004)。

(2) 多環芳香族炭化水素

多環芳香族炭化水素はベンゾ[a]ピレン，ベンゾ[ghi]ペリレン，ベンゾ[k]フルオランテン，ピレンをはじめとし，石炭燃焼，廃棄物の燃焼，自動車の排気ガスや喫煙によって産生され環境中に放出される汚染物質である。多環芳香族炭化水素の多くはシトクロム P450 によって代謝を受け，活性化し，DNA を傷害する(代謝的活性化)。大気中の多くの環境化学物質(スルホン酸塩，ケトン，アルコール，飽和脂肪酸，シクロアルカン，芳香族類，キノン，硝酸塩，硫酸塩，金属など)はディーゼル排気粒子に取り込まれるが，多環芳香族炭化水素も同様にディーゼル排気粒子に吸着し，DNA 損傷・付加体の原因となっている。

野生動物において，実際に環境汚染物質への曝露によって引き起こされている可能性が考えられる病理所見として，セントローレンス川に生息するシロイルカ Delphinapterus leucas の検死解剖結果が報告されている(Martineau et al., 1994；岩田，1999)。セントローレンス川は，五大湖の下流にあたり，この河口域は世界有数の工業地域の排水が流入する場所である。この地域に生息するシロイルカは既に 50 年以上も有機塩素系化合物，多環芳香族類，重金属などの化学物質に慢性的に曝露されている。1983〜1990 年の間に死亡したシロイルカの内，45 頭について検死したところ，9 検体から悪性腫瘍がみ

つかり，15検体は肺炎に侵され，17の成熟雌の内8検体は炎症や癌によって乳腺に異常がみられた。この河口域の汚染は多環芳香族炭化水素だけではなく，PCBや農薬など多岐にわたるため，癌の直接の原因は不明であるが，ベンゾ[a]ピレンのDNAアダクトがセントローレンス生息群11検体中10検体の脳から検出されている。

多環芳香族炭化水素は，環境中で二酸化窒素と反応してニトロピレンなどのニトロ芳香族炭化水素を生成する。ニトロ化された多環芳香族炭化水素は大気中やディーゼル車の排出粉塵から検出されているが，魚類では，多環芳香族炭化水素以外に，このニトロ多環芳香族炭化水素の蓄積も報告されている。多環芳香族炭化水素のニトロ化は，環境中だけではなく，魚類の生体内でも起こることも報告された(Shailaja et al., 2006)。

(3) 重 金 属
① 海産巻貝類

インポセックスとは，ペニスや輸精管などの雄性生殖器が雌に形成され，産卵不能に陥る一連の症状およびその個体のことをさす。トリブチルスズは船底防汚塗料として多く用いられてきたが，海水中1 ng/Lという低濃度でも，海産巻貝類に対して不可逆的にインポセックスを引き起こすことが報告された。現在では100種類以上の腹足類のインポセックスが世界各地で観察されるようになった。日本でも，イボニシ *Thais clavigera* やレイシガイ *T. bronni* など，ほぼ全国的に高率でインポセックス個体が観察されている。

既に，日本では，有機スズは船舶へは使用していないと考えられ，製造も中止されている。また，国際海事機構 Inter-governmental Maritime Consultative Organization(IMO)において，2001年有機スズ全廃条約が採択された。しかし，国内の海産巻貝類のインポセックス個体の減少はみられず，周海域の有機スズ濃度も依然として高い。

有機スズによる海産巻貝類のインポセックスは，エストロゲンを産生するCYP19(アロマターゼ)の阻害がその原因として考えられている。

② 鳥 類

鳥類は餌を筋胃ですり潰すため，砂や小石を取り込む習性がある。この習性のために，誤って飲み込まれた鉛散弾や釣具の重りが胃酸によって溶解し，

鉛中毒症を呈する水鳥が報告されてきた。また，猛禽類は，散弾を受けたが回収されない水鳥を餌とする際に，鉛弾を体内に取り込んでしまい二次的に鉛中毒症となることも報告された。

　鳥類における鉛中毒症の主症状として，行動異常，体重減少，削痩，翼の下垂，弛緩性麻痺，食欲不振，衰弱，緑色下痢，嗜眠，起立不能，貧血などが挙げられる。また，病理解剖により，肝臓の黒緑色化，腺胃の拡張，骨髄の水腫化，糞便の緑色化が観察される。鉛中毒で死亡する鳥類は，米国では，鉛散弾が禁止されるまで，毎年150～300万羽に上ることが報告された。猛禽類ではそれまでに数百羽が鉛中毒で死亡したことが確認されている。

　日本ではオオハクチョウ Cygnus cygnus やコハクチョウ C. columbianus の水鳥に加え，1996年以降，オオワシ Haliaeetus pelagicus，オジロワシ H. albicilla などの猛禽類が鉛中毒症を呈し，また鉛中毒によって死亡していることが報告されている。特に，北海道内の猛禽類の鉛中毒は，エゾシカ猟で鉛散弾を用いたことが原因と考えられ，2001年からエゾシカ猟での鉛散弾，2004年よりヒグマ猟での鉛ライフル弾の使用が禁止されている。

③　哺　乳　類

　新日本窒素肥料株式会社(現チッソ株式会社)水俣工場では，アセトアルデヒドをつくるための触媒として，硫酸水銀を用いていた。このアセトアルデヒドの合成過程で硫酸水銀が有機化してメチル水銀が副生される。この有機水銀はチッソ水俣工場から不知火海へ放出される排水に含まれ，魚介類の体内に蓄積されていった。1950年代に，熊本県の水俣湾や周辺の魚介類を食べたことで起こる中毒性の中枢神経疾患がヒトで発生し，水俣病と名づけられた。水俣病では，手足のしびれや運動障害，視野狭窄などの症状がでるが，メチル水銀による中枢神経障害の発現の詳細な機構は不明である。有機水銀では，脳や末梢神経のタンパク質合成能の低下や酸化障害が報告されているが，さらに，最近，酵母においてメチル水銀毒性のL-グルタミン，D-フルクトース-6-リン酸アミドトランスフェラーゼ(GFAT)などの標的分子も報告された(Miura et al., 1999)。

　有機水銀による汚染とヒトの中毒は，中国，日本，パキスタン，イラク，欧米諸国など，世界規模で報告されているが，近年，懸念されているのは無

機水銀による汚染である。ブラジル，アマゾン川流域では，1970年代終わりごろから堆積土中の砂金採掘がさかんに行なわれ，金の精練に使用されている金属水銀による汚染が深刻化している。無機水銀はSH基に結合し，その活性を阻害する。腎臓では，脂質の過酸化を促進する。しかし，無機水銀は「水銀サイクル」により，メチル水銀に変換されることが知られている。

金の精練に使用されている水銀(Hg^0)は，金採掘用イカダから放出される。放出された水銀の内，約60%は蒸発し，約40%は水中にはいる。蒸発した金属水銀は大気水の水(H_2O)，オゾン(O_3)で酸化され水銀イオン(Hg^{2+})となる。雨と共に地上へ落ちたHg^{2+}は酸性の場合有機化してメチル水銀($Hg(CH_3)^+$)となる。$Hg(CH_3)^+$は生物に取り込まれ，食物連鎖網にはいる。このように，水銀は地球環境のなかで循環し，その過程でメチル化も起きるため，無機・有機の水銀を1つのサイクルとして捉える必要がある(Wasserman et al., 2003)。

(4) その他

環境汚染として問題となる化学物質は，ダイオキシン類のような生体に対する毒性の強さや，難分解性で環境中での半減期が非常に長い性質を有するものが多い。プラスチック可塑剤に用いられ，内分泌撹乱作用が問題となったフタル酸エステルなどは，比較的体内での分解が早い。しかし，一方で，最近野生動物での蓄積も報告されているPFOS(ペルフルオロオクタンスルホン酸，パーフルオロオクタンスルホン酸)は，人工有機フッ素化合物で，半減期が非常に長い。2000年5月，米国3M社はPFOSの使用中止を発表したが，既に魚類をはじめとする野生動物ではPFOSの高濃度の蓄積が報告されている。PFOSは，その毒性はまだ明らかにされていないが，特に環境残留性と生体蓄積性の高さが問題視されている。PFOSの蓄積はアラスカのホッキョクグマでも報告されている(Kannan et al., 2005)。

また，難燃剤として家電製品のプラスチックフレームなどに使用されるポリ臭素化ジフェニルエーテル(PBDE)や臭素化ビスフェノールAは，脂溶性が高く，生物濃縮される。臭素化合物は光に敏感で，有機塩素化合物に比べ速やかに光分解されることがわかっている。しかし，光照射後に脱臭素化が起き，臭素化ダイオキシン類が形成されることも報告されている。また，臭

素化ダイオキシン類は，ポリ臭素化ジフェニルエーテル(PBDE)やポリ臭素化ビスフェノール系難燃剤を製造している難燃剤製造工場の排出ガス，排出水などから検出されている。

3-3-2　野生動物における解毒機構
(1)　第一相反応と第二相反応

　生物の体内に取り込まれた環境汚染物質の多くは，第一相反応で水酸化などの修飾を受け，第二相反応で補酵素の抱合を受け，水溶性を増し，体外に排泄されやすくなる(図3-3-4)。第一相反応を行なうのは，水酸化や加水分解，還元を行なう cytochrome P450(シトクロム P450，以下 CYP または P450)，alcohol dehydrogenase(アルコールデヒドロゲナーゼ)，aldehyde dehydrogenase(アルデヒドデヒドロゲナーゼ)，monoamine oxidase(モノアミンオキシダーゼ)，esterase(エステラーゼ)，amidase(アミダーゼ)，epoxide hydrolase(エポキシドヒドロラーゼ)，quinone oxidoreductase(キノンオキシドリダクターゼ)などである。また，第二相反応では，UDP-glucuronosyltransferase(グルクロン酸抱合酵素：UGT)，glutathione-S-transferase(グルタチオン抱合酵素：

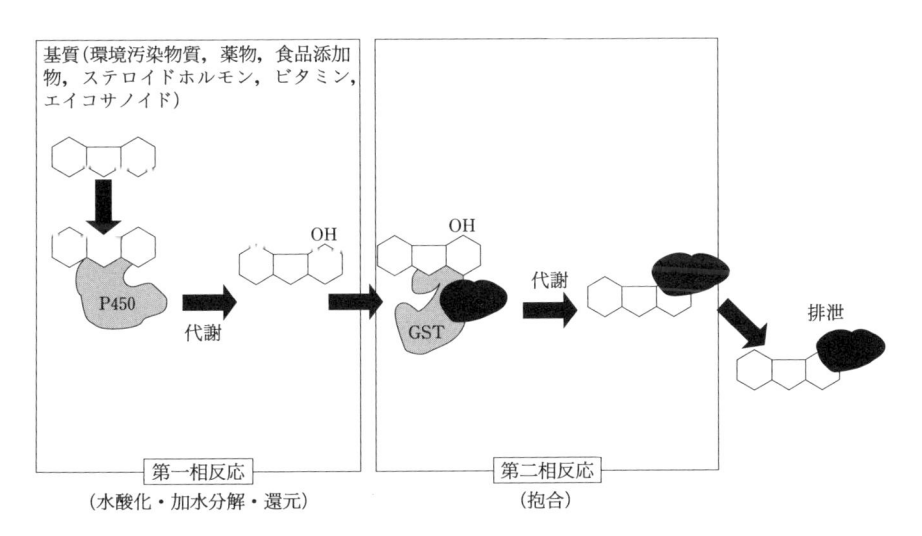

図 3-3-4　外来異物の第一相，第二相反応。GST：グルタチオン抱合酵素，GSH：グルタチオン，P450：シトクロム P450

GST），sulfotransferase（硫酸抱合酵素：ST）である。

　医薬品，環境化学物質など，外来化学物質の多くは，最初にシトクロムP450（P450またはCYP）によって代謝を受ける。P450は地球上のほとんどの生物に存在する，一酸素添加酵素である。P450にはさまざまな分子種が存在し，ステロイドホルモン，ビタミン類，エイコサノイド類などの生理活性物質の生合成や代謝を行なっているだけではなく，生体に取り込まれた異物の代謝・排泄に関して，非常に重要な役割を担っている。この酵素は，植物，細菌，昆虫など，いろいろな生物種に分布しており，哺乳類に分布しているP450分子種だけでも数百種類といわれている。特に，ヒトや実験動物におけるP450は，医薬品の代謝的活性化・排泄などに関与する重要な酵素であるため，その分子種や基質特異性などについて詳細な報告がある。一方で，P450は，PCBや農薬など，多くの環境汚染物質を代謝するため，野生動物の環境汚染に対する適応能を知るためにも，それらの有する異物代謝能を知ることは重要である。以下に，P450を中心に，野生動物のもつ異物代謝能（解毒機構）を解説する。

(2) P450 スーパーファミリー

　CYPはアミノ酸配列のホモロジーからファミリー，サブファミリー，遺伝子番号で区別され，アミノ酸配列40％以上の相同性でファミリーに，55％以上の相同性でサブファミリーに分類される。現在のCYPファミリー数は280に及ぶが，広範な生物に存在するため，既に1500以上のCYP分子種が報告されている。そのなかで，ゲノム解析により，ヒトのゲノム上では少なくとも56の完全長P450分子種のシークエンスが報告されている。CYPは巨大なスーパーファミリーを形成しており，前述の通り，アミノ酸の相同性によって，分子種名が決められている。これまでの研究において，哺乳類ではCYP1，CYP2，CYP3，CYP4，CYP5，CYP7，CYP8，CYP11，CYP17，CYP19，CYP21，CYP24，CYP26，CYP27，CYP39，CYP46，CYP51ファミリーがクローニングされ，それらの酵素学的性質が明らかにされている。

　脊椎動物の野生生物種で，環境汚染物質とP450の研究が最も進んでいるのは魚類である（板倉ら，2003）。CYP1ファミリーを中心として，CYP2，

CYP3，CYP4，CYP11，CYP17，CYP19，CYP26 ファミリーなどが肝臓，腎臓，生殖腺，脳からクローニングされている。十数種類の魚類より P450 が単離されているが，特に，ニジマスやゼブラフィッシュ，ゲノム解析が終了したフグからは，多くの CYP 分子種がクローニングされている。

一方で，野生哺乳類の有する P450 は，アザラシ，イルカなどの海生哺乳類やコアラの塩基配列が同定され，その他，ホッキョクグマ，ヒグマなどの肝ミクロソーム精製による P450 の一部のアミノ酸配列の報告もあるが，野生哺乳類における P450 分子種の解析の報告は少ない。したがって，哺乳類に関しては，ヒト，実験動物，家畜のみで P450 の分子進化が系統立てられており，特に野生哺乳類に関しては，まずは，これらの情報を蓄積していく必要がある。しかし，野生動物の P450 の活性測定やクローニング，精製のための試料入手は，野生動物自身の稀少性や生態系の保護といった観点から考えると難しく，野生生物において P450 の基質特異性や年齢，性差による発現パターンなどの情報は乏しい。

(3) P450 の発現調節機構とバイオマーカー

現在，P450 は生物の進化にともなってさまざまな機能を有するよう分化してきたことが，その塩基配列や基質特異性から明らかにされつつある。P450 のなかでも，CYP1，CYP2，CYP3，CYP4 ファミリーはいろいろな外来異物によってその発現量が変動することが知られているが，それらのレギュレーターとして，AhR(aryl hydrocarbon receptor)や PXR(pregnane X receptor)，CAR(constitutive androstane receptor)，PPAR(peroxisome proliferator-activated receptor)が知られている。これらの受容体群は，ダイオキシン類や PCB，フタル酸エステルなどのリガンドと結合し，プロモーター領域に応答配列をもつ P450 をはじめとする異物代謝酵素を誘導する。

それでは，実際に環境汚染に曝されている野生生物では，P450 をはじめとする生体防御機構はどうなっているのであろうか？　野生生物のなかでも，多くの魚類に加え，カエル，トカゲ，ワニ，アザラシ，ミンクなどでは，実験室における環境汚染物質の投与実験から，肝臓などで CYP が発現誘導を受けることが報告されている。また，実際に野外から海生哺乳類を採集し，蓄積する co-planar PCB 量と肝臓における CYP 量を比較したところ，

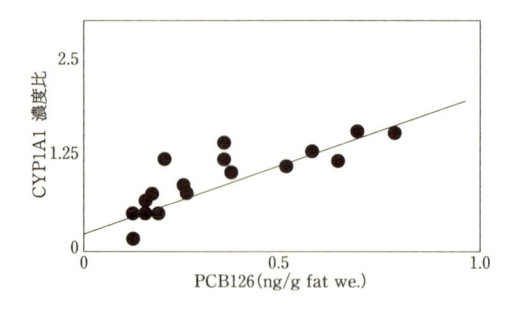

図3-3-5 アザラシの肝臓に発現するP450分子種の1つCYP1A1のタンパク濃度と脂肪に蓄積するPCB126との関係(Fujita et al., 2001)

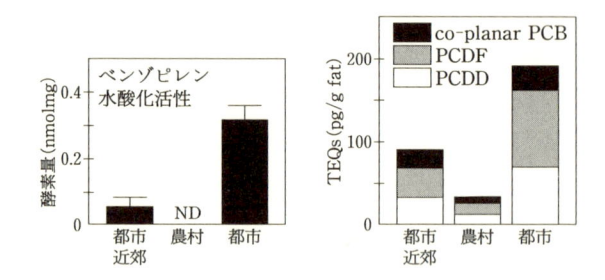

図3-3-6 モクズガニの中腸腺に蓄積するダイオキシン類のTEQ値とP450依存の活性の関係(Ishizuka et al., 1998)

　TEQ(ダイオキシン等価)値とCYP1Aサブファミリー発現レベルは比例関係にあり，これらダイオキシン類が，CYP1Aサブファミリーの誘導を引き起こしていることがわかった(図3-3-5)。ダイオキシン類が結合するAhRは現在のところ，魚類以上の生物種で発見・クローニングされている。水生甲殻類などでは，AhRは同定されていないが，甲殻類に蓄積するダイオキシン類のTEQ値と中腸腺に発現するP450量が比例することも報告されており(Ishizuka et al., 1998；図3-3-6)，さまざまな野生生物種において，環境汚染物質曝露による生体防御機構が引き起こされていることが示唆される。

　このように，野生生物においてもP450と環境汚染物質は，ある一定の汚染濃度範囲では比例関係にあることがわかった。鳥類や魚類，ラッコなどの哺乳類では，タンカー座礁事故の石油流出後，CYP1Aサブファミリーの発現あるいは依存の代謝活性が上昇していたことが報告され(Jewett et al., 2002)，

また，PAH やダイオキシン類による環境汚染の亢進した地域に生息している魚類ではCYP1A 発現が上昇しているなど，P450 は生物調査などで実際に環境汚染のバイオマーカーとして用いられている。

3-3-3　海産動物の遺伝子発現を指標にした新たな影響評価系の開発
(1)　はじめに

　人類が作り出した大量の化学物質は難分解性のものが多く，それらは最終的には海洋に排出され，海底の泥砂に蓄積すると共に，海洋の生態系のなかで食物連鎖によって上位の生物に濃縮されていく。その結果として海産動物や海洋哺乳動物において生殖異常，免疫低下，奇形などの深刻な問題が生じることが報告されている。現在国際的に流通している化学物質は10万種類といわれており，化学物質の安全性データの国際間での共有や人体被害・環境汚染防止対策における国際基準の設定が進められている。特に高生産量化学物質については経済協力開発機構(OECD)のガイドラインに基づいて，わが国でも魚類，ミジンコ，藻類を用いた急性毒性，反復投与毒性，遺伝毒性，生殖毒性試験を行ない，影響を及ぼす化学物質濃度の検討がなされている。これらの取り組みは重要であるが，一方，試験対象の生物種が限られている，毒性が検出される多くの化学物質においてその作用機序は不明な部分が多いなどの課題も残されている。

　近年，さまざまな生物のゲノム解読が急速に進み，生物の膨大なゲノム情報を駆使して新たな知見を得るために「ポストゲノム」の解析手法が次々と開発されている。DNAマイクロアレイあるいはDNAチップと呼ばれる，遺伝子発現の網羅的な解析ツールもその1つである。毒性学の研究分野でも，マウスやラットのDNAマイクロアレイを用いて，化学物質に曝露した動物の肝臓で生じる遺伝子発現の解析が精力的になされている。

　我々は，海産無脊椎動物ホヤのDNAマイクロアレイを作製して生命科学の基礎研究に従事してきたが，その過程で，この解析ツールを海洋汚染化学物質の生物学的影響評価に用いる着想を得た。本項では，はじめにDNAマイクロアレイ解析の概要を説明し，次にホヤを用いた実験例およびこの解析手法を用いた化学物質の影響評価法について述べさせていただく。

(2) 海産動物ホヤ

　ホヤは幼生期に形成された脊索が成体になると消失することから原索動物に分類され，脊椎動物と無脊椎動物の境界領域の動物に位置づけられている。ホヤと脊椎動物の胚発生がよく似ていることから，ホヤは発生学のモデル動物として100年以上前から実験に用いられてきた。また，ホヤは脊椎動物の進化を明らかにする上で鍵をにぎる動物であると考えられ，海産動物では2番目にゲノムが解読された(Dehal et al., 2002)。さらに，ゲノム解読のために大量の塩基配列解析が日本でなされ，そのおかげで現在ホヤは，海産動物のなかで分子生物学的解析基盤が最も充実した実験動物となった。

　ホヤは産業国近海を含む世界各海域に多数生息しており，日本でも瀬戸内海をはじめ，日本海，三陸海岸などで採集できる。ホヤは魚のように泳ぐことができず，岩や岸壁などに固着して生息する。したがってホヤの生息する海域に有害な化学物質が排出されると，ホヤは海水と共にそれらを体内に取り込み曝露されることになる。また，化学物質の影響評価の観点からみれば，ホヤは脊椎動物と無脊椎動物の境界領域の動物で両者に共通の生物学的な性質を有する。したがってホヤで観察される化学物質の影響のなかには，ホヤ特有の現象だけではなく，イカ，カニ，ホタテなど他の海産無脊椎動物および魚類などの海産脊椎動物にも共通の影響が見出されると考えられる。したがって，ホヤにおける化学物質の影響を詳細に解析することにより，海産動物全般に対する化学物質の影響を推定する上で有益な情報が得られると考えている。

(3) DNAマイクロアレイとは

　DNAマイクロアレイ(あるいはDNAチップ)とは，表面を特殊加工した固相基盤(スライドガラスなど)の上に多数の遺伝子断片を高密度に固定化したものをいう(Schena et al., 1995)。DNAの固定の仕方には，ガラス表面上でオリゴDNAを合成していく方法と，あらかじめ合成したオリゴDNAあるいはcDNAをDNAスポッターと呼ばれる機械を用いてスライドガラス上に貼り付けていく方法がある。いずれの場合も，オリゴDNAマイクロアレイは遺伝子特異的なオリゴヌクレオチドを合成して搭載しており，各遺伝子の発現が特異的に検出できる。ヒト，マウス，ラット，酵母，線虫，ショウジョ

ウバエ，シロイヌナズナ，イネなど主要な実験動物では今やオリゴ DNA マイクロアレイが主流であり，搭載されている遺伝子数もヒトやマウスでは 4 万種類に及ぶ．一方，cDNA マイクロアレイは類似の塩基配列をもつ遺伝子の発現が同一スポットで検出されてしまうため，検出できる遺伝子の特異性は低くなるが，PCR 法で cDNA を増幅すればよいので，市販されていない生物種の cDNA マイクロアレイを自分たちで作製することが可能である．

(4) DNA マイクロアレイ解析方法

DNA マイクロアレイ解析の原理は単純である．生物の細胞あるいは組織から全 RNA を調製し，そのなかのすべてのメッセンジャー RNA(mRNA)を何らかの方法で蛍光標識したプローブを作製する．それをスライドガラス上に固定化した多数の DNA の上にのせてハイブリダイゼーションを行なうことにより，蛍光標識されたプローブは各々の mRNA が由来した遺伝子断片が貼り付けられているスポットに集まる．その結果，1 枚の DNA マイクロアレイで数千〜数万種類の規模の遺伝子発現(mRNA 量)を一度に測定することができるのである．

我々は，ホヤの全遺伝子の約 7 割が検出できる大規模なオリゴ DNA マイクロアレイを作製し(JST，CREST プロジェクト，代表・京都大学佐藤矩行教授)，発生，加齢，日周期などにおける遺伝子発現の網羅的な解析を行なってきた．同時に，ホヤに海洋汚染化学物質を曝露して，ホヤ体内で生じる遺伝子発現の変動も調べてきた．以下にオリゴ DNA マイクロアレイを用いた 2 色蛍光標識法での解析方法を，我々の実験例を用いて紹介する(図 3-3-7)．まず，化学物質に曝露したホヤと，曝露しないホヤの内部組織からそれぞれ全 RNA を調製し，曝露したホヤの全 RNA から赤色蛍光色素(Cy5)を取り込ませたプローブを，曝露していないホヤの mRNA から緑色蛍光色素(Cy3)を取り込ませたプローブを作製した．そして，蛍光標識した 2 種類のプローブを等量ずつ混合してスライドガラス上のオリゴ DNA が貼り付けられているスペースにのせ，一晩ハイブリダイゼーションを行なった．その後，ガラスを洗浄して未反応のプローブを除去し，乾燥させ，専用の蛍光スキャナーで各スポットに結合している赤と緑の蛍光色素量を測定し，数値化した．化学物質を曝露しても発現量が変動しない遺伝子のスポットは黄色，化学物質曝

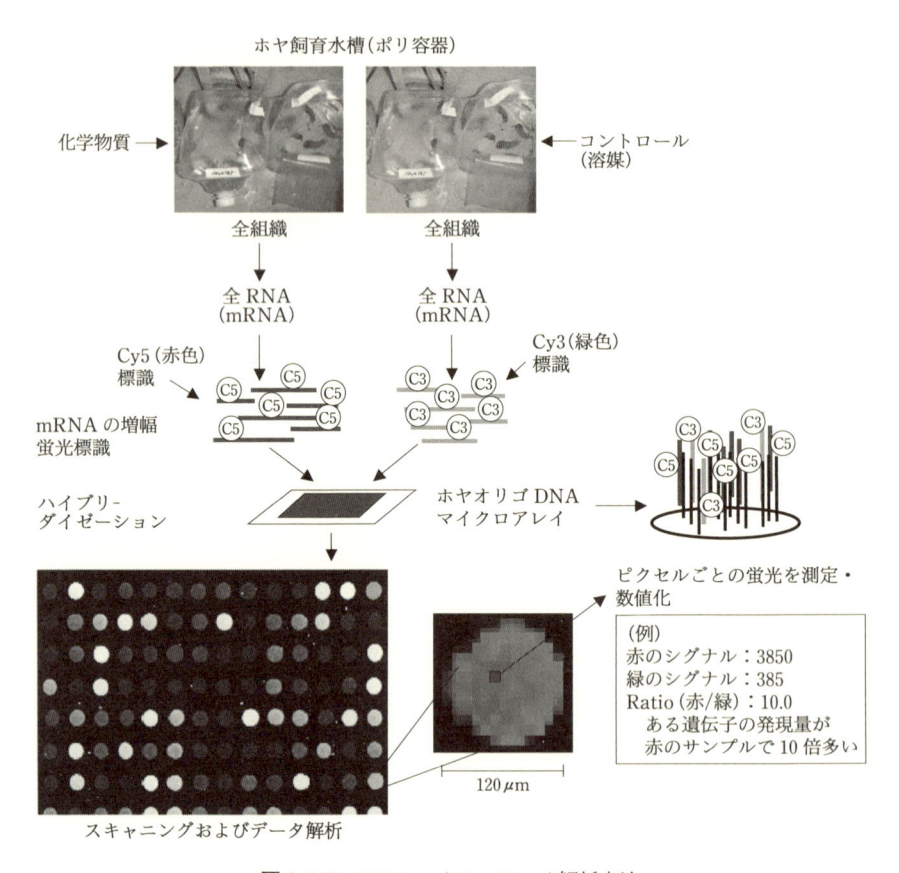

図 3-3-7 DNA マイクロアレイ解析方法

露により発現が亢進した遺伝子のスポットは赤色，逆に発現が低下した遺伝子のスポットは緑色になる。ホヤの DNA マイクロアレイには約 2 万種類の合成オリゴ DNA が搭載されているが，通常 1 万〜1 万 5000 個のスポットに蛍光シグナルが検出される。このことは，DNA マイクロアレイを用いると 1 回の解析で 1 万種類以上の遺伝子について発現量(mRNA 量)の違いが検出できることを意味している。各遺伝子の発現の違いを可視化するのに通常 Scatter Plot というヒストグラムが用いられる。化学物質 A および B でそれぞれ曝露したホヤと，曝露しないホヤ(コントロール)を用いてマイクロアレイ解析を行なった結果を Scatter Plot で表わした(図 3-3-8)。縦軸は赤色の

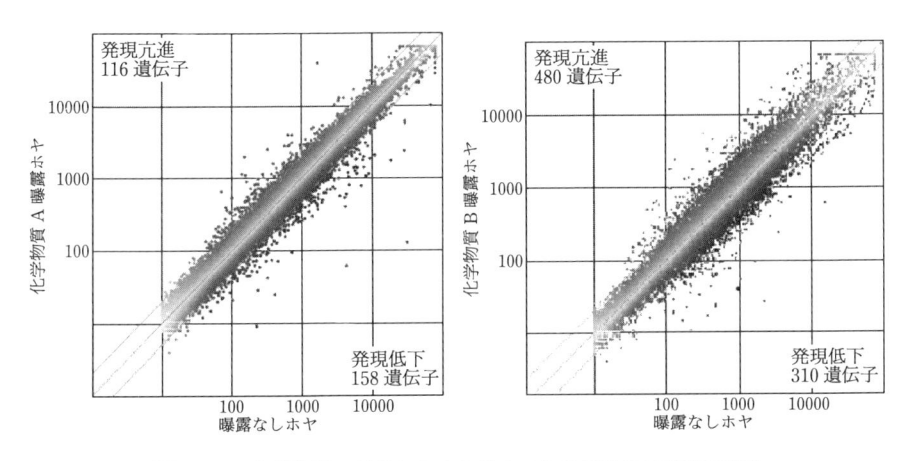

図 3-3-8　化学物質に曝露したホヤ体内で生じる遺伝子発現の変動

蛍光強度で，横軸は緑色の蛍光強度を示しており，1つひとつの点はDNAマイクロアレイ上のスポットを表わしている。化学物質で曝露したホヤと曝露しないホヤの遺伝子発現を比較すると，検出されるスポットの多くは発現量があまり変動しないので黄色となり，45度の線上に集まっている。この45度の線より左上が，赤色が強いスポット，すなわち化学物質曝露で発現が亢進した遺伝子群，逆に右下は緑色が強いスポット，すなわち化学物質曝露により発現が低下した遺伝子群を表わしている。

(5) 化学物質の種類によって発現が変動する遺伝子は異なる

特許申請の関係で名称は記せないが，100 nMの化学物質Aに24時間曝露したホヤでは，曝露しないホヤに比べて発現が亢進した遺伝子は116個，発現が低下した遺伝子は158個検出された。一方，100 nMの化学物質Bに3日間曝露したホヤでは，発現が亢進した遺伝子は480個，低下した遺伝子は310個検出された。ホヤDNAマイクロアレイに搭載されている遺伝子の名前は，既存のデータベースを用いたホモロジー検索により推定した。化学物質曝露によって発現が変動した遺伝子は，機能が推定される既知遺伝子と高い相同性を示すもの(オーソログ)も一部あったが，既知遺伝子に相同性を示さないホヤ特有の遺伝子や哺乳動物の機能未知遺伝子のホヤオーソログも多かった。したがって，発現が変動した遺伝子の遺伝子名リストを眺めただ

発現が亢進する遺伝子　　　　　発現が低下する遺伝子
化学物質A　化学物質B　　　　化学物質A　化学物質B

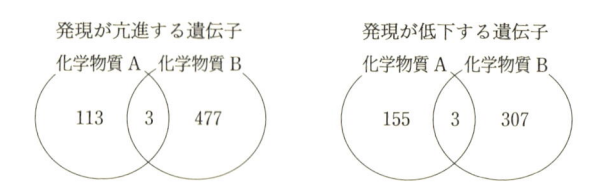

113　3　477　　　　　155　3　307

図3-3-9　2種類の化学物質の曝露で発現が変動する遺伝子の共通性

けでは，化学物質AとBがホヤに及ぼす影響を推測することは難しかった。遺伝子発現の挙動が類似している遺伝子群は共通の遺伝子発現調節を受ける可能性があることが知られている。そこで次に，2種類の化学物質で発現が亢進あるいは低下した遺伝子群の共通性を調べてみた(図3-3-9)。その結果，2種類の化学物質の曝露で共通して発現が亢進あるいは低下した遺伝子は僅か3個ずつしか見出せなかった。それ以外のほとんどすべての遺伝子は，2種類の化学物質の曝露で異なる挙動を示していた。この結果から我々は，化学物質AとBはホヤ体内において標的とする遺伝子や作用メカニズムが大きく異なること，その結果として両者の化合物がホヤに与える生物学的影響も大きく異なると考えた。

(6) 化学物質で発現が変動する遺伝子の機能の推定

我々は，ホヤのオリゴDNAマイクロアレイを用いた生命科学研究の一環として，ホヤの受精卵から老成体までのライフサイクルにおける遺伝子発現の網羅的な解析を行なった(Azumi et al., 投稿中)。その結果，ホヤの遺伝子のライフサイクルにおける発現変動パターンは，(A)胚発生期特異的に発現する遺伝子群，(B)胚発生の中期に発現が誘導され，成体でもその発現レベルが維持される遺伝子群，(C)成体で特異的に発現する遺伝子群，(D)ライフサイクルを通じて一定量の発現を維持している遺伝子群，および(E)受精卵で既に発現していて発生が進むにつれて発現が減少する母性遺伝子群の5つのカテゴリーに分類できることを見出した(図3-3-10)。さらに，成体特異的遺伝子群(C)のなかには，変態時期に特異的に発現する遺伝子群，組織特異的に発現する遺伝子群，加齢と共に発現が亢進する遺伝子群なども見出された。

そこで，2種類の化学物質の曝露で発現が変動した遺伝子群が上記(A)

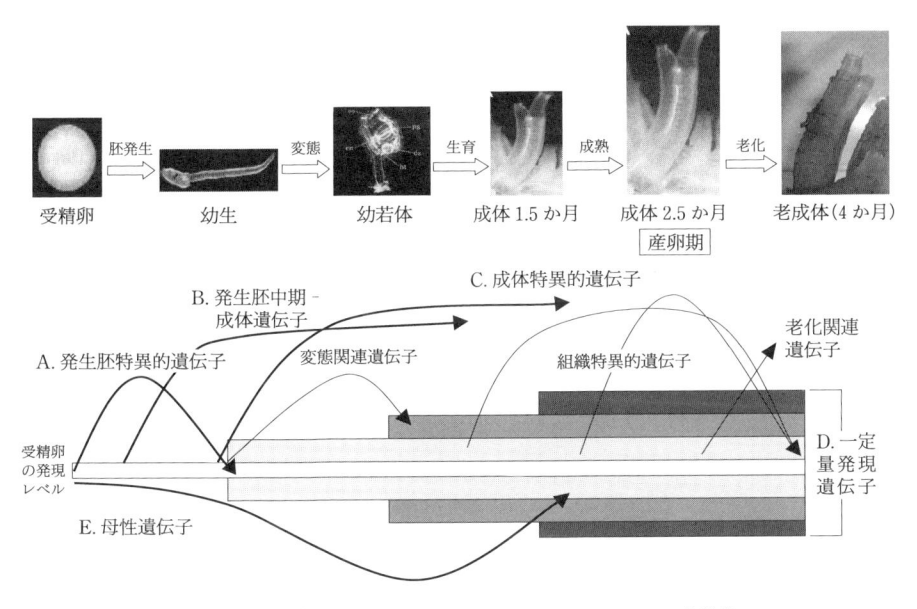

図3-3-10 ホヤライフサイクルにおける遺伝子発現の全体像

〜(E)のどのカテゴリーに分類されるかを調べた(図3-3-11)。その結果,化学物質AあるいはBの曝露によって発現が変動する遺伝子群にはそれぞれ特徴があることを見出した。たとえば,化学物質Aで発現が低下する遺伝子の多くは,成体特異的遺伝子グループ(C)に属し,そのなかでも変態時期に特異的に発現が誘導される遺伝子が多かった。一方,化学物質Bで発現が低下する遺伝子の多くは,発生胚特異的遺伝子(A)および母性遺伝子(E)グループに属していた。これらの結果は,化学物質Aはホヤの胚発生には毒性を示さないが,変態を阻害する可能性があること,一方,化学物質Bは,ホヤの変態は阻害しないが,胚発生の進行を阻害する可能性が高いことを示唆している。現在,これらの仮説を証明する実験を行なっているが,文献的には他の動物でこの仮説を支持する結果が報告されている。

(7) おわりに

今回の化学物質曝露実験はホヤの成体を用いて比較的高濃度短時間の条件下で行なった。今回の1〜3日間という曝露時間では,いずれの化学物質も

A. 化学物質 A 曝露で発現が低下する遺伝子群
変態関連遺伝子

受精卵　　幼生　　幼若体　　成体　　老成体

B. 化学物質 B 曝露で発現が低下する遺伝子群
発生胚特異的遺伝子

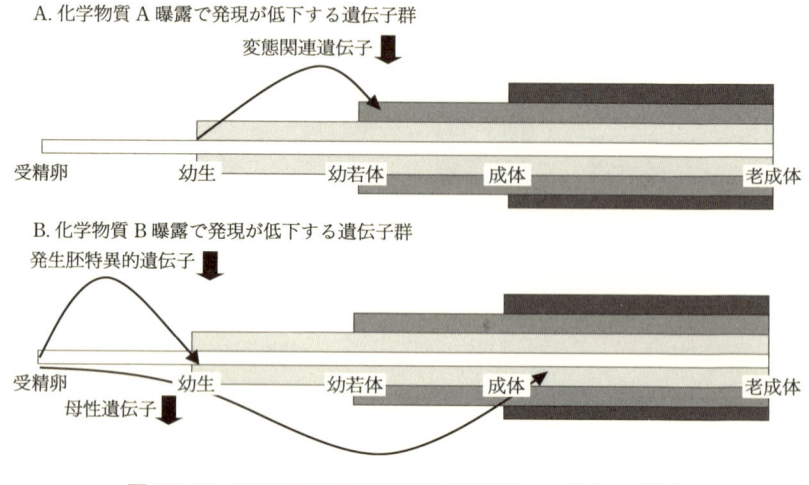

受精卵　　幼生　　幼若体　　成体　　老成体
母性遺伝子

図 3-3-11　化学物質が影響を及ぼす遺伝子カテゴリーの同定

ホヤの外見的な変化は引き起こさなかった。しかしながら，ホヤ体内では化学物質の作用によって遺伝子発現に大きな変動が現われており，DNA マイクロアレイを用いることによってその変動を網羅的に調べることができた。発現が変動した遺伝子は，既知遺伝子との相同性が低い遺伝子や機能未知遺伝子のホヤオーソログも多かったが，ホヤのライフサイクルにおける発現変動パターンの解析データと重ね合わせることにより，化学物質が影響を与えるホヤ遺伝子群の特徴を見出すことができた。今後，DNA マイクロアレイを用いてホヤの各組織特異的な遺伝子，異物排除に関与する(免疫)遺伝子や生殖活動に関与する遺伝子などを同定することにより，今回得られた 2 種類の化学物質で発現が変動する遺伝子群の新たな特徴が把握できると考えている。

　現在行なわれている化学物質の生物学的影響評価の実験項目には，細胞や個体の挙動あるいは表現形の変化を観察するものがあるが，時間がかかり，かつ観察できる項目にも限りがある。今回紹介した遺伝子発現を指標にする評価系は，DNA マイクロアレイを用いて，化学物質が直接的あるいは間接的に作用して発現を変動させる遺伝子群を網羅的に同定し，遺伝子の発現変動から各遺伝子がコードするタンパク質の量的変化を予測し，結果として細

胞レベル，個体レベルで生じる変化を予測する方法論である。遺伝子の発現レベルの変化を個体レベルの変化に直接結びつけるのは短絡的ではあるが，化学物質がその生物にどのような影響を及ぼすのか予測する際の重要な手がかりになるであろう。この方法論はホヤだけでなく，ラットやマウス，線虫，ハエなどDNAマイクロアレイが市販されているすべての生物種に適用できる。さまざまな動物で化学物質が影響を及ぼす遺伝子の網羅的な情報を集めることによって，将来的には遺伝子発現の変動を指標にした新しい影響評価システムをつくることができると考えている。さらに，DNAマイクロアレイを用いた遺伝子発現の網羅的な解析から得られる膨大な情報は，生命科学研究における宝庫といえる。たとえば，ホヤのようにゲノム情報の入手が可能な生物では，共通の発現変動パターンを示す遺伝子群のプロモーター領域解析を行なうことによって，化学物質の新たな作用メカニズムや標的遺伝子を見出すことができる。また，ヒトの機能未知遺伝子のホヤオーソログの機能が同定できれば，類似のヒト遺伝子の機能の推定も可能である。

今後，さまざまな生物における化学物質の影響をDNAマイクロアレイを用いて解析し，それらの情報をデータベース化して公開することができれば，産業界において化学物質の開発の段階から野生生物に対する影響を考慮してもらうことも可能であろう。また，野生動物に影響を及ぼしにくい化学物質の開発，あるいは生態系のなかで容易に分解されるような化学物質の開発にも役立つと考えられる。

3-3-4 遺伝子組換え植物を用いたエストロゲン様物質の検出
(1) 環境ホルモンとエストロゲン様物質

内分泌撹乱化学物質(環境ホルモン)は環境中に長期間安定に存在し，ヒトの健康や自然生態系に影響を与える。また，これらが動物のホルモン受容体と相互作用し，その生殖機構に影響を与えることも示唆されていることから，環境ホルモン問題は生物種の存続に直結する重要な問題である。「環境ホルモン」という言葉自体は〝生物の体内でホメオスタシス(恒常性の維持)のために働く「ホルモン」のような働きをする外因性の化学物質〟を意味し，理論上はホルモンの種類だけその種類は存在することになる。しかし，実際には

環境ホルモンとして問題視されているものの多くは女性ホルモン活性をもつ物質(エストロゲン様物質)である。過去に人工的につくられ工業や農業に使用されてきた化学物質のいくつかについて、エストロゲン活性があることが知られているが、その他にも植物が産生する植物エストロゲンや、し尿処理施設から排出される処理水や河川に高濃度で含まれる野生動物およびヒト由来のエストロゲンも人体に影響を与えるのではないかと懸念されている。このような環境ホルモンは環境中にださないのが一番ではあるが、環境中にでてしまった環境ホルモンはできるだけ迅速に除去しなければならない。そのためには、まずどこに環境ホルモンがあるのかを調査するシステムが必要である。この3-3-4項では、その内のエストロゲン様物質をモニタリングすることができる形質転換植物について紹介する。

(2) エストロゲン様物質検出法

① 分析化学的エストロゲン様物質検出法

エストロゲン様物質を定量する方法として、分析化学的な方法が知られている。この方法はサンプル中に構造のわかっている既知のエストロゲン様物質がどれくらい含まれているかを調べるには非常に優れた方法ではあるが、未知のエストロゲン様物質の活性を検出することはできないため汚染の危険性を正確に評価することはできない。そのため、これからの環境評価システムに求められるのは、大量のサンプル中のエストロゲン活性を環境に負荷を与えず、さらに"物質"そのものの量ではなく"エストロゲン活性"を測定できる方法であり、それこそが生物を用いたエストロゲン様物質検出法の特徴である。また、分析化学的な方法は高価な検出装置が必要であるため、高コストとなる。さらに、その装置で検出を行なうための前処理として、環境サンプルからの物質の抽出・精製に環境にとって有害な有機溶媒を用いる必要があるなど、環境負荷の高い方法でもある。そのため、広範囲から採取した大量のサンプルを測定するということには不向きであるといえる。

② 生物を用いたエストロゲン様物質検出法

これまでに生物を用いたエストロゲン様物質検出法がいくつか考案されている。前に示したようにホルモン様物質の検出媒体に生物を用いることは、分析化学的方法に比べいくつかの利点が存在する。大きな違いは分析化学的

方法では「化学物質そのもの」を検出するのに対し，生物的方法では「化学物質がもつ活性」を指標として検出することができるという点である．これにより，「生体内で化学物質が生体機構に対して与える影響」という観点からモニタリングすることが可能である．

まず，遺伝子組換え酵母を用いた方法について解説する(Nishikawa et al., 1999；Nishihara and Nishimura, 2001)．このシステムでは酵母内にエストロゲン様物質が侵入すると，酵母に組み込んだエストロゲン受容体がそれと結合し，エストロゲン受容体内のリガンド結合ドメインと呼ばれる領域の立体構造変化が起こる(Danielian et al., 1992；Barettino et al., 1994；Durand et al., 1994)．次に受容体の立体構造変化を認識して，それに結合する転写コアクチベーターと呼ばれるタンパク質とエストロゲン受容体との相互作用が可能になり，その結果，レポーター遺伝子の転写活性化が引き起こされる．こうして生じたレポーター遺伝子産物の活性を測定することにより，エストロゲン様物質を検出することが可能となる．このような方法以外に，ヒト培養細胞を用いた細胞増殖試験(井上，2000)，レポーター遺伝子アッセイ(井上，2000)，魚類を用いたビテロジェニン試験(Kordes et al., 2002)など，さまざまな生物を用いた方法が報告されており，どの方法も一長一短があり使い分けられている．

次に我々が開発した植物を用いた新しいエストロゲン様物質検出法を紹介する．

(3) 植物を用いたエストロゲン様物質検出法

① 植物を用いることの利点

我々は遺伝子組換え植物を用いて，従来の方法より簡単に扱うことができるエストロゲン様物質検出法を開発した(東條ら，2004，2005，Tojo et al., 2006)．植物を検出媒体として使用することにはいくつかの利点がある．第一に，培養細胞や酵母はその性質から無菌的に取り扱うことが必要であるが，植物は種子から発芽・成長する際に無菌的に取り扱う必要がなく，また細胞表面から直接汚染物質を吸収することができるため，有機溶媒による抽出操作を経ることなく環境中から採取されたサンプルに直接曝露することが可能である．さらに，植物の検出媒体として用いた実験モデル植物であるシロイヌナズナ *Arabidopsis thaliana* は2か月で1個体から約2000粒の種子が得られるため検

出媒体の大量生産が容易であり，それらは常温でコンパクトに保存することができる。そのため，植物を用いたシステムは分析化学的手法とは大きく異なり，操作が簡便で，環境に優しく，低コストな方法であるといえる。

作出した遺伝子組換えシロイヌナズナはエストロゲン様物質に応答するように組換え遺伝子を導入したものである。この遺伝子組換えシロイヌナズナは酵母のエストロゲン様物質検出法とほぼ同様のメカニズムにより，投与したエストロゲン様物質の濃度依存的にレポーター遺伝子を発現する。

② 植物を用いたエストロゲン様物質検出法の分子メカニズム

遺伝子組換えシロイヌナズナにはエストロゲン様物質検出のために2つのエフェクター遺伝子(エフェクター1遺伝子・エフェクター2遺伝子)とレポーター遺伝子と呼ばれる計3つの遺伝子が導入してある(図3-3-12)。2つのエフェクター遺伝子は恒常的に下流の遺伝子の発現を誘導する強力なプロモーター(P_{35S})によって制御されており，両エフェクタータンパク質は，常に細胞内で過剰発現されている状態にある。2つのエフェクター遺伝子にはそれぞれキメラエストロゲン受容体およびキメラ転写コアクチベーターがコードされており，共に核局在化シグナル(NLS)をもつため核内に留まっている。キメ

P_{35S}：カリフラワーモザイクウイルスの35S RNA プロモーター，Ω：翻訳活性化 DNA 配列，NLS：SV40 ウイルス由来 T 抗原の核局在化シグナル，LexA DBD：大腸菌由来 LexA タンパク質の DNA 結合部位，hERα LBD：ヒト由来エストロゲン受容体のリガンド結合部位，T_{NOS}：土壌細菌由来転写終結配列，hTIF2 NID：ヒト由来転写コアクチベーターの核内受容体相互作用部位，VP16 AD：単純ヘルペスウイルス由来 VP16 タンパク質の転写活性化領域，S/MII：タバコ由来の核マトリックス相互作用 DNA 領域，LexA cis：LexA タンパク質の DNA 認識配列，GUS：大腸菌由来β-グルクロニダーゼ

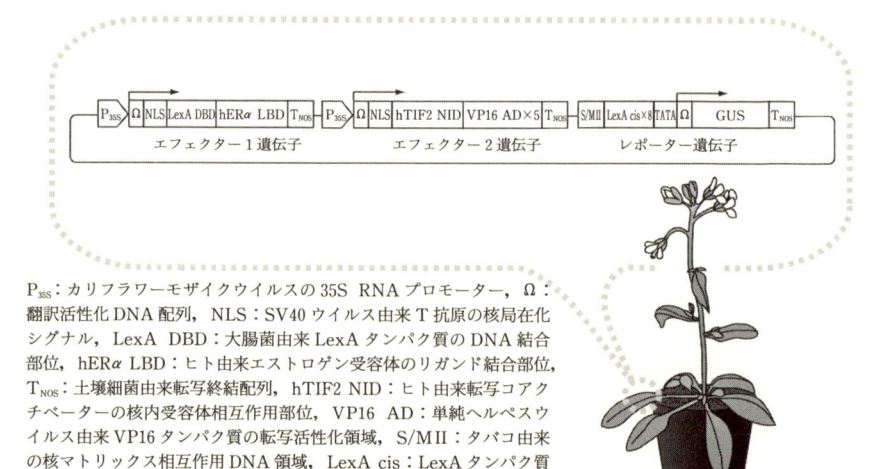

図3-3-12　エストロゲン様物質検出のためにシロイヌナズナに導入した遺伝子の構造

ラエストロゲン受容体(エフェクター1)は，エストロゲン様物質が結合するためのヒトエストロゲン受容体リガンド結合ドメイン(hERα LBD)とレポーター遺伝子の上流のプロモーターにエストロゲン受容体を結合させるための大腸菌由来 LexA タンパク質の DNA 結合ドメイン(LexA DBD)の 2 つの部位から構成される。キメラ転写コアクチベーター(エフェクター2)はエストロゲン様物質存在下でエストロゲン受容体と結合する転写コアクチベーターの核内受容体相互作用ドメイン(TIF2 NID)とレポーター遺伝子の発現を活性化させるための単純ヘルペスウイルス由来転写因子 VP16 タンパク質の転写活性化ドメイン(VP16 AD)の 2 つの部位からなる。さらにレポーター遺伝子としては β-グルクロニダーゼ遺伝子(*GUS*)のコード領域の上流にキメラエストロゲン受容体の認識配列である LexA 認識配列(LexA cis)を連結してある。エストロゲン活性をもつ物質が植物細胞内に取り込まれ，キメラエストロゲン受容体に結合することによりキメラコアクチベーターとの相互作用が可能となり，その相互作用を通してレポーター遺伝子(*GUS*)の転写が誘導される。誘導された酵素(GUS)の活性を測定することにより，植物に投与したサンプル液中にエストロゲン様物質がどの程度存在していたかを調べることができる(図 3-3-13)。

③ 植物を用いたエストロゲン様物質検出の方法

　作製した遺伝子組換えシロイヌナズナのヒトエストロゲン(17 β-エストラジオール)に対する応答を図 3-3-14 に，エストロゲン様物質 3 種に対する応答を図 3-3-15 に示す。遺伝子組換えシロイヌナズナ内での *GUS* 遺伝子の発現を調べるために遺伝子組換えシロイヌナズナをさまざまな濃度の各物質を含む寒天培地で 1 週間育て，染色法によりレポーター遺伝子の応答部位を特定し，酵素活性測定法により GUS の酵素活性を測定し，エストロゲン様物質への応答を確認した。染色法の結果は投与した基質から GUS によって産生されるインディゴブルー(青い染色)の濃さを目視により判定し，酵素活性測定法では GUS による 4-MUG(無蛍光分子)の分解反応により生成する 4-MU(蛍光分子)の量を蛍光分光光度計を用いて測定した。その結果 GUS 活性は 17 β-エストラジオール 10 pM から観察され，それ以上の濃度では濃度依存的に上昇し続けていることがわかる。汚染地帯の環境中に存在するエスト

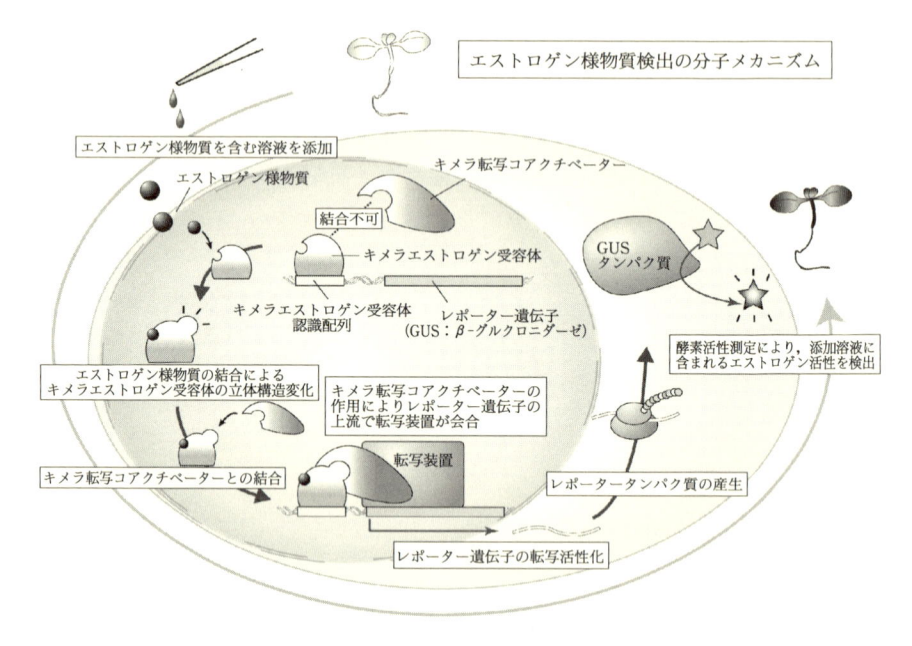

図 3-3-13　エストロゲン様物質検出の分子メカニズム

ロゲンの量は通常数十〜数百 pM 程度といわれているので，この感度はそれらを検出するには充分であるといえる．また，17 β-エストラジオール以外にもエストロゲン活性をもつことが知られているジエチルスチルベステロール，ビスフェノール A，ゲニステインの 3 種の物質についても濃度依存的に GUS 活性が上昇していることがわかる（図 3-3-15）．図 3-3-14 の左図にはエストロゲンとして 17 β-エストラジオールを含まない培地，右図には 1 nM 17 β-エストラジオールを含む培地で生育させた遺伝子組換えシロイヌナズナの染色結果を示す．このようにこの遺伝子組換えシロイヌナズナは目視によってもレポーター遺伝子産物の酵素活性測定によってもサンプル中のエストロゲン活性を測定することができるため，目的によって 2 つの方法を使い分けることができる．

④　植物を用いた環境ホルモン検出法の将来性

環境ホルモンとしては，抗男性ホルモン作用を示すものがあることが知られており，それらのホルモン様物質に関しても検出できるシステムの開発が

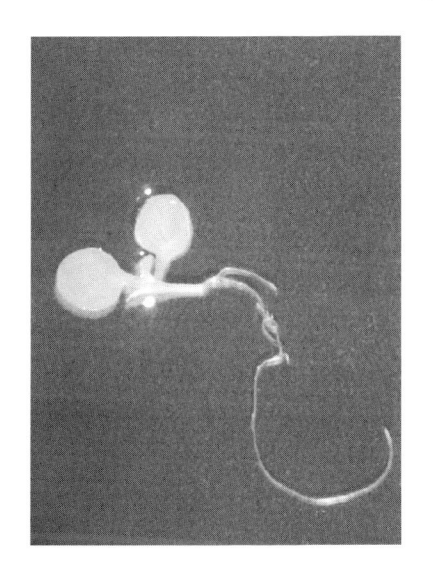

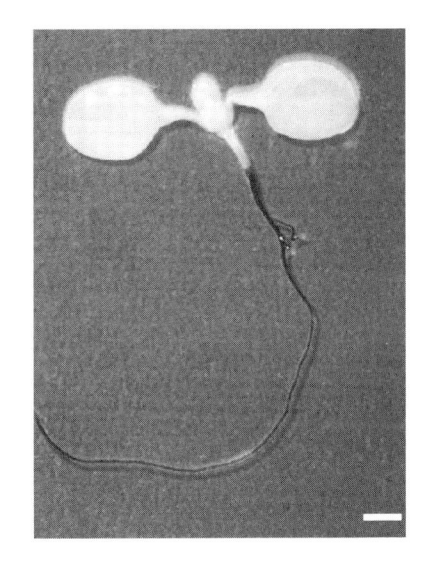

図 3-3-14 遺伝子組換えシロイヌナズナをエストロゲンを含まない培地(左図)と含む培地(右図)で生育させた場合の写真。バー：1 mm。口絵 1 参照。

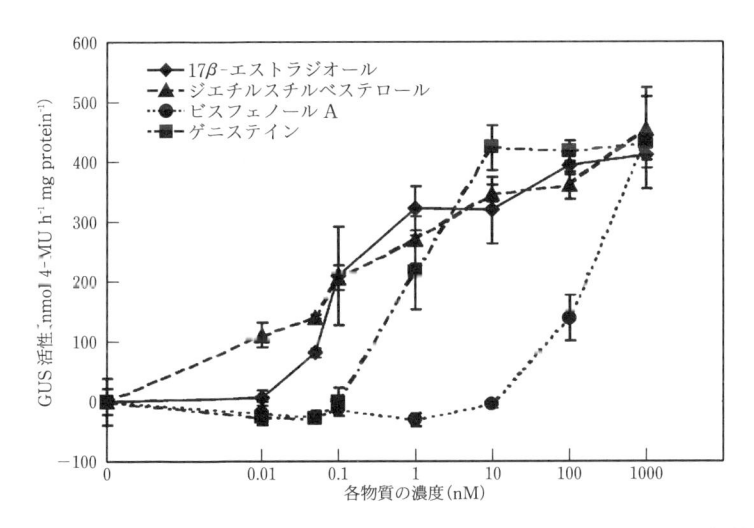

図 3-3-15 遺伝子組換えシロイヌナズナをエストロゲンおよびエストロゲン様物質を含む培地で生育させた場合の GUS 活性の変化

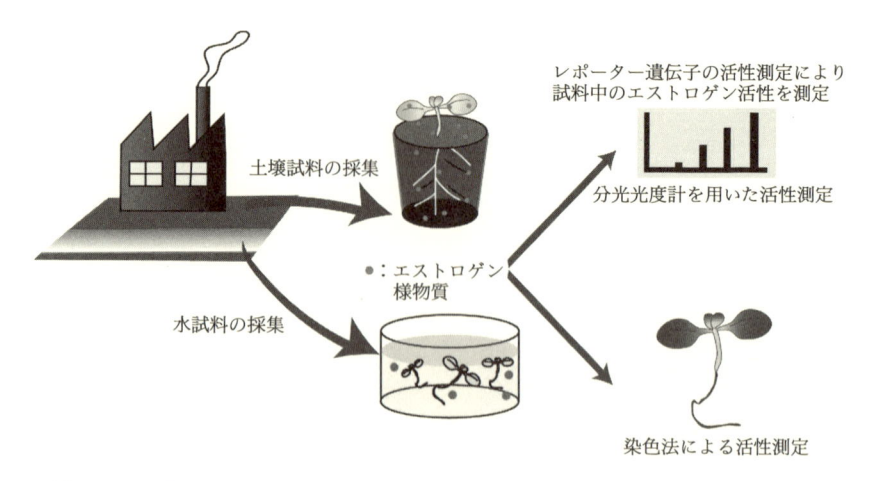

図 3-3-16 遺伝子組換えシロイヌナズナを用いたエストロゲン様物質検出のイメージ

望まれる。今回紹介した環境ホルモン検出法の特徴として，キメラエストロゲン受容体の受容体部分をエストロゲン以外のホルモン受容体に置き換えることによって，エストロゲン以外の作用を示す物質の検出に拡張することが可能であるという点が挙げられる。たとえばエストロゲン受容体部分を男性ホルモンであるアンドロゲンの受容体に変えることによってアンドロゲン作用や抗アンドロゲン作用を示す物質に応答する植物体も同様に作成することが可能である。実際に，酵母を用いた方法ではホルモン受容体を交換することにより多様なホルモン活性をもつ物質を検出できることが示されており植物の場合であっても同様のことが可能であると考えられる。

ここでは，生物を用いたエストロゲン様物質検出法をいくつか紹介したが，どれもその煩雑な操作の必要性のために広く使用されていないというのが現状である。そのため，生物を用いた試験法を使用して地球規模で広範囲のエストロゲン様物質による汚染状況を調査するといった試みは未だ行なわれていない。また，汚染状況を調べるための指標や標準的な調査方法が統一されていないため，異なる方法で調べた汚染状況を単純に比較することもできないという問題がある。これは調査を行なう施設や技術者によって各々が最も

扱いやすい手法で汚染状況を調査するためと考えられ，この問題を解決するためにはどの施設でも，また誰にでも行なえる簡便で安価な調査方法が必要とされる。今回紹介した植物を用いた方法であれば特別な施設や技術も必要とせず，また1サンプルあたりにかかるコストも非常に安価であるため，これからの汚染状況の調査への利用拡大が期待される。そうなれば地球規模での環境ホルモン汚染状況を把握できるようになる日もそれほど遠い未来ではないかもしれない。今後のさらなる環境ホルモン検出法の開発を期待したい。

［引用文献］
［3-1 化学物質の影響評価］
Aoki, M., Kurasaki, M., Saito, T., Seki, S., Hosokawa, T., Takahashi, Y., Fujita, H. and Iwakuma, T. 2004. Nonylphenol enhances apoptosis induced by serum deprivation in PC12 cells. Life Sciences, 74: 2301-2312.
Arnold, S.F., Klotz, D.M., Collins, B.M., Vonier, P.M., Guillette, L.J. Jr. and McLachlan, J.A. 1996. Synergistic activation of estrogen receptor with combinations of environmental chemicals. Science, 272: 1489-1492.
Horiguchi, T., Shiraishi, H., Shimizu, M. and Morita, M. 1997. Effects of triphenyltin chloride and five other organotin compounds on the development of imposex in the rock shell, Thais clavigera. Environmental Pollutant, 95: 85-91.
Hosokawa, T., Rusakov, D.A., Bliss, T.V. and Fine, A. 1995. Repeated confocal imaging of individual dendritic spines in the living hippocampal slice: evidence for changes in length and orientation associated with chemistry-induced LTP. J. Neurosci., 15: 5560-5573.
細川敏幸・齋藤健・蔵崎正明. 2004. ストレスの生体影響に関する神経科学的研究. 日本学術振興会科学研究費補助金基盤研究(C)報告書.
Ishido, M., Masuo, Y., Kunimoto, M., Oka, S. and Morita, M. 2004. Bisphenol A causes hyperactivity in the rat concomitantly with impairment of tyrosine hydroxylase immunoreactivity. J Neurosci Res., 76: 423-433.
Iwamuro, S., Yamada, M., Kato, M. and Kikuyama, S. 2006. Effects of bisphenol A on thyroid hormone-dependent up-regulation of thyroid hormone receptor alpha and beta and down-regulation of retinoid X receptor gamma in Xenopus tail culture. Life Sci., 79: 2165-2171.
Jacobson, J.L. and Jacobson, S.W. 1996. Intellectual impairment in children exposed to polychlorinated biphenyls in utero. New England J. Med., 335: 783-789.
環境省. 2005. 化学物質の内分泌かく乱作用に関する環境省の今後の対応方針について ―ExTEND2005：1-82.
Kerr, J.F., Wyllie, A.H. and Currie, A.R. 1972. Apoptosis: a basic biological phenomenon with wide-ranging implications in tissue kinetics. British J. Cancer, 26: 239-257.
Kurasaki, M., Aoki, M., Miura, T., Seki, S., Toriumi, S., Hosokawa, T., Okabe, M., Numata, T., Saito, S. and Saito, T. 2001. A developed method of terminal deoxynucleotidyl transferase system for quantification of DNA damage caused by

apoptosis. Analytical Science, 17 (supple.): i1547-i1550.

Saito, T. and Kurasaki, M. 2000. Apoptosis and endocrine disrupters. Biomedical Research, 21: 353-359.

齋藤健・伊藤敬三・蔵崎正明・藤田博美・細川敏幸. 2003. 微量化学物質の胎盤透過性モデル膜構築と次世代影響評価法の開発. 科学技術庁革新的技術開発研究推進費補助金報告書.

Tanabe, N., Kimoto, T. and Kawato, S. 2006. Rapid Ca^{2+} signaling induced by Bisphenol A in cultured rat hippocampal neurons. Neuro. Endocrinol. Lett., 27: 97-104.

Yamanoshita, O., Kurasaki, M., Saito, T., Takahashi, K., Sasaki, H., Hosokawa, T., Okabe, M., Mochida, J. and Iwakuma, T. 2000. Diverse effect of tributyltin on apoptosis in PC12 cells. Biochem. Biophys. Res. Commun., 272: 557-562.

Yamanoshita, O., Saito, T., Takahashi, K., Sasaki, H., Hosokawa, T., Okabe, M., Ito, K. and Kurasaki, M. 2001. 2, 4, 5-Trichlorophenoxyacetic acid inhibits apoptosis in PC12 cells. Life Sciences, 69: 403-408.

[3-2 重金属とメタロチオネイン]

Akita, H. and Niioka, T. 2004. Construction of HeLa cell lines overexpressing metallothioneins-1 and -2 and their cytoprotective effects against oxidative damage induced by hydrogen peroxide. Biomed. Res. Trace Elements, 15: 69-71.

荒記俊一(編). 2002. 中毒学―基礎・臨床・社会医学. 399 pp. 朝倉書店.

Arizono, K., Tanahe, A., Ariyosi, T. and Moriyama, M. 1991. Induction of metallothionein by emotional stress. In "Metallothionein in biology and medicine" (eds. Klaassen, C.D. and Suzuki, K.T.), pp. 271-282. CRC Press, Boca Raton.

Bernard, C. 1979. 実験医学序説(三浦岱栄訳). 395 pp. 岩波書店.

Brady, F.O. 1981. Synthesis of rat hepatic zinc thionein in response to the stress of sham operation. Life Sci., 28: 1647-1654.

Brady, F.O. and Helvig, B. 1984. Effect of epinephrine and norepinephrine on zinc thionein levels and induction in rat liver. Am. J. Physiol., 247 (Endocrinol. Metab. 10): E318-E322.

Binz, P.A. and Kägi, J.H.G. 1999. Metallothionein: Molcular evolution and classification. In "Metallothionein IV" (ed. Klaassen, C.D.), pp. 7-13. Birkhäuser Verlag, Basel.

Bremner, I. 1987. Nutritional and physiological significance of metallothionein. Experientia, 52 (Suppl.): 81-107.

千葉百子. 2002. 亜鉛・タリウム・スズ・ニッケル. 中毒学―基礎・臨床・社会医学(荒記俊一編), pp. 107-111. 朝倉書店.

Chubatsu, L.S. and Meneghini, R. 1993. Metallothionein protects DNA from oxidative damage. Biochem. J., 291: 193-198.

Codex Alimentarius Commission. 2006. Report of the twenty-ninth session of the Codex Alimentarius Commission. ftp://ftp.fao.org/codex/Alinorm06/a129_4le.pdf.

Cousins, R.J. 1985. Absorption, transport, and hepatic metabolism of copper zinc: special reference to metallothionein and ceruloplasmin. Physiol. Rev., 65: 238-309.

Cousins, R.J. 1986. Toward a molecular understanding of zinc metabolism. Clin. Physiol. Biochem., 4: 20-30.

土井陸雄. 1994. 水俣病. Toxicology Today―中毒学から生体防御の科学へ(佐藤洋編著), pp. 93-108. 金芳堂.

Etzel, K.R. and Cousins, R.J. 1981. Hormonal regulation of liver metallothionein: zinc independent and synergistic action of glucagon and glucocorticoids. Proc. Soc. Exp. Biol. Med., 167: 233-236.

Fabisiak, J.P., Tyurin, V.A., Tyurina, Y.Y., Borisenko, G.G., Korotaeva, A., Pitt, B.R., Lazo, J.S. and Kagan, V.E. 1999. Redox regulation of copper-metallothionein. Arch. Biochem. Biophys., 363: 171-181.

不破敬一郎・松本和子. 1989. 重金属の分布. 生体と重金属 (不破敬一郎編著), pp. 10-32. 講談社.

原田正純. 2000. 水俣病と世界の水銀汚染. 67 pp. 実教出版.

Hidalgo, J., Armario, A., Flos, R. and Garvey, J.S. 1986. Restraint stress induced changes in rat liver and serum metallothionein and in Zn metabolism. Experientia, 42: 1006-1010.

Hidalgo, J., Giralt, M., Garvey, J.S. and Armario, A. 1988a. Are catecholamines positive regulators of metallothionein synthesis during stress in the rat? Horm. metabol. Res., 20: 530-532.

Hidalgo, J., Campmany, L., Borras, M., Garvey, J.S. and Armario, A. 1988b. Metallothionein response to stress in rats: role in free radical scavenging. Am. J. Physiol., 255 (Endocrinol. Metab. 18): E518-E524.

Hirauchi, T., Okabe, M., Nagashima, T. and Niioka, T. 1999. Metallothionein quantitation in biological materials by enzyme-linked immunosorbent assay (ELISA) using a commercial monoclonal antibody. Trace Elem. Electrolytes., 16: 177-182.

平山紀美子・安武章. 1994. 有機水銀. Toxicology Today―中毒学から生体防御の科学へ (佐藤洋編著), pp. 87-92. 金芳堂.

北海道新聞. 2004. 関西水俣病訴訟判決 (要旨). 10月16日朝刊, 全道版.

Holmes, T.H. and Rahe, R. 1967. The social readjustment rating scale. J. Psychosom. Res., 11: 213-218.

International Commission on Radiological Protection (ICRP). 1975. Report of the task group on reference man: ICRP publication 23. 480 pp. Pergamon Press, Oxford.

Joint FAO/WHO Expert Committee on Food Additives. 2003. Summary and conclusions of the sixty-first meeting of the Joint FAO/WHO Expert Committee on Food Additives (JECFA). http://www.who.int//pcs/jecfa/Summary61.pdf.

Kägi, J.H.G. 1991. Overview of metallothionein. In "Mehods in enzymology, Volume 205, Metallobiochemistry part B metallothionein and related molecules" (eds. Riordan, J.F. and Vallee, B.L.), pp. 613-626. Academic Press, London.

Kägi, J.H.G. and Shäffer, A. 1988. Biochemistry of metallothionein. Biochemistry., 27: 8509-8515.

Karasek, R. and Theorell, T. 1990. Healthy work: stress, productivity, and the reconstruction of working life. Basic Books. 381 pp. New York.

Karin, M., Haslinger, A., Heguy, A., Dietlin, T. and Imbra, R. 1987. Transcriptional control mechanisms which regulate the expression of human metallothionein genes. Experientia, 52 (Suppl.): 401-405.

木村正己. 1980. メタロチオネインの生化学. 中毒学における生化学的アプローチ―重金属を中心として (井村伸正・中尾真・鈴木継美編), pp. 64-81. 篠原出版.

Klaassen, C.D. 2001. Heavy metals and heavy-metal antagonists. In "Goodman &

Gilman's the pharmacological basis of therapeutics 10th edition" (eds. Hardman, J. G. and Limbird, L.E.), pp. 1851-1875. McGraw-Hill, New York.

Kojima, Y. 1991. Definitions and nomenclature of metallothioneins. In "Mehods in enzymology, Volume 205, Metallobiochemistry part B metallothionein and related molecules" (eds. Riordan, J.F. and Vallee, B.L.), pp. 8-10. Academic Press, London.

厚生労働省(策定). 2006. 日本人の食事摂取基準(2005年版). 202 pp. 第一出版.

「熊本県民医連の水俣病闘争の歴史」編集委員会(編). 1997. 水俣病―共に生きた人びと. 251 pp. 大月書店.

Lazarus, R.S. and Folkman, S. 1984. Stress, appraisal, and coping. 445 pp. Springer Publishing Company, New York.

Matsubara, J. 1987. Alteration of radiosensitivity in metallothionein induced mice and a possible role of Zn-Cu-thionein in GSH-peroxidase system. Experientia, 52 (Suppl.): 603-612.

McAlpine, D. and Araki, S. 1958. Minamata disease: an unusual neurological disorder caused by contaminated fish. Lancet, 2(7047): 629-631.

長倉三郎・井口洋夫・江沢洋・岩村秀・佐藤文隆・久保亮五(編). 1999. 岩波理化学辞典 第5版 CD-ROM版. 岩波書店.

永沼章. 1994. 水銀 Hg. 生体微量元素(桜井弘・田中英彦編), pp. 266-269. 廣川書店.

Nagashima, T., Okabe, M., Saito, S., Saito, T., Kurasaki, M., Hirauchi, T., Kimura, S. and Niioka, T. 1998. A new method for quantification of metallothionein using immobilized antibody on blotting membrane. Trace Elem. Electrolytes, 15: 127-131.

日本比較内分泌学会(編). 2000. からだの中からストレスをみる. 212 pp. 学会出版センター.

日本化学会(編). 1977. カドミウム. 210 pp. 丸善.

Niioka, T. and Kojima, Y. 1988. Studies on induction of metallothionein by sensory and psychological stresses in rat liver. In "Abstracts of the 14th international congress of biochemistry", IV: pp. 104. Prague.

Niioka, T. and Kojima, Y. 1991. Studies on induction of zinc metallothionein by sensory and psychological stresses in rat liver. In "Metallothionein in biology and medicine" (eds. Klaassen, C.D. and Suzuki, K.T.), pp. 265-269. CRC Press, Boca Raton.

新岡正・小島豊. 1991. ストレスとメタロチオネイン. ストレス研究の新しい展開をめざして(川井啓市編), pp. 168-175. ライフサイエンス出版.

新岡正・小島豊. 1992. ストレスとメタロチオネイン(重金属結合低分子量蛋白質)―ストレスの評価に向けて―. 病態生理, 11: 715-718.

Oh, S.H., Deagen, J.T., Whanger, P.D. and Weswig, P.H. 1978. Biological function of metallothionein. V. Its induction in rats by various stresses. Am. J. Physiol., 234: E282-E285.

大柳善彦. 1989. SODと活性酸素調節剤―その薬理作用と臨床応用. 859 pp. 日本医学館.

Oikawa, S., Kurasaki, M., Kojima, Y. and Kawanishi, S. 1995. Oxidative and nonoxidative mechanisms of site-specific DNA cleavage induced by copper-containing metallothionein. Biochemistry, 34: 8763-8770.

Palmiter, R.D. 1999. Metallothionein facts and frustrations. In "Metallothionein IV" (ed. Klaassen, C.D.), pp. 215-221. Birkhäuser Verlag, Basel.

Palmiter, R.D., Findley, S.D., Whitmore, T.E. and Durnam, D.M. 1992. MT-III, a brainspecific member of the metallothionein gene family. Proc. Natl. Acad. Sci. USA, 89: 6333-6337.

Piscator, M. 1964. Om kadmium i normala människonjurar samt redogörelse för isolering av metallothionein ur lever från kadmiumexponerade kaniner (On cadmium in normal human kidneys together with a report on the isolation of metallothionein from livers of cadmium-exposed rabbits). Nord. Hyg. Tidskr., 45: 76-82.

Quesada, A.R., Byrnes, R.W., Krezoski, S.O. and Petering, D.H. 1996. Direct reaction of H_2O_2 with sulfhydryl groups in HL-60 cells: zinc-metallothionein and other sites. Arch. Biochem. Biophys., 334: 241-250.

Riley, J.P. and Chester, R. 1971. Introduction to marine chemistry. 465 pp. Academic Press, London.

斎藤寛・青島恵子. 1988. 重金属と人体II. 重金属と生物(茅野充男・斎藤寛編), pp. 167-211. 博友社.

桜井弘・田中英彦. 1994. 生体微量元素―序章. 生体微量元素(桜井弘・田中英彦編), pp. 1-14. 廣川書店.

佐藤洋(編著). 1994. Toxicology Today―中毒学から生体防御の科学へ. 380 pp. 金芳堂.

Schmidt, R.F. and Thews, G. (eds.). 1994. スタンダード人体生理学(佐藤昭夫監訳). 834 pp. シュプリンガー・フェアラーク東京.

Selye, H. 1936. A syndrome produced by diverse nocuous agents. Nature, 138: 32.

Selye, H. 1976. The stress of life, revised edition. 515 pp. McGraw-Hill Book Company, New York.

Selye, H. 1997. 生命とストレス―超分子生物学のための事例(細谷東一郎訳). 168 pp. 工作舎.

Selye, H. The Nature of Stress. ICNR, http://www.icnr.com/articles/thenatureofstress.html.

Suzuki, K.T., Rui, M., Ueda, J. and Ozawa, T. 1996. Production of hydroxyl radicals by copper-containing metallothionein: roles as prooxidant. Toxicol. Appl. Pharmacol., 141: 231-237.

高安進. 1984. 腸性肢端皮膚炎. 亜鉛と臨床(岡田正・高木洋治編), pp. 79-85. 朝倉書店.

田中淳二. 1998. 生体とセレン化合物. 微量金属の生体作用(季刊化学総説)―金属イオンの生理機能と薬理作用解明をめざして(日本化学会編), pp. 120-131. 学会出版センター.

Tanaka, S. and Niioka, T. 2001. Cytoprotective effects of metallothionein against oxidative stress induced by hydrogen peroxide in HeLa cells. In "Proceedings book of the third international symposium on trace elements in human: New perspectives" (eds. Ermidou-Pollet, S. and Pollet, S.), pp. 907-913. Athens.

田中新太郎・新岡正. 2001. 亜鉛, カドミウムおよび銅の曝露により生合成が誘導されたメタロチオネインの過酸化水素による酸化的ストレスに対する細胞防御効果. Biomed. Res. Trace Elements, 12: 353-354.

谷口直之・淀井淳司(編). 2000. 酸化ストレス・レドックスの生化学. 196 pp. 共立出版.

Thornalley, P.J. and Vašák, M. 1985. Possible role for metallothionein in protection against radiation-induced oxidative stress. Kinetics and mechanism of its reaction with superoxide and hydroxyl radicals. Biochim. Biophys. Acta, 827: 36-44.

遠山千春・本間志乃. 1994. Cu 銅. Toxicology Today―中毒学から生体防御の科学へ(佐藤洋編著), pp. 63-70. 金芳堂.

津田敏秀. 2004. 医学者は公害事件で何をしてきたのか. 256 pp. 岩波書店.

Uchida, Y., Takio, K., Titani, K., Ihara, Y. and Tomonaga, M. 1991. The growth inhibitory factor that is deficient in the Alzheimer's disease brain is a 68 amino acid metallothionein-like protein. Neuron, 7: 337-347.

Vallee, B.L. 1991. Introduction to metallothionein. In "Methods in enzymology, Vol. 205, Metallobiochemistry part B metallothionein and related molecules" (eds. Riordan, J.F. and Vallee, B.L.), pp. 3-7. Academic Press, London.

Vallee, B.L. and Maret, W. 1993. The functional potential and potential functions of metallothioneins: a personal perspective. In "Metallothionein III" (eds. Suzuki, K.T., Imura, N. and Kimura, M.), pp. 1-27. Birkhäuser Verlag, Basel.

Walsh, N.P. 1999. The effects of high-intensity intermittent exercise on saliva IgA, total protein and alpha-amylase. J. Sports Sci., 17: 129-134.

山田常雄ら編. 1983. 岩波生物学辞典(第3版). 349 pp. 岩波書店.

山崎素直. 1988. 重金属の生化学. 重金属と生物(茅野充男・齋藤寛編), pp. 245-331. 博友社.

吉川敏一. 2002. フリーラジカルの科学. 204 pp. 講談社.

[3-3-1 野生動物に蓄積する環境汚染物質とその影響/3-3-2 野生動物における解毒機構]

Chiba, I., Sakakibara, A., Goto, Y., Isono, T., Yamamoto, Y., Iwata, H., Tanabe, S., Shimazaki, K., Akahori, F., Kazusaka, A. and Fujita, S. 2001. Negative correlation between plasma thyroid hormone levels and chlorinated hydrocarbon levels accumulated in seals from the coast of Hokkaido, Japan. Environ Toxicol Chem., 20: 1092-1097.

Fujita, S., Chiba, I., Ishizuka, M., Hoshi, H., Iwata, H., Sakakibara, A., Tanabe, S., Kazusaka, A., Masuda, M., Masuda, Y. and Nakagawa, H. 2001. P450 in wild animals as a biomarker of environmental impact. Biomarkers, 6: 19-25.

Ishizuka, M., Sakiyama, T., Fukushima, M., Iwata, H., Kazusaka, A. and Fujita, S. 1998. Accumulation of halogenated aromatic hydrocarbons and activities of cytochtrome P450 and glutathione S-transferase in crabs (Eriocheir japonicus) from Japanese rivers. Environ. l Toxicol. Chem., 17: 1490-1498.

石塚真由美・岩田久人・藤田正一. 2002. 環境毒性. トキシコロジー(日本トキシコロジー学界教育委員会編), pp. 290-303. 朝倉書店.

Ishizuka, M., Takasuga, T., Tanikawa, T. and Fujita, S. 2004. Suppression of testosterone syntheses in testes of wild Norway rats in Japan: accumulation of polychlorinated chemicals and polybrominated diphenyl ether and their effect. Tox. Appl. Pharmacol. (Proceeding), 197: 236-237.

板倉隆夫・石塚真由美・藤田正一. 2003.「動物のP450酵素系」P450の分子生物学(大村恒雄・石村巽・藤井義明編), pp. 167-189. 講談社サイエンティフィク.

岩田久人. 1999. 環境汚染物質の生態系への影響. 毒性学(藤田正一監修), pp. 214-219. 朝倉書店.

Jewett, S.C., Dean, T.A., Woodin, B.R., Hoberg, M.K. and Stegeman, J.J. 2002. Exposure to hydrocarbons 10 years after the Exxon Valdez oil spill: evidence from cytochrome P4501A expression and biliary FACs in nearshore demersal fishes. Mar. Environ. Res., 54: 21-48.

Kannan, K., Yun, S.H. and Evans, T.J. 2005. Chlorinated, brominated, and perfluorinated contaminants in livers of polar bears from Alaska. Environ. Sci. Technol., 39:

9057-9063.
Martineau, D. de, Guise, S., Fournier, M., Shugart, L., Girard, C., Lagace, A. and Beland, P. 1994. Beluga whales from the St. Lawrence Estuary, Quebec, Canada. Past, present and future. Sci. Total. Environ., 154: 201-215.
Miura, N., Kaneko, S., Hosoya, S., Furuchi, T., Miura, K., Kuge, S. and Naganuma, A. 1999. Overexpression of L-glutamine: D-fructose-6-phosphate amidotransferase provides resistance to methylmercury in Saccharomyces cerevisiae. FEBS Lett., 458: 215-218.
Sakamoto, K.Q., Kunisue, T., Watanabe, M., Masuda, Y., Iwata, H., Tanabe, S., Akahori, F., Ishizuka, M., Kazusaka, A. and Fujita, S. 2002. Accumulation patterns of polychlorinated biphenyl congeners and organochlorine pesticides in Steller's sea eagles and white-tailed sea eagles, threatened species, in Hokkaido, Japan. Environ. Toxicol. Chem., 21: 842-847.
Shailaja, M.S., Rajamanickam, R. and Wahidulla, S. 2006. Formation of genotoxic nitro-PAH compounds in fish exposed to ambient nitrite and PAH Toxicol. Sci., 91: 440-447.
Wasserman, J.C., Hacon, S. and Wasserman, M.A. 2003. Biogeochemistry of mercury in the Amazonian environment. Ambio., 32: 336-342.

[3-3-3 海産動物の遺伝子発現を指標にした新たな影響評価系の開発]
Dehal, P. et al. 2002. The draft genome of *Ciona intestinalis*: Insights into chordate and vertebrate origins. Science, 298: 2157-2167.
Schena, M., Shalon, D., Davis, R.W. and Brown, P.O. 1995. Quantitative monitoring of gene expression patterns with a complementary DNA microarray. Science, 270: 467-470.

[3-3-3 海産動物の遺伝子発現を指標にした新たな影響評価系の開発／参考図書]
村松正明・那波宏之(監修). 2000. DNAマイクロアレイと最新PCR. 133 pp. 秀潤社.
若林明子. 2003. 化学物質と生体毒性(改訂版). 457 pp. 丸善.

[3-3-4 遺伝子組換え植物を用いたエストロゲン様物質の検出]
Barettino, D., Vivanco Ruiz, M.M. and Stunnenberg, H.G. 1994. Characterization of the ligand-dependent transactivation domain of thyroid-hormone receptor. EMBO J., 13: 3039-3049.
Danielian, P.S., White, R., Lees, J.A. and Parker, M.G. 1992. Identification of a conserved region required for hormone dependent transcriptional activation by steroid-hormone receptors. EMBO J., 11: 1025-1033.
Durand, B., Saunders, M., Gaudon, C., Roy, B., Losson, R. and Chambon, P. 1994. Activation function-2 (AF-2) of retinoic acid receptor and 9-cis retinoic acid receptor-presence of a conserved autonomous constitutive activating domain and influence of the nature of the response element on AF-2 activity. EMBO J., 13: 5370-5382.
井上達(監修). 2000. 内分泌撹乱化学物質の生物試験研究法. シュプリンガー・フェアラーク東京.
Kordes, C., Rieber, E.P. and Gutzeit, H.O. 2002. An in vitro vitellogenin bioassay for oestrogenic substances in the medaka (*Oryzias latipes*). Aquatic Toxicology, 58: 151-164.
Nishihara, T. and Nishikawa, J. 2001. Bioassay for endocrine disruptors using yeast

two-hybrid system. Nippon Yakurigaku Zasshi, 118: 203-210.

Nishikawa, J., Saito, K., Goto, J., Dakeyama, F., Matsuo, M. and Nishihara, T. 1999. New screening methods for chemicals with hormonal activities using interaction of nuclear hormone receptor with coactivator. Toxicol. Appl. Pharm., 154: 76-83.

東條卓人・津田賢一・和田朋子・山崎健一. 2004. 女性ホルモンを見つける植物. 日本廃棄物学会誌, 15(5)：247-253.

東條卓人・津田賢一・和田朋子・山崎健一. 2005. エストロゲン様物質モニタリング用組み換え植物の開発. 環境バイオテクノロジー学会誌, 5(1)：31-36.

Tojo, T., Tsuda, K., Wada, T. and Yamazaki K. 2006. A simple and extremely sensitive system for detecting astrogenic activity using transgenic *Arabidopsis thaliana*. Ecotxicol. Env. Safety, 64(2): 106-114.

第4章 環境修復技術

北海道大学大学院環境科学院/沖野龍文・神谷裕一・藏﨑正明・
田中俊逸・新岡　正・森川正章,
北海道大学低温科学研究所/福井　学

4-1　環境修復技術

　汚染物質のなかには，環境中に排出されるとすぐに分解してしまうものや，難分解性でいつまでも環境に留まるもの，低濃度でも生態系に影響を及ぼすものから，高濃度になって初めて影響を示すものなど，かなり多様なものが存在する。汚染物質の種類や濃度などの汚染状況も汚染サイトごとに異なる。完全に汚染物質を除去しなければならない汚染サイトがあるのに対し，ある程度除去すれば，後は自然に回復するサイトもある。このように多様な汚染に対応するためには，環境修復法もまた多様な技術が用意されていなければならない。

4-1-1　修復技術の分類

　環境修復技術は，修復の基礎的概念によって表4-1-1のように，汚染物質の①封じ込め，②分離，③分解の3つに分類される。この分類法はおもに土壌汚染の修復法に適用されているものであるが，修復法全体にもあてはまる。封じ込めは汚染物質を難溶性の化学種に変換する，ガラス固化する，透水速度の遅い粘土の壁などで囲うなどして，汚染物質を限られた場所に閉じ込め，それ以上拡散しないようにするものである。分離は種々の物理的あるいは化

表 4-1-1　土壌修復技術の種類

修復の原理	修復技術
封じ込め法 containment	スラリーウォール slurry wall 固化/安定化 solidification/Stabilization ガラス固化 in situ vitrification
分離法 separation	土壌洗浄 soil washing 溶媒抽出 solvent extraction 土壌ガス吸引法 vapor extraction 土壌フラッシング in situ soil flushing 電気化学的修復法 electrokinetic remediation ファイトレメディエーション phytoremediation
分解法 degradation	焼却 incineration 熱分解 pyrolysis 化学的酸化 chemical oxidation 光化学的酸化 photochemical oxidation バイオレメディエーション bioremediation

学的手段によって，汚染物質を汚染箇所から分離・除去しようとするもの，分解は化学反応や微生物による代謝反応を利用して，汚染物質を毒性のない物質に変換し，あるいは二酸化炭素と水に分解してしまう方法である。もちろんこれらの方法が単独で使用されるよりは，一定期間汚染物質を封じ込め，その後分離し，分離された汚染物質を分解処理するというように，いくつかの方法が組み合されて修復が達成される。

　環境修復技術はまた，汚染物質の修復を汚染された場所で行なう原位置 in situ 法と，汚染されたものを処理場のあるところまで運搬して行なう搬出 ex situ 法に分類される。汚染土壌の場合，土壌を掘り出す行為は，それ自体環境に大きな負荷を与えることになると共に，掘り出す作業や運搬時に汚染土壌が周辺に撒き散らされることによる二次汚染の恐れもある。そのため土壌を掘り出さずに汚染物質だけを取り出すことのできる in situ 法の開発の試みが近年数多く行なわれている。

4-1-2　修復技術の概要
(1) 封じ込め法
　汚染物質による環境や生態系へのリスクは，汚染物質による影響の大きさと，その物質に曝される曝露量(確率)との積によって表わされる。

　　リスク risk＝影響 effect×曝露量 exposure

どんなに強い毒性 effect を有するものであっても，その物質に曝される確率が限りなくゼロであれば，全体としてのリスクは小さくなる。汚染物質の修復において，最初にすべきことは，汚染物質を封じ込めこれ以上の広がりを抑え，曝露量を小さくすることである。この方法の典型的な例は高レベル放射性廃棄物の深層地下処分である。高レベル放射性廃棄物からの被曝による人体への影響は計りしれない。しかし，これをガラス固化体に封じ込め，さらにステンレス製のキャニスターにいれ，周りを緩衝材で覆ったものを，地下500～1000 m に掘ったトンネルのなかに保存してしまえば，一般の人が被曝する可能性はほとんどゼロに近い。しかし，この方法にも批判がある。すなわち，将来地殻変動などによって深層地下が地表に現われ，貯蔵されていた高レベル放射性廃棄物が拡散する可能性はゼロではない。したがって，確かに現世代のリスクはゼロかもしれないが，後の世代のリスクは必ずしもゼロではないという批判である。

　封じ込め法には他に粘土鉱物のベントナイトに土壌やセメント，水を混ぜたスラリーの壁で図4-1-1のように汚染された箇所を囲むスラリーウォール slurry wall 法や，汚染物質をセメントや石灰・アスファルトのなかに固定化/安定化して封じ込める方法もある。ガラス固化 in situ vitirification 法は汚染土壌近傍に電極を埋め込み，4000 V/400 A という大量の電気を流し，電極近傍の土壌を1100～1500℃に加熱溶融してガラス固化し，汚染物質をこのなかに封じ込めようとするものである。

(2) 分　離　法
　封じ込め法は比較的安価で迅速に対応可能な方法であるが，汚染物質がその場所からなくなるわけではない。いつの日か封印がとけて汚染物質が広がり出す恐れがある。そうなる前に次の対策を講じる必要がある。分離法は汚染サイトから汚染物質を分離して除去する方法であるが，汚染物質の種類や

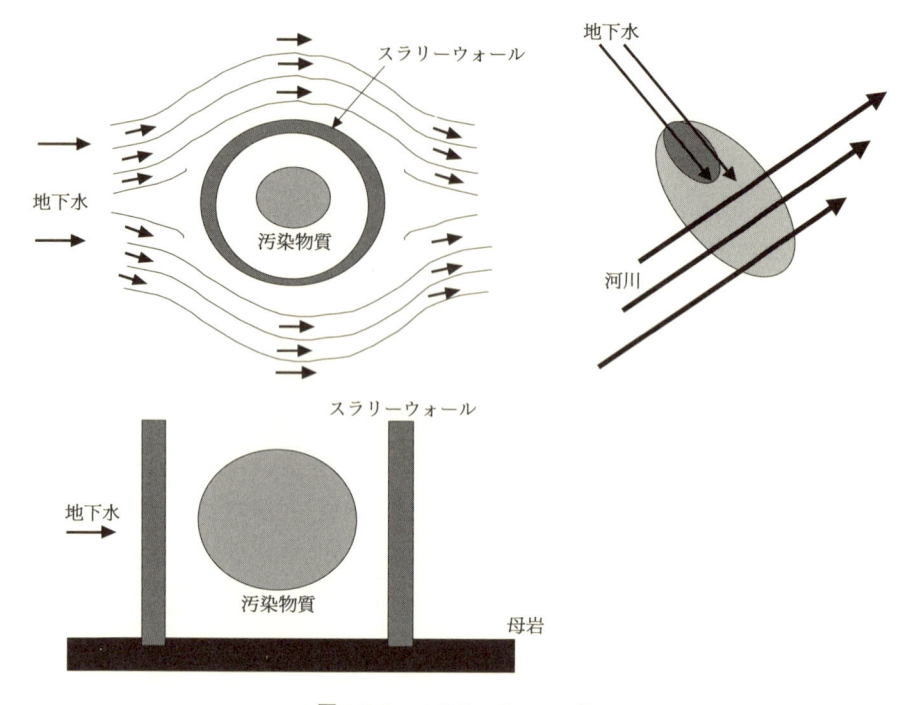

図 4-1-1　スラリーウォール法

汚染サイトの状況によりさまざまな方法が考案されている。

揮発性の有機物(VOC)で汚染された場所の近傍に井戸を掘り，ポンプで揮発した汚染物質を吸引して除去する土壌ガス吸引 vapor extraction 法や，土壌の表面に水をスプレイし，この水が土壌にしみ込みながら汚染物質を洗い流す土壌フラッシング in situ soil flushing 法，汚染土壌近傍に挿入した電極間に電位を印加することで汚染物質を除去する電気化学的修復 electrokinetic remediation 法などがある。また，植物に汚染物質を吸収させて除去する方法はファイトレメディエーション phytoremediation 法と呼ばれ，時間はかかるが低コストの処理法として期待されている。

(3) 分　解　法

土壌から分離された汚染物質は化学反応や微生物の代謝反応で分解される。有害物質から無害な物質に変換される場合もあれば，二酸化炭素と水にまで

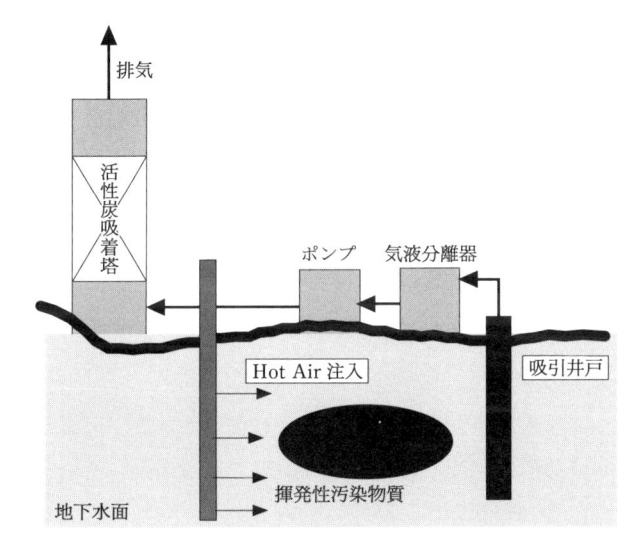

図 4-1-2　Hot Air 注入土壌ガス吸引法

完全分解されるものもある。分解法としては焼却 incineration 法，熱分解 pyrolysis 法，化学的酸化 chemical oxidation 法などが古くから用いられてきた。また，最近では紫外線照射や酸化チタンに代表される光触媒を用いる光化学的分解，超臨界水分解法，さらには電極を用いる電気化学的手法，超音波法なども開発されている。上記の分解法はいずれも分離され搬出された汚染物質に適用するものが主である。分解のための原位置法として現在最も期待されているのはバイオレメディエーション bioremediation 法である。

これらの修復法のいくつかについては，この章の後半で詳しく述べられる。

4-1-3　環境修復技術の選択

上記のように種々の環境修復技術があるが，このなかから修復技術を選ぶ時にどのようなことを考慮すべきであろうか。以下にいくつかの項目について示す。

(1) 修 復 対 象

修復しようとする対象がどこかによって選ばれる修復技術も大きく異なる。

河川なのか，海洋なのか，あるいは土壌，大気を修復しようとするのか。また，同じ大気でも地球全体の大気の修復を考えるのか，あるいは室内大気のような小さな空間の修復をするのかによって選ばれる技術は違ってくる。

(2) **汚染物質の種類と濃度**

除去しようとする汚染物質の種類もまた大きなファクターである。重金属なのか，有機物なのか。その物質の濃度はどの程度なのか。かなりの高濃度で存在するのか，あるいは低濃度なのか。また，その物質の有害性の大小も考慮しなければならない要素である。

(3) **汚染箇所の環境**

修復しようとする汚染サイトの環境もまた重要である。汚染サイトが都市部にあるのか，郊外か，周りに何もない原野であるのか。汚染サイト周辺に民家があるか，どの程度の住民が住んでいるのか。さらには汚染箇所の地層や地下水の流れなどの情報が必要となるケースも多い。

(4) **要求される修復の程度，期間，コスト**

汚染物質をほぼ完全に取り除く必要があるのか，あるいはある程度の濃度までに低減化すれば，後は自然の力によって修復が可能なのか。また，どの程度の期間で修復する必要があるのか。1か月単位で修復か，あるいは1，2年か，あるいは数年の期間をかけてもいいのか。修復の予算も修復技術を選ぶ時の重要なファクターである。そしてその経費は誰が払うのかも重要である。

(5) **住民の意識**

最後に，そして最も重要なファクターとしてそこに住む住民の意識と，修復技術に関する理解が重要である。どんなにすばらしい技術でもそれが地域住民に理解されなければ使えない。その方法について充分説明し，その利点を欠点と共に理解してもらいながら修復作業を進める必要がある。

汚染土壌の修復法に関しては，表4-1-2に示すようないくつかの項目について3段階で評価し，それらを点数化して総合評価する手法が採られている。また，実際にいくつかの修復法に対して点数化した例を表4-1-3に示す。

表 4-1-2　環境修復技術の評価項目

(1)コスト overall cost
　　1：＞300 Euro/ton，2：100〜300 Euro/ton，3：＜100 Euro/ton
(2)達成し得る濃度 ability to clean to an acceptable level
　　1：＞50 mg/kg soil，2：5〜50 mg/kg，3：＜5 mg/kg
(3)修復時間 time to complete clean up
　　1：＞3 年，2：1〜3 年，3：＜0.5 年
(4)信頼性とメンテナンス reliability and maintenance
　　1：低い信頼性＋高いメンテナンス
　　2：平均的な信頼性とメンテナンス
　　3：高い信頼性と低いメンテナンス
(5)データの要求 data needs/characterization
　　1：事前に詳細な調査が必要
　　2：ある程度の調査が必要
　　3：僅かな調査でよい
(6)安全性 safety
　　1：安全性を確保するためにかなりの努力が必要
　　2：平均的な努力
　　3：最低限の努力
(7)住民への受けいれやすさ community acceptability
　　1：地域住民とのかかわりは避けられない
　　2：かかわりはあるが，方法自体は受けいれられる
　　3：地域住民の反対は最低限

表 4-1-3　環境修復法の評価例

	土壌吸引法	ER 法	バイオ法
コスト	3	2	3
達成濃度	2	2	2
時間	2	3	1
信頼性・メンテナンス	3	1	1
データの必要性	2	2	1
安全性	3	3	2
公的受けいれやすさ	3	2	3
総合	18	15	13

4-2 物理化学的レメディエーション

4-2-1 化学的手法によるレメディエーション

この項ではレメディエーションの基礎となっている化学的反応や手法について述べる。新たなレメディエーション法もこれらの反応や手法を改良し，組み合せることによって得られることが多く，新規な手法を構築する上でも重要である。

(1) **不溶化・安定化** solidification/stabilization

① **難溶性塩の生成**

汚染物質は水を媒体として移動し拡散することが多い。土壌中の汚染物質は地下水に溶けてその流れに乗って移動する。また，河川や海洋においても水に溶解する限り，水の流れと共に汚染物質も移動することになる。このような汚染物質の拡散を抑えるには，汚染物質を水に溶けにくく安定で毒性の少ないものに変換することである。重金属イオンの場合，アルカリを添加し，pHを上昇させることによって重金属イオンを水酸化物の沈殿として不溶化できる。その難溶性塩の溶解度はその塩の溶解度積とpHから計算することができる。ただし，鉛イオンやアルミニウムイオンなどの両性金属は，水酸化物イオンとの錯形成反応によって錯体を形成し，pHの上昇によって再び溶解するので注意が必要である。六価クロムは水によく溶解し水と共に移動するが，三価のクロムに還元すると，水酸化物の沈殿を生成するので移動が抑えられる。多くの重金属イオンは硫化物イオンときわめて安定な難溶性塩を形成し，しかも中性付近のpH領域で処理が可能という利点を有する。しかし，硫化水素ガスの毒性，腐食性，臭気のために，排水処理に適用される例は少ない。硫化水素に替わるものとしてジチオカルバミン酸基(R-NH-CS$_2$-Na)，チオール基(R-SH)，ザンセート基(R-O-CS$_2$Na)を有するイオウ系重金属捕集剤が開発されている。

難溶性塩は，時に10^{-7}〜10^{-4}cm程度の粒子サイズをもつコロイド粒子として水に分散した形で存在し，水に溶解しているのと同じような移動性を有する。この場合，種々の凝集剤を加えることによってコロイド粒子を凝集さ

せることができる.

　鉛やクロム,ヒ素などの重金属で汚染された精錬所などの土壌に,ケーソンを使ってセメントや石灰・アスファルトを流し込み,汚染物質をこれらのなかに固定化/安定化して封じ込める方法も用いられている.

② 原位置ガラス固化法 *in situ* vitirification

　有害物質をガラス中に封じ込めるガラス固化法は,高レベル放射性廃棄物の処理法としても用いられているが,これを原位置封じ込め法として利用したのがこの方法である.この方法は汚染された土壌やスラッジの近傍に電極を埋め込み,4000 V/400 A という大量の電気を流し,電極近傍の土壌やスラッジを1100～1500℃に加熱溶融してガラス固化し,汚染物質をこのなかに封じ込めようとするものである.多くの土壌はガラスの生成に必要なケイ素とアルミニウムの酸化物を含むため,特別何も加えなくてもガラス固化が達成できる.この方法はまだ研究段階にあるが,重金属を添加した土壌にこの方法を適用し,生成したガラス固化体からの金属の溶出試験をしたところ,いずれの金属についても基準値以下に抑えられることが確かめられている.

(2) 吸着除去法

① 活　性　炭

　汚染物質を吸着剤によって吸着除去するものであり,除去の対象物質によってさまざまな吸着剤が存在する.そのなかでも活性炭は古くから多様な汚染物質に適用可能な吸着剤として用いられている.細孔構造をとり大きな表面積を有することから吸着容量も大きく結果として少ない量で大きな効果をもたらす.しかし多様なものを吸着するということは逆に吸着に対する選択性がないことを意味し,除去したいものだけでなく,除去しなくてもよいもの,あるいは除去してはいけないものも吸着してしまいかねない.特に,天然水中の汚染物質の除去に活性炭を用いる場合には,天然水中に多量に存在する腐植物質などによって活性炭の吸着サイトが覆われ,汚染物質の吸着に充分な効果を発揮できない可能性もある.

② 活性炭内包アルギン酸ゲル

　このような活性炭の吸着に対する選択性向上のために,アルギン酸ゲル内に活性炭を内包させたゲルビーズが作製され,その吸着性能が試された(Lin et al., 2005)。アルギン酸は褐藻の細胞間を充塡するβ-D-マンヌロン酸とα-L-グルロン酸からなるポリウロン酸の1つであり，不均質な直鎖状の多糖構造の高分子で，無毒性，高粘性をもち，2価陽イオンと反応してゲルを生成する。図4-2-1はクロロフェノールとフミン酸との混合溶液に活性炭内包アルギン酸ゲルビーズをいれ，それぞれの除去率を時間の関数として示したものである。フミン酸の濃度変化はほとんどないのに対し，クロロフェノールは時間と共に減少し，1時間で約90%のクロロフェノールが除去された。このような選択性は，分子量の大きなフミン酸がゲル構造に邪魔されて活性

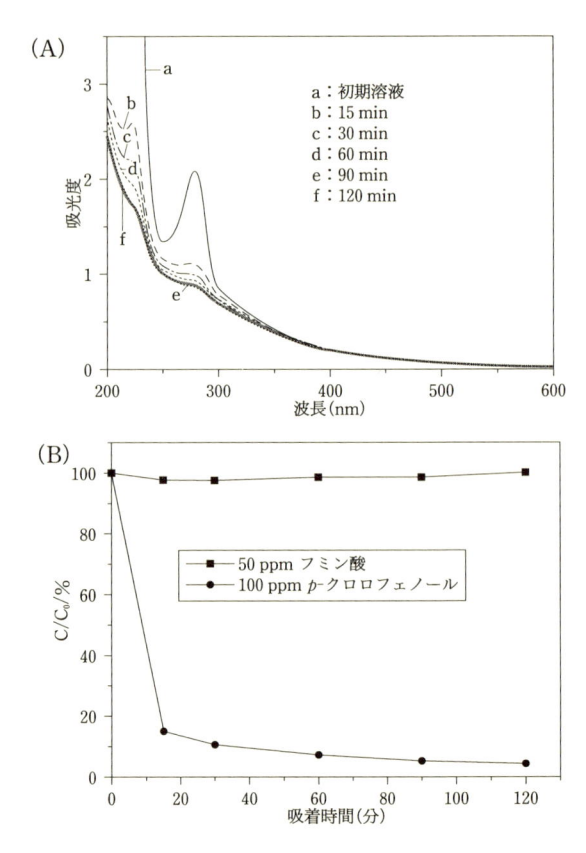

図4-2-1 活性炭内包アルギン酸ゲルビーズによるフミン酸存在下でのクロロフェノールの除去。(A)スペクトルの変化，(B)フミン酸とクロロフェノールの濃度変化

炭に近づけないのに対し，分子量の小さなクロロフェノールはゲル内を通過し活性炭表面にまで達することができることによる。古月らはカーボンナノチューブ(CNT)をアルギン酸ゲルに内包し，同様な実験によりCNT吸着の選択性を向上できることを報告している(Fugetsu et al., 2004；詳しくは第5章を参照のこと)。

③ イオン交換・キレート樹脂

試料水中のイオン成分，金属イオン成分を除去するために用いられる。現在では種々のタイプのイオン交換樹脂やキレート樹脂が市販されている。既に多くの成書が存在するので詳しい説明はそれらに譲る(本田ら，1958)。

④ フェライト生成

フェライトはスピネル型結晶をもつフェライト固溶体の総称であり，以下の式で示すように，除去すべき重金属イオンとFe(II)を含む溶液にアルカリを加え，水酸化物の沈殿の生成の後，再溶解，酸化，縮合，脱水過程を経てフェライトが生成する。

$2\,Fe^{2+} + M^{2+} + 6\,OH^- \rightarrow Fe_2M(OH)_6$

$Fe_2M(OH)_6 + O_2 \rightarrow MFe_2O_4$ あるいは $MO\text{-}Fe_2O_3$

フェライトを生成する金属としては，Fe, Co, Mn, Ni, Cu, Mg, Zn, Cdなどがある。フェライト法は重金属イオンの一括処理が可能であり，フェライト中の金属は溶出しにくい利点を有する。また，フェライトは磁性を有することから磁気分離が可能であることも大きな利点である。

⑤ 疎水性処理マグネタイト

マグネタイト粒子の表面をステアリン酸などで疎水処理をすると，この粒子は油滴などに吸着するようになる。このような性質を利用して，原油流失事故などで流れ出した油の回収法が考案されている(川崎重工，2000)。流れ出した油は最初は大きな塊のまま海表面を漂い，その内，一部は海岸に流れ着くが，一部は小さな粒状になって海表面を漂うようになる。このような状態になると油を回収することは非常に困難になる。そこで，ステアリン酸で表面処理したマグネタイトを撒いてやると，疎水性マグネタイトが油滴の表面に吸着する。この油滴の混じった海水をポンプで吸い上げ，超伝導磁石の付いているパイプのなかを通してやると，表面にマグネタイトの吸着した油滴

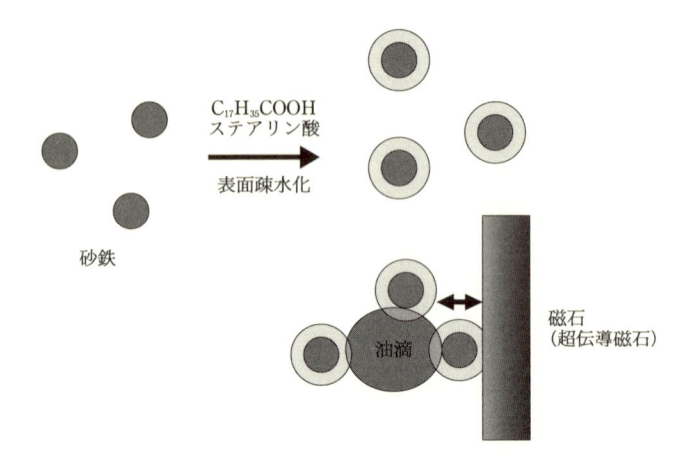

図 4-2-2　表面を疎水化した砂鉄(マグネタイト)による原油の磁気分離(川崎重工特許：第3038199号)

が磁石に吸い寄せられて磁性分離されるというものである(図4-2-2)。
(3) 化学的分解法
さまざまな化学的反応によって，有害のものの無害化が行なわれている。シアン化物イオンはアルカリ塩素法やオゾン酸化法によって無害な窒素と炭酸水素イオンに変換される。
① アルカリ塩素法
$NaCN + NaOCl \rightarrow NaCNO + NaCl$

$2\,NaCNO + 3\,NaOCl + H_2O \rightarrow N_2 + 3\,NaCl + 2\,NaHCO_3$
② オゾン酸化法
$CN^- + O_3 \rightarrow CNO^- + O_2$

$2\,CNO^- + 3\,O_3 + H_2O \rightarrow 2\,HCO_3^- + N_2 + 3\,O_2$

オゾンや過酸化水素などの酸化剤は有害有機化合物の分解にも用いられる。これらは次の反応によって活性酸素種であるヒドロキシルラジカルを生成し，このラジカルが有機物を攻撃し，分解させるものである。

$2\,O_3 + H_2O \rightarrow OH + 2\,O_2 + HO_2$

$O_3 + H_2O_2 \rightarrow OH + O_2 + HO_2$

また，ヒドロキシルラジカルを効率的に発生させるために，酸化剤と紫外線

とを組み合せたものもある。

$$H_2O_2 + h\nu \rightarrow 2\,OH$$
$$O_3 + H_2O + h\nu \rightarrow H_2O_2 + O_2$$

③ フェントン反応

過酸化水素に2価鉄を作用させると，効率よくヒドロキシルラジカルを生成させることができる。この反応はフェントン反応と呼ばれ古くから有機化合物の分解に用いられてきた。

$$H_2O_2 \xrightarrow{Fe(II)} 2\,OH$$

さらにフェントン反応に光を作用させる光フェントン反応は，二価の鉄イオンが再生されるため効果的な有機化合物の分解が達成できる。

④ 鉄粉法

鉄粉の表面は非常に活性に富んでおり，たとえば次のような反応により，共存重金属イオンを鉄粉上に還元析出させることができる。

$$Fe^0 + Cu^{2+} \rightarrow Fe^{2+} + Cu^0$$

さらに，多孔性の鉄粉を用いることにより，化学・物理的吸着機能も付加される。金属イオンだけでなく有機塩素化合物の脱塩素反応にも利用できる。

⑤ 電気化学的分解

有機化合物は，電極表面での直接酸化によって，あるいは電極表面でヒドロキシルラジカルを発生させることによって間接的に分解され，最終的に二酸化炭素と水にまで完全分解される。Comninelllis and Pulgarin(1993)は白金電極と酸化スズ電極を用いてフェノールの電気化学的分解について報告しており，フェノールはヒドロキシルラジカルの攻撃によっていったんパラキノンを生成した後開環し，マレイン酸やシュウ酸などの有機酸を経て最終的に二酸化炭素と水に分解されることを報告している。電気化学的分解法は，室温で特別な試薬も必要とせず，マイルドな条件で有害物質を分解できるなど多くの利点を有する。筆者らは，電気化学的分解法の適用範囲の拡大と，分解メカニズムを明らかにするために，ビスフェノールAやノニルフェノール，EDTAなどの有機酸などを対象として，電気化学的分解法について検討した(Tanaka et al., 2002；中田ら，2002)。図4-2-3はビスフェノールAとノニルフェノールをチタン基盤に白金をコーティングした電極を用いて

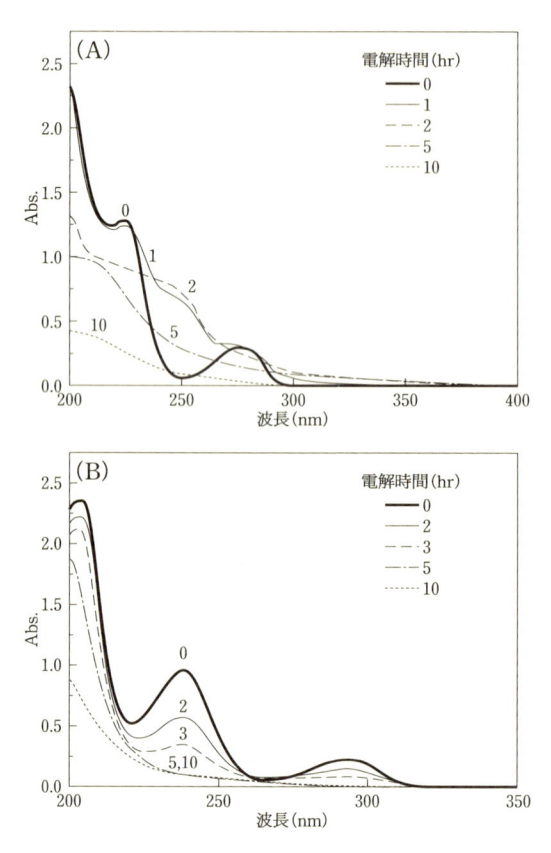

図 4-2-3 ビスフェノール A(A)とノニルフェノール(B)の電気化学的分解にともなうスペクトル変化。Pt/T：電極

0.3 A の電流を流して電気分解した時の吸収スペクトルの時間変化を示したものである。ビスフェノール A では分解と共に吸収スペクトルに変化がみられることからいったん何らかの分解生成物が生成し，その後その生成物も分解してゆくものと思われる。一方，ノニルフェノールの吸収スペクトルは単調に減少した。図 4-2-4 は電気分解と共に変化する溶液中の全有機炭素量(TOC)を測定したものである。その減少の仕方は用いる電極によって大きく異なり，酸化スズ電極を用いることによって，特にビスフェノール A においては大幅な分解速度の増加が得られている。TOC の減少はビスフェ

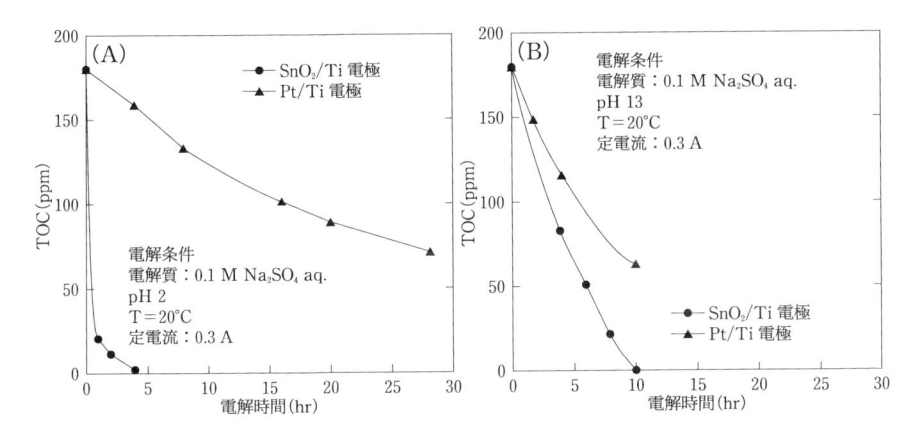

図4-2-4 ビスフェノールA(A)とノニルフェノール(B)の電気化学的分解における溶液中のTOC(トータル有機炭素濃度)の変化

ノールAが完全分解され，二酸化炭素と水に分解されていることを示している。また，電気分解にともなう有機酸の生成と分解の時間変化を調べた結果，ビスフェノールAが分解される過程で有機酸が生成し，いくつかの有機酸はさらに分解されるのに対し，一部の有機酸の分解はかなり遅く，有機酸の種類によってその分解速度は異なることが判明した。さらに，電気化学的分解はEDTAなどの有機酸の分解にも適応できることを明らかにした。

⑥ 光 触 媒

酸化チタンは光と水から活性酸素種を生成し，汚染物質の酸化や分解をもたらすことが知られている。光触媒については多くの成書が既にだされているので，それらを参考にしていただきたい(橋本ら, 2005)。竹内らは，自動車などから排出されるNO_x，SO_xなどを活性炭と酸化チタンからなる複合素材を用い，活性炭にこれらの汚染物質を吸着させ，酸化チタンの酸化作用によってこれらを硝酸，硫酸にまでに酸化して処理する方法について提案している。活性炭と酸化チタンの複合素材を表面にコーティングしたタイルや外壁材を作製し，これらをビルの外壁材や高速道路の遮音壁に用い，光のない夜には自動車から排出されたNO_x，SO_xを活性炭に濃縮し，昼間光があたると酸化チタンの作用でこれらが酸化分解し，硝酸，硫酸になる。雨が降ると，これらのイオンは雨に流されて表面はきれいになるのでまた吸着が可能

になる(片岡・竹内, 1998)。

⑦ 超臨界媒体

水は高温, 高圧になると気体でも液体でもない超臨界状態になる。この超臨界状態においては, 液体並みの密度と, 気体並みの高速度で水分子は動き回っている。この状態のなかに汚染物質があると, 汚染物質に高速で動く粒子が高い確率で衝突するために効率よく汚染物質の分解が達成される。水の超臨界状態にさらに空気や酸素, 過酸化水素を共存させることによって, 難分解性のダイオキシンなどの分解が達成されることが報告されている(新井ら, 1999)。

4-2-2 物理学的レメディエーション

(1) 地下水の硝酸イオンによる汚染とその汚染源

地球は水の惑星といわれるが, 人が利用できる水は僅かである。地球上に存在する水の97.2%は海水であり, 万年氷や氷河を除いた淡水は, 僅か0.6%程度しかない(北野, 1995)。そのなかで人が利用できる浅層地下水は約50%である。地下水は, 水温変化が少なく, 土壌の浄化作用により一般に水質は良好かつ安価であり生活用水に多く用いられている。日本では, 生活用水の約25%を地下水に頼っている。またヨーロッパの川は一般に長いために特に下流域での汚染は著しく, 多くの地域で地下水を飲用している。この貴重な水資源の地下水が, 近年, 硝酸イオン(NO_3^-)により汚染されていることが, 世界各地で問題となっている。

たとえば, ヨーロッパ環境機関の1998年の報告によると, EU内農業地域では87%の井戸から25 mg/L以上の硝酸イオンが検出されている(Gavagnin et al., 2002)。また中国でも汚染が顕在化しており, 中国北部の14都市, 69地点を調査したところ, 半数以上の井戸が50 mg/L以上の硝酸イオンで汚染されていることが明らかとなった(Zhang et al., 1996)。ややデータは古いが, アメリカの農業地域では数100 mg/L, インドの農業地域では1500 mg/L以上の高濃度硝酸イオンで地下水が汚染されていると報告されている(WHO, 1985 ; Jacks and Sharma, 1983)。

日本では, 1993(平成5)年に硝酸性窒素(硝酸イオン)および亜硝酸性窒素(亜

硝酸イオン)が水質汚濁防止法の要監視項目に挙げられ，1999 年には環境基準項目に追加された．現在の規制値は，硝酸イオンと亜硝酸イオンを合わせて 10 mg/L 以下と定められている．2003 年の環境省による調査では，調査した全国 4288 本の井戸の内 280 本(6.5%)から環境基準以上の硝酸イオンおよび亜硝酸イオンが検出されている(環境省環境管理局水環境部，2004)．なかには，30 mg/L を超える井戸もあり，環境省は井戸の使用を中止するよう勧告をだしている．環境基準に設定された 1999 年以降では，環境基準以上の硝酸イオンが検出された井戸は全体の 5〜6%であり，改善される傾向にはない(表 4-2-1)．

　地下水の硝酸イオンおよび亜硝酸イオンの汚染源として，田畑への過剰な施肥や家畜排泄物の不適切な処理が挙げられる(WHO, 2003b)．近年，農業生産を上げるために化学肥料の使用量が増加している．作物に吸収されず土壌に残留した窒素化合物や河川などの環境水中へ流れ出した窒素化合物は，微生物によりアンモニアへと無機化され，その後，亜硝酸イオン(NO_2^-)，硝酸イオンへと酸化される．この水が地下水に混入して，地下水の汚染を引き起こす．家畜排泄物が野積・素掘といったように不適切に処理された場合も，同様の経路をたどり地下水が汚染される．

　工場からの硝酸イオン，亜硝酸イオンの直接的な排出が，地下水汚染の原因となる場合もある．電気メッキ業，鉄鋼業，顔料製造業，食品製造業などの工場排水には，高濃度の硝酸イオン・亜硝酸イオンが含まれている．工場排水は，水質汚染防止法や都道府県条例によって硝酸イオン排出量が規制されているが，水質汚染防止法は日平均排出量 50 m³ 未満の工場には適用されない．各工場からでる排水量は少ないが，数が多く(この規模の工場数は全製

表 4-2-1　井戸水中の硝酸性窒素(硝酸イオン)濃度の環境基準超過率の推移

調査年度	調査数(本)	超過数(本)	超過率(%)
1999(平成 11)年	3374	173	5.1
2000 年	4167	253	6.1
2001 年	4017	231	5.8
2002 年	4207	247	5.9
2003 年	4288	280	6.5

造業の約85％にものぼる），トータルでみると相当量の硝酸イオン・亜硝酸イオンが公共水域に排出されている。一般家庭からの生活排水が地下水に混入することによる地下水汚染も指摘されている。

(2) **硝酸イオンの規制値と健康影響**

世界保健機構(WHO)は，飲料水中の硝酸イオン濃度を 50 mg/L 以下にするよう勧告している。亜硝酸イオンについては，その有害性の高さから 3 mg/L と非常に厳しい値となっている。さらに WHO のガイドラインには，亜硝酸イオンを長期間摂取する場合は，その濃度を 0.2 mg/L 以下にするべきであると述べられている。これらの値は，後で述べるメトヘモグロビン血症の発症濃度に関連して決められている。日本では，硝酸イオンと亜硝酸イオンの合計を 10 mg/L 以下とする規制が設定されているが，硝酸イオンに比べて亜硝酸イオンの有害性は圧倒的に高いため，暫定の監視項目指針値として，亜硝酸イオン濃度を 0.05 mg/L 以下とする勧告がだされている。

経口で摂取された硝酸イオンは小腸で速やかに吸収されるが，硝酸イオンそのものの有害性は低い。人体に有害なのは亜硝酸イオンである。亜硝酸イオンの直接摂取だけでなく，胃腸に生息する微生物により硝酸イオンが還元され亜硝酸イオンが生ずる。健康な人の場合，胃腸は弱酸性であるため(胃酸による)この微生物は生息できず，硝酸イオンを摂取しても健康を害することはない。しかし，生後 3 か月以下の乳児や，胃酸の分泌量が少ない人，制酸剤を服用している人は，胃の酸性度が低いため微生物の生息が可能になり，硝酸イオンを摂取した時に胃腸で二次的に亜硝酸イオンが生ずる危険がある。亜硝酸イオンは，血液中のヘモグロビンと結合してメトヘモグロビンとなる(WHO, 2003b)。メトヘモグロビンは，酸素を運搬する能力がないので，この濃度が高くなるとチアノーゼの症状を発し(メトヘモグロビン血症)，ひどい場合には死に至る。特に乳児は，体重あたりの水摂取量が多く，かつ上で述べたように微生物が胃腸で生息できる環境にあるため，硝酸イオンの影響を大きく受ける。

飲料水中の硝酸イオン，亜硝酸イオンによるメトヘモグロビン血症の事例は，日本では報告されていないが，アメリカやヨーロッパでは以前から報告されている。1972 年の報告には，アメリカで 41 件(1945〜1950 年)，ヨーロッ

パで 80 件(1948〜1964 年)のメトヘモグロビン血症による死亡例が記されている(NAS, 1972)。その後，欧米では地下水中の硝酸イオン汚染がさらに進行し，事故件数も増加した。WHO は 1945〜1986 年の間に，硝酸イオンを含む水を摂取したことによる 2000 件の乳幼児のメトヘモグロビン血症と 160 人の死亡を報告している(Burt et al., 1993)。

胃の内容物に 2 級，3 級アミンもしくはアミドが存在すると，それと亜硝酸イオンが反応して N-ニトロソ化合物が生成することが，ヒトで確認されている(WHO, 1996)。ヒトに対する発癌性は不明だが，N-ニトロソ化合物は動物実験で発癌性が指摘されている。さらに，ラットを用いた毒性実験から，亜硝酸性窒素が副腎球状体の過形成や心臓および肺の組織学的変化を起こすことが報告されている(WHO, 2003b)。

(3) 硝酸汚染地下水の浄化法

硝酸イオンは，安定で水にきわめて溶解しやすいイオンであり，共沈や吸着が起こりにくい。そのため，一般的な水処理法である石灰中和法や濾過では除去できない。

硝酸イオンの除去技術には，生物学的方法と物理化学的方法がある。表 4-2-2 には，硝酸イオン除去技術をまとめた。生物学的方法では，微生物(脱窒菌)の作用により排水中の硝酸イオンを無害な窒素(N_2)ガスへと還元する。生物学的硝化脱窒法とも呼ばれている。技術的にはほぼ確立されており，実証試験段階にある技術や実際に日本国内で稼働しているプラントもある。アンモニア(NH_3)を含んだ排水の処理も行なうため，好気性条件下で微生物によりアンモニアを硝酸イオン・亜硝酸イオンへと酸化するステップと，生成した亜硝酸イオン・硝酸イオンを嫌気性条件下で窒素ガスへと還元無害化するステップからなる。酸化ステップ(硝化)では，アンモニアの亜硝酸イオンへの酸化[4-2-1]式と，亜硝酸イオンの硝酸イオンへの酸化[4-2-2]式の 2 段階で進行し，前者には *Nitrosomonas* 属などの亜硝酸細菌が，後者には *Nitrobacter* 属などの硝化細菌が関与する。

$$2NH_4^+ + 3O_2 \longrightarrow 2NO_2^- + 2H_2O + 4H^+ \qquad [4\text{-}2\text{-}1]$$

$$2NO_2^- + O_2 \longrightarrow 2NO_3^- \qquad [4\text{-}2\text{-}2]$$

還元ステップ[4-2-3, 4]式には，活性汚泥に存在する従属栄養細菌類が関与

表 4-2-2　水中硝酸イオンの除去法

処理法		概要	備考
生物学的方法		脱窒菌の働きを利用して硝酸性窒素を窒素ガスに還元する。脱窒菌の水素源としてアルコールが添加される。	・アンモニア態窒素の処理も同時に可能 ・排水の濃度，温度，含有金属の影響を受けやすい ・処理速度が遅いために，設備の設置面積が大きくなる ・小型の設備には不向き
物理化学的方法	イオン交換法	陰イオン交換樹脂により，硝酸イオンをイオン交換で水中から除去する。	・共存イオンの影響が大きい ・陰イオン交換樹脂再生時に高濃度二次廃水が発生する
	逆浸透法	半透膜の被処理水側に機械的に圧力を加えて，硝酸イオンと水を分離する。	・膜の材質やその汚染に注意が必要 ・高コスト ・硝酸イオンが濃縮された廃水が発生する
	電気透析法	陰イオン選択透過膜と陽イオン選択透過膜を組み合せて，電気的エネルギーにより硝酸イオンを水中から分離する。	・膜の材質やその汚染に注意が必要 ・高コスト ・硝酸イオンが濃縮された廃水が発生する
	触媒法	固体触媒を使って，硝酸イオンを窒素ガスへと還元除去する。	・処理速度が速い ・他の物理化学的手法と異なり，硝酸イオンを無害化する ・アンモニアの副生をいかに抑制するかが鍵

し，この反応に関与する複数の菌類を含めて脱窒菌と呼ばれている。

$$NO_2^- + 6(H) \longrightarrow N_2 + 2H_2O + 2OH^- \qquad [4\text{-}2\text{-}3]$$

$$2NO_3^- + 10(H) \longrightarrow N_2 + 4H_2O + 2OH^- \qquad [4\text{-}2\text{-}4]$$

脱窒菌は，好気性条件下では酸素(O_2)を使って有機物を酸化してエネルギーを得ているが，嫌気性条件下では硝酸イオンや亜硝酸イオンを酸化剤(酸素源)として有機物を酸化する。そのため，還元ステップ(脱窒)は嫌気性条件で行なわなければならない。[4-2-3, 4]式の反応には水素(H)が必要であり，排水中の有機物や添加したメタノールが水素源となる。そのため，処理水中の BOD/窒素を適正に保つよう，メタノール添加量をコントロールする

```
             メタノール アルカリ
                ↓      ↓
原水 → 脱窒槽 → 硝化槽 → 沈殿槽 → 処理水
         ↑                  │
         └──── 返送汚泥 ─────┤
                         余剰汚泥
```

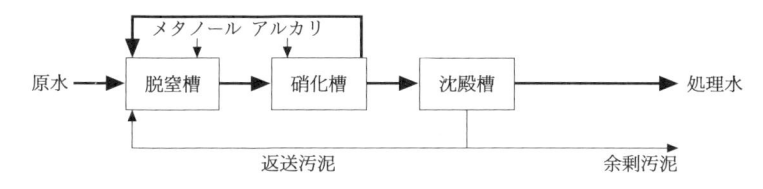

図 4-2-5　循環式硝化脱窒法プロセスのシンプルフロー

必要がある。

　生物学的硝化脱窒法の反応装置として種々のものが提案されている。図 4-2-5 には，その一例を示す。装置は，脱窒槽，硝化槽，沈殿槽から構成される。脱窒槽では嫌気性条件下で[4-2-3, 4]式の反応により硝酸イオンが窒素ガスへと還元除去される。

　鉄鋼関連工場のステンレス酸洗行程や火薬，顔料，無機化学製品などの化学工場あるいは火力・原子力発電所などからは高濃度，大容量の硝酸イオン含有廃水が排出される。既存の活性汚泥プロセスや固定床反応器では，活性汚泥(微生物)濃度を上げられないので，設備の大型化が避けられない。そこで，高負荷な排水に対応するために，脱窒槽に上向流式スラッジブランケット法 Upflow Sludge Blanket(USB 法)の適用が検討されている(横幕, 2002)。USB 法では，硝化を行なう菌体が高濃度にクランプ化し，造粒物(グラニュール汚泥)となるため，脱窒菌を含む活性汚泥の高濃度化が実現でき高負荷排水の処理が可能となる。

　硫黄/炭酸カルシウム無機質材(S/C 材)と硫黄酸化脱窒細菌 *Thiobacillus denitrificans* を用いた生物学的処理による脱窒システムが実証段階にある(宮永, 2002)。硫黄酸化脱窒細菌 *T. denitrificans* はごく普通のネギ畑の土中に存在する細菌であり，体内に取り込んだ硫黄を硝酸イオンにより硫酸イオン(SO_4^{2-})へと酸化し体外に排出する。この過程でエネルギーを得ると共に，硝酸イオンを窒素ガスへと還元する(図 4-2-6)。S/C 材中の炭酸カルシウム($CaCO_3$)は，菌体の体外に排出された SO_4^{2-} と結合して処理水の酸性化を抑制する。

　物理化学的方法には，イオン交換法，逆浸透法，電気透析法，触媒法がある。触媒法については，次章でやや詳しく述べる。イオン交換法では，塩素

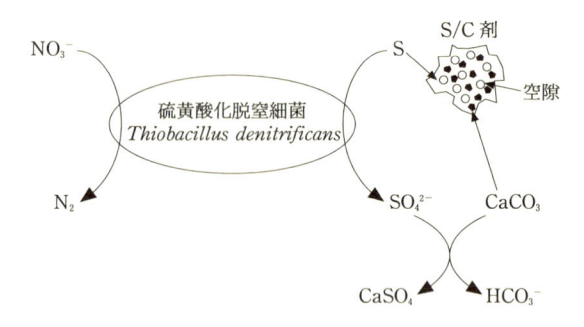

図4-2-6 硫黄酸化脱窒細菌による水中硝酸イオンの無害化メカニズム

型の陰イオン交換樹脂を充填した塔に硝酸イオンを含む地下水を流し，硝酸イオンはイオン交換樹脂の塩化物イオン(Cl^-)とイオン交換され水中から除去される。硝酸イオンで飽和した陰イオン交換樹脂は，塩化ナトリウム水溶液を流通させて再生する。問題は，水中に他の陰イオンが共存する場合，再生頻度が高くなり効率が悪い。

逆浸透法は，1 nm以下の孔を有し，水のみを透過する膜を使って，水と硝酸イオンを分離する方法である。電気透析法では，イオン交換膜と電極から構成されるモジュールが用いられる。陽極と陰極の間に陽イオン選択透過膜と陰イオン選択透過膜を挟み込み，その膜の間に処理水を流す。電極両端に直流電流を流すと，水中に存在するイオンが水中から除去される(野中, 2002)。触媒法以外のこれら物理化学方法による汚染水の処理では，高濃度硝酸イオン廃水の二次処理が必要である。

(4) 固体触媒法による硝酸汚染地下水の浄化

触媒法による水中硝酸イオンの還元無害化は，ドイツの研究者らによって1989年に初めて報告された(Vorlop and Tacke, 1989)比較的新しい方法である。CuとPdをAl_2O_3に担持した固体触媒が，室温以下でも水中の硝酸イオンの水素化反応[4-2-5]式を促進することが見出され，その後，特に硝酸イオン汚染が切迫した問題であったヨーロッパを中心に精力的に研究されてきた。

$$2NO_3^- + 5H_2 \longrightarrow N_2 + 4H_2O + 2OH^- \qquad [4\text{-}2\text{-}5]$$

$$2NO_3^- + 4H_2 \longrightarrow N_2O + 3H_2O + 2OH^- \qquad [4\text{-}2\text{-}6]$$

$$NO_3^- + H_2 \longrightarrow NO_2^- + H_2O \qquad [4\text{-}2\text{-}7]$$

$$NO_3^- + 4H_2 \longrightarrow NH_3 + 2H_2O + OH^- \qquad [4\text{-}2\text{-}8]$$

窒素ガス(N_2)が主生成物であるが，一酸化二窒素ガス(N_2O，[4-2-6]式)や，有害な亜硝酸イオン([4-2-7]式)，飲料水の品質を低下させるアンモニア(NH_3，[4-2-8]式)が副生する。他の物理化学的方法と異なり，触媒法は硝酸イオンを無害な生成物(N_2)にできること，また生物学的手法と比べて処理速度が格段に速いため，浄化装置をコンパクトにできるメリットがあり注目されている。触媒法では硝酸イオンを減らし，有害性の高い亜硝酸イオンの生成を環境基準以下に抑制することは研究の早い段階で解決されたが，NH_3を副生しない触媒の開発が最近までの研究の中心であった。

アンモニアの摂取は肺浮腫や神経機能障害を引き起こすが，臨床学的に症状が現われるのは，たとえば60 kgの人が約4000 mg/Lのアンモニアを含む水を1日に3 L飲む量に相当し，このような高濃度汚染水を飲用するケースはほとんどない。残留アンモニアは，むしろ飲料水の風味の点で問題となる。飲料水中のアンモニアの濃度が1.5 mg/Lを上回ると異臭を生じ，35 mg/L以上で不快な味を呈す(WHO, 2003a)。また，水道水に殺菌に使われる次亜塩素酸とアンモニアは反応し，カルキ臭の原因となる三塩化窒素を生成する(和田，2000)。このようなことから，飲料水中のアンモニアの許容濃度は0.5 mg/Lが妥当とされている。200 mg/Lの硝酸イオンを，仮に20 mg/Lにまで低減するには，硝酸イオンの転化率を90％にまで高めればよいが，NH_3の副生を0.5 mg/Lに抑えるには，硝酸イオンを99％の選択率でN_2へと転化しなければならず，NH_3の副生を許容濃度以下にすることがいかに難しいかわかってもらえると思う。

図4-2-7にPdと第二金属との合金系触媒による硝酸イオン還元反応の反応活性と選択性(NH_3副生量)を示す。Pdモノメタル触媒では，硝酸イオンの水素化反応はまったく進行せず，第二金属の添加は必須である。種々の第二金属のなかで，CuやSn，Inが活性も選択性にも優れている。Pd-Sn合金触媒やPd-In合金触媒は，触媒調製の再現性に難があり，もっぱらPd-Cu合金触媒が研究されてきた。

表4-2-3にこれまで見出されている高N_2選択性を発揮するPd-Cu合金触媒を示す。触媒性能は担体の種類に大きく影響される。担体の役割は，均

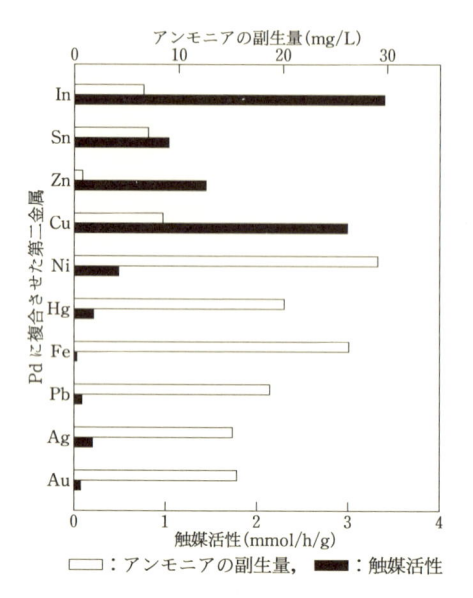

図 4-2-7　Pd 合金触媒への第二金属の影響 (Hähnlein et al., 1998)

質かつ微粒な Pd-Cu 合金粒子を生成すること,Pd-Cu 合金が処理水に溶解しないよう合金粒子を担体に強固に固定化することである。表 4-2-3 の触媒のなかには NH_3 の生成を許容濃度(0.5 mg/L)程度に抑制できるものもあり,触媒性能はかなりのレベルに達している。さらにベンチスケールに規模を拡大しても検討されており(Pinter et al., 2001),ここでは水中に含まれる硝酸イオン以外の成分の影響により活性が低下したが,イオン交換と触媒反応器を組み合せた 2 ステージでのプロセスを用いて問題は解決できると報告されている。

表 4-2-3 の例では,触媒を充填した 1 つの反応器を使い,NH_3 の副生を抑制しつつ硝酸イオンを除去しようとするものであるが,硝酸イオンの還元除去を 3 つの異なる触媒による多段階反応で実現しようとする試みもなされている(Sakamoto et al., 2005)。このプロセスの概念図を示す(図 4-2-8)。第一段の反応器には Pd-Cu クラスタを活性炭に担持した触媒が充填され,アルカリ性条件下(pH=10.5)で硝酸イオンを高選択的に亜硝酸イオンへと還元する(Sakamoto et al., 2004)。続く第二段の反応器では,中性条件下(pH=6.5)で

表4-2-3 Pd-Cu合金触媒による水中硝酸イオン還元反応特性(Meytal et al., 2001；Vorlop and Prusse, 1995; Pinter et al., 1996; Deganello et al., 2000; Palomares et al., 2003; Nakamura et al., 2005)。硝酸イオン濃度：100 mg/L^{-1}

触媒	反応温度(K)	活性(mmol/h/g)	副生NH$_3$濃度(mg/l)
0.13%Pd-0.02%Cu/ガラス織布	298	0.1	0.8
4.7%Pd-1.4%Cu/Al$_2$O$_3$	293	8.6	0.8
1.0%Pd-1.2%Cu/ゼオライト(β型)	278	0.2	1.3
0.75%Pd-0.23%Cu/軽石	298	0.7	1.9
5.0%Pd-1.25%Cu/Al$_2$O$_3$	283	0.7	2.0
4.9%Pd-1.5%Cu/ハイドロタルサイト	293	2.3	7.2

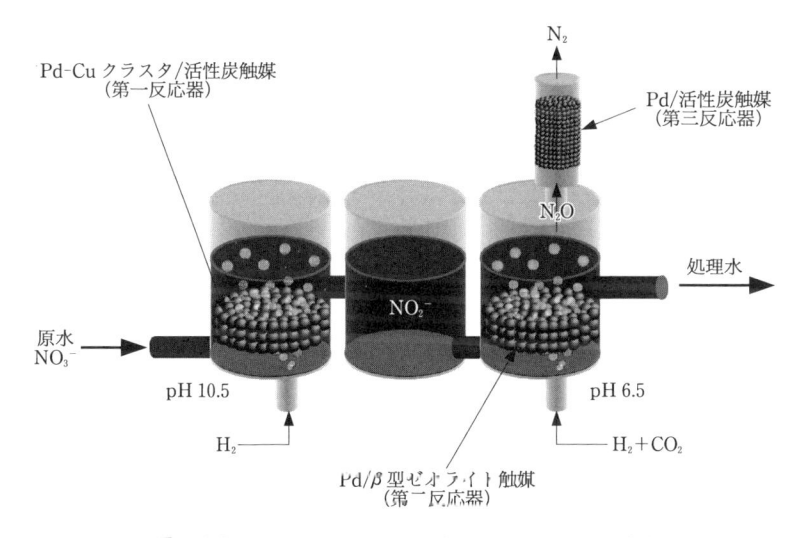

図4-2-8 多段階反応による水中硝酸イオンの還元除去

Pdをβ型ゼオライトに担持した触媒により亜硝酸イオンをN$_2$Oガスへと100%転化する。このN$_2$Oガスは，第三の反応器に充填されたPd/活性炭触媒上で未反応の水素と反応し，N$_2$へと無害化される。実験室規模の装置では，100 mg/Lの硝酸イオンを含む水を，NH$_3$の副生を許容濃度(0.5 mg/L)に迫る0.6 mg/Lに抑制しながら還元浄化できることが実証されている。

上述のように，Pd-Cu合金系触媒を中心に硝酸イオン還元の研究が進められてきたが，経済性を考慮すると貴金属以外をベースとする触媒の開発が必要である。また，飲用水の浄化だけでなく，高濃度の硝酸イオンを含みかつ大量に排出される工業排水の浄化技術の確立も，切迫した問題である。現状のPd-Cu合金触媒はアンモニアの抑制は充分なレベルにあるが，工業排水には経済性や活性面で不充分である。飲用水と比べて，工業排水の処理では触媒に要求される選択性(アンモニアの副生)のレベルは緩いが，処理水の硝酸イオン負荷が大きいため，触媒にはより高活性であることが望まれる。

貴金属以外の触媒について，金属-Al合金を水酸化ナトリウムで処理してAlを溶解させた，多孔質金属触媒よる硝酸イオン還元反応が検討されている(Mikami and Okuhara, 2002)。種々の金属の活性序列は，Ni>Co>Fe>Cuであった。さらに，Ni触媒に第二成分としてZrを1 wt%添加することで，触媒活性は約10倍も向上した。このNi-Zr系触媒は貴金属を含まない触媒でも硝酸イオンを効率よく還元処理できることを実証した初めての例である。また，多孔質Ni触媒にPtをごく微量(1 wt%)添加すると活性が飛躍的に向上した(Mikami et al., 2003)。図4-2-9に種々の触媒の活性を比較した。横軸LHSVは，1時間あたり触媒体積の何倍の水を処理できるかを示すもので

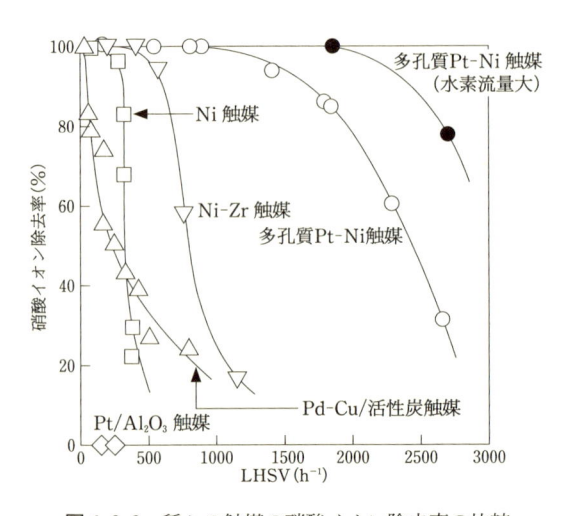

図4-2-9　種々の触媒の硝酸イオン除去率の比較

あり，たとえばLHSVが1000/hであれば，10 cm³(＝0.01 L)の触媒を充填した反応器が，1時間あたり10 Lの水を処理できることを示す。多孔質Ni触媒では，LHSV＝200/h付近から急激に活性が低下するのに対して，多孔質Pt-Ni触媒はLHSV＝800/hまで200 mg/Lの硝酸イオンを完全に除去できる。さらに，水素流量を上げることでLHSV＝1800/hまで硝酸イオンの除去が可能である。ちなみに，Pd-Cu合金触媒ではLHSV＝100/h程度，また生物学的方法では1桁以下のLHSVで処理が行なわれており，この触媒の活性はきわめて高いことがわかる。多孔質Pt-Ni触媒では，生成物はアンモニアとN_2ガスのみであり，有害性の高い亜硝酸イオンの生成はまったくみられない。したがって，アンモニアの処理法として確立されているストリッピング法と組み合せることにより，高速で高濃度硝酸イオンを含む工場排水を処理できるプロセスを確立できると期待されている。

4-2-3 エレクトロカイネティックレメディエーションによる汚染土壌の修復

私たちは土壌の上で生活し，土壌で作物を育て，それを食料としている。作物を育てる時の水も，私たちが飲用している水も，土壌に接しながら流れ循環している。したがって土壌の汚染は，水や食料の汚染を意味する。近年，産業構造の変化によって都市にあった工場跡地が商業地や住宅地として再生されているが，その際に土壌汚染が顕在化している。そのため汚染土壌から汚染物質を除去し，元の安全な状態に戻す土壌修復技術の開発が急務となっている。土壌の修復にはさまざまな方法が試みられているが，著者らは汚染物質の動きを制御しやすく，比較的低濃度の汚染物質にも対応可能という点でエレクトロカイネティックレメディエーション法(EK法と略す；Probsteim, 1993；Acar and Alshawabkeh, 1993)に注目して，これまでいくつかの検討を行なってきた。特に土壌のなかで種々の化学反応を用いることで除去効率の向上をめざしてきた。EK法の概要と研究成果のいくつかを次に示す。

(1) EK法の原理

EK法は，図4-2-10のように汚染土壌近傍に電解液をいれる井戸を掘って電極を挿入し，電極間に電位を印加する時に発生する電気浸透流や電気泳

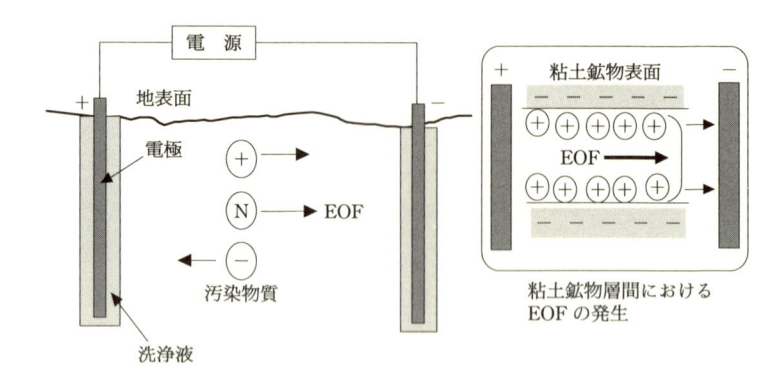

図4-2-10　エレクトロカイネティックレメディエーション法の概念図。EOF：電気浸透流

動によって汚染物質を除去する土壌修復技術の1つである。重金属イオンなどの電荷を有する汚染物質は土壌中に発生する水の流れである電気浸透流(EOF)と電気泳動によって，またフェノールなどの電気的に中性な物質は電気浸透流によって除去される。EK法は，透水性が低い粘土質の土壌に適用でき，汚染物質の移動を電極間に制限しやすいなどの利点を有する。

　粘土鉱物などのようにその表面に電荷を有する媒体が，その隙間や細孔内に電解質溶液を含む時，粘土鉱物の表面電荷とは反対符号のイオンが表面に配向する。この状態で外部より電位が印加されると，配向したイオンは反対の極性をもつ電極側に動き，この時水をともなって動くことから水の流れ，すなわち電気浸透流 electroosmotic flow が発生する。電気浸透流速(u_o)は次の(4-2-1)式に示されるように印加する電位勾配の大きさに比例し，また，粘土鉱物のゼータ電位や溶液の粘性などに依存する。粘土鉱物が負の電荷を有する時，電気浸透流は正極から負極方向へ流れる。

$$u_o = 1/\tau^2 \cdot \varepsilon\,\zeta/\mu \cdot \Phi \qquad (4\text{-}2\text{-}1)$$

ここで u_o は電気浸透流速，τ は曲がり度，ε は土壌中の液体の誘電率，ζ はゼータ電位，μ は土壌中の液体の粘性，Φ は電位勾配である。

　一方，電気泳動速度(u_m)は次の(4-2-2)式で示され，電荷の符号によって移動する方向は異なる。

$$u_m = v\,z\,F \cdot \Phi \qquad (4\text{-}2\text{-}2)$$

ここで v はイオン移動度, z はイオンの電荷, F はファラディー定数である。

金属陽イオンの土壌のなかでの移動は, 電気泳動速度に電気浸透流速が加わるので速くなるのに対し, 負電荷を有する金属酸化物イオンのような移動速度は, 電気泳動の向きと電気浸透流の向きが反対となるために打ち消しあって遅くなる傾向にある。

(2) 装置および実験装置

EK 法については, 実際の汚染箇所を対象として大規模な装置を用いた実験も行なわれている。しかし, EK 法の実際の汚染箇所への適用においては問題点も多く, 実験室レベルでの充分な検討が必要である。そのための土壌泳動装置は, さまざまなタイプのものが各研究者によって開発され使用されているが, 著者らが用いているものを図 4-2-11 に示す。この装置はアクリル樹脂製で直径 3 cm, 長さ 10 cm の泳動槽とその両脇に 2 つの電極槽をもっている。電極槽には白金をコーティングしたチタン電極が挿入され, この電極間に数十ボルト(1~4 V/cm)の電位が印加される。泳動槽と電極槽の間にろ紙を挟み, 泳動槽中の土壌が電極槽に侵入するのを防いでいる。図では省略されているが電気浸透流によって陽極側から陰極側に運ばれ, 陰極槽から溢れる水は, メスシリンダーに受け取り, 浸透流速の測定に用いられた。

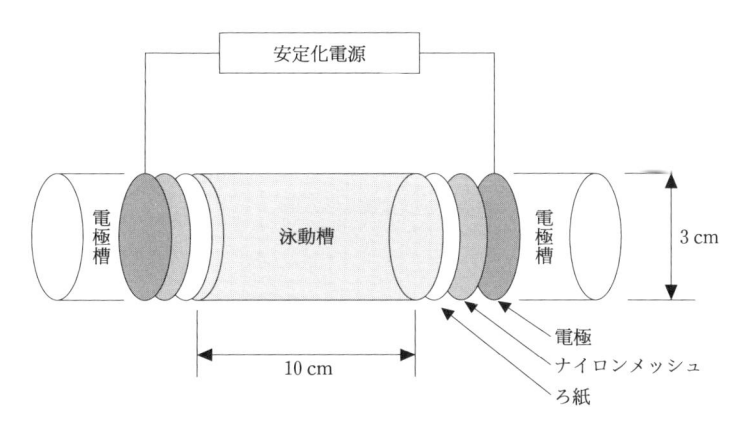

図 4-2-11　EK 法の研究に用いられた土壌泳動装置。安定化電源装置：アトーPower Station 500VC。電極：格子状白金‐チタン電極

模擬汚染土壌として，カオリンに汚染物質と水を加えよく混合したものを泳動槽に詰めた。適当時間電位を印加後，模擬汚染土壌を泳動槽から抜き取り，何等分かにスライスし，各分画ごとの汚染物質量を測定し，EK 法による汚染物質の除去挙動を調べた。

EK 法では，電位の印加にともなって水の電気分解が起こり，陽極で水素イオン，陰極で水酸化物イオンが生成する。これらのイオンが電気泳動によって土壌に注入されることで，陽極近傍の土壌は酸性に，陰極近傍ではアルカリ性になりその範囲は時間と共に広がる。土壌の酸性化は土壌中の重金属を溶解しその移動を容易にする。一方，土壌のアルカリ化は，溶出してきた重金属イオンを水酸化物の沈殿として堆積させ，移動を困難にする。これらの問題を解決する方法として，イオン交換膜によって水素イオンと水酸化物イオンが土壌内に進入することを排除する(Acar and Alshawabkeh, 1993)，あるいは陽極と陰極電極槽の溶液をそれぞれ中和する，酸性とアルカリ性の両電極槽液を混合して中和するなどの方法がとられている。

(3) **重金属イオンの移動挙動**

EK 法が最もよく適用されているのが重金属イオンの除去である。特に金属陽イオンの移動は，その電気泳動の方向と電気浸透流の方向が同じであることから比較的速く除去が達成される。重金属イオンの除去は，土壌の pH に大きく依存することから，電極槽の pH の制御の効果が検討された。両極槽の pH を制御する場合，陰極槽のみを制御する場合，どちらの pH も制御しない場合における重金属イオンの除去率を比較したものを図 4-2-12 に示す(澤田, 2003)。電極槽の pH を制御しなかった場合，土壌の酸性化とアルカリ化が同時に進行し，銅イオンはアルカリ化した土壌のなかで水酸化物を形成して動けなくなるため陰極槽の近傍の土壌に堆積する。陰極槽のみ制御した場合，土壌のアルカリ化が防げるため重金属イオンの除去効率はよいが，土壌全体の pH がかなり低くなり，土壌粒子を構成するアルミニウムの溶出量も増大する。一方，両電極槽の pH を制御することで適度な除去率が得られると共に，アルミニウムの溶出量を抑えることが可能であった。重金属イオンの除去は，金属イオンが水酸化物を形成しないように土壌の pH を酸性にすることで達成される。しかし，土壌の酸性化は，土壌粒子を浸食するな

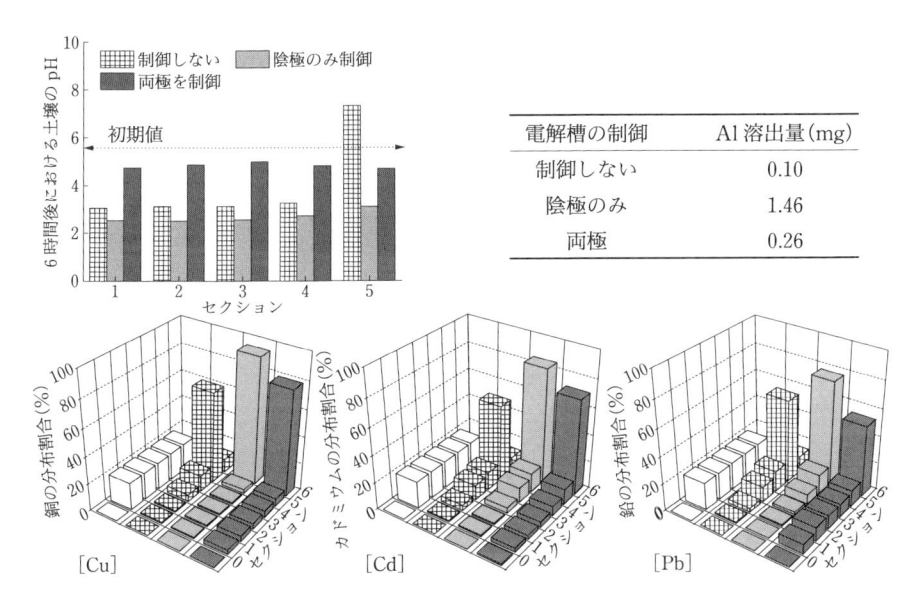

図 4-2-12 pH 制御による重金属の除去率の比較。セクション：土壌を5等分して陽極から番号をつけた部位(1～5)，陽極(0)・陰極(6)側電解槽。Al 溶出量：陰極側電解槽に溶出した量

　ど環境への負荷が大きい。土壌を酸性にすることなく重金属イオンを除去する方法として錯形成反応を利用した方法が試みられている。Wong et al. (1997)は，エチレンジアミン四酢酸EDTAを陰極側電極槽から土壌へ送り込むことによって，鉛や亜鉛を負電荷のEDTA錯体として陽極側電解槽に除去できることを報告している。EDTAは，安価で土壌への吸着性が少ない利点があるが，生分解性や生体に対する毒性に問題がある。そのため，毒性が少なく，生分解性のある天然の錯形成剤が求められている。Wu et al. (2001)は，土壌有機物の1つであるフミン酸に注目し，フミン酸を混ぜ込んだカオリン中での銅の移動について報告している。その結果，土壌のpHが高い場合はフミン酸は金属陽イオンの移動を促進するが，中性付近では阻害することを明らかにしている。

(4) 六価クロムの移動に及ぼす還元反応

　六価クロムは陰イオン化学種(CrO_4^{2-})として存在し，その移動性は高く，ER法においては電気浸透流に逆らって電気泳動によって陽極側電極槽に除

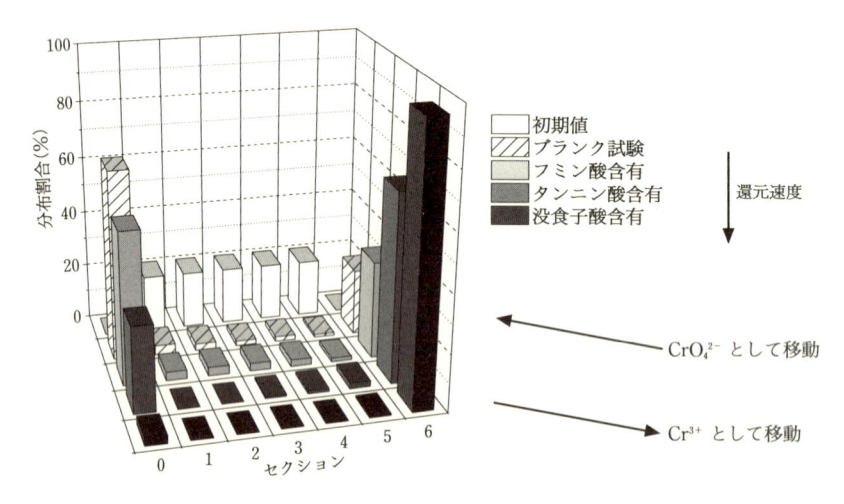

図 4-2-13　土壌有機物が六価クロムの移動に与える影響。セクション：土壌を5等分して陽極から番号をつけた部位(1〜5)，陽極(0)・陰極(6)測電解槽

去される。六価クロムはまた，酸化力が強く，二価鉄やスルフィド，土壌有機物などが共存すると，三価クロムに還元される。三価クロムは水酸化物の沈殿を形成しやすく，土壌中での移動性はかなり低い。このような重金属イオンの化学種による移動性の違いを利用して，汚染物質の移動を制御することが可能である。LeHécho et al.(1998)は，酸化剤として次亜塩素酸塩を送り込んで三価クロムを六価クロムに酸化することで溶出を促す方法を報告している。一方，著書らは土壌有機物が六価クロムの還元反応に関与することに着目し，土壌有機物としてフミン酸やタンニン酸などが共存する場合の六価クロムの移動を調査した(図4-2-13；田中・澤田，1999)。フミン酸ではその効果は顕著ではないが，タンニン酸や没食子酸などの物質が共存すると，六価クロムは三価クロムに還元され，移動方向を反転させて陰極側に除去される。毒性の強い六価クロムを六価クロムのまま土壌中を移動させることは土壌中の生態系に与える影響も大きいと思われるが，三価クロムにすることでその影響を軽減しながら除去できる。タンニンを化学的に修飾したセルロース(固定化タンニン)を吸着剤として用い，電極槽に除去された六価クロムを固定化タンニンを充填したカラムに通すことで回収する方法についても試みら

れた(Sawada et al., 2004)。

(5) 界面活性機能を用いる疎水性有機汚染物質の移動

EK 法では，電気的に中性なものでも水に可溶なものは電気浸透流によって移動することができる。しかし，水に難溶なものを移動することはできない。そのような場合には，土壌に可溶化剤を送り込むことで難溶性物質を可溶化し除去する方法が試みられている。Kim and Lee(1999)は，ディーゼルオイルで汚染された砂質土壌に，SDS を陰極側電解槽から送り込み，SDS ミセル中にオイルを取り込むことで可溶化させ，陽極側電極槽に除去できることを報告した。SDS は土壌へ吸着しやすく，生物への毒性が指摘されることから，毒性が少なく生分解性のある可溶化剤が求められている。Ko et al.(2000)は，土壌の pH をアルカリ性になるように制御しながら，シクロデキストリン誘導体を電気浸透流で土壌に送り込み，フェナントレンと包接体を形成させ，可溶化することによって除去できることを明らかにした。

著者らは，天然の界面活性剤として土壌有機物の 1 つであるフミン酸を用い，フミン酸を汚染物質のあるところまで電気浸透流で運び，そこで汚染物質を可溶化して除去する方法について検討した(Sawada et al., 2003)。フミン酸は中性 pH の条件下でプロトン解離して負電荷を有する化学種として土壌内に存在するため，電気泳動によって陽極側に移動することが予想されたが，実際には陰極へ移動した。これはフミン酸がきわめて分子量の大きな物質であるため，その電気泳動速度が電気浸透流速よりも小さく，結果としてフミン酸は電気浸透流によって陰極側に移動したものと考えられる。このようなフミン酸の移動挙動を利用して，図 4-2-14 に示すように電気浸透流によってフミン酸を汚染箇所まで運び，そこで難水溶性の除草剤であるオキシン銅を可溶化して除去する方法が試みられた。土壌からのオキシン銅の除去量は図 4-2-15 に示すようにフミン酸を用いない時と比較して大幅に増加した。汚染物質に対して錯形成，酸化還元，さらには可溶化などの反応系を導入することで，土壌の浄化効率を向上させることができることが確認された。

(6) 土壌中での化学反応を利用した除去法

① フェントン反応

フェントン反応は過酸化水素と鉄との反応によってヒドロキシルラジカル

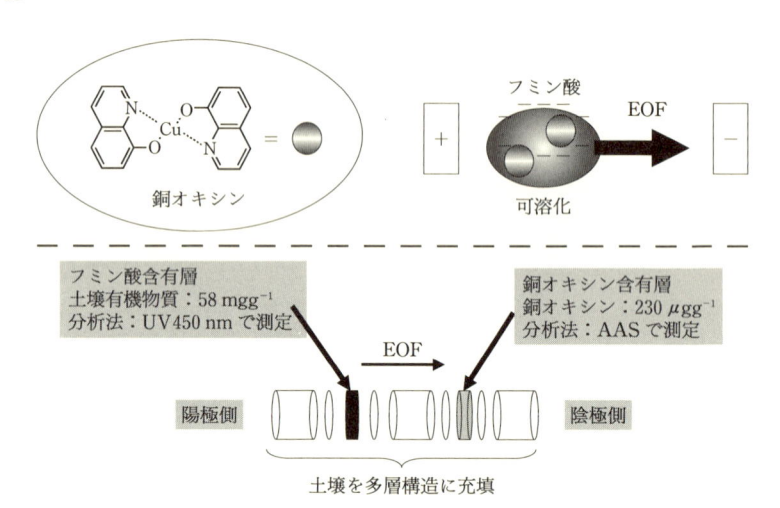

図 4-2-14　フミン酸によるオキシン銅の可溶化除去法

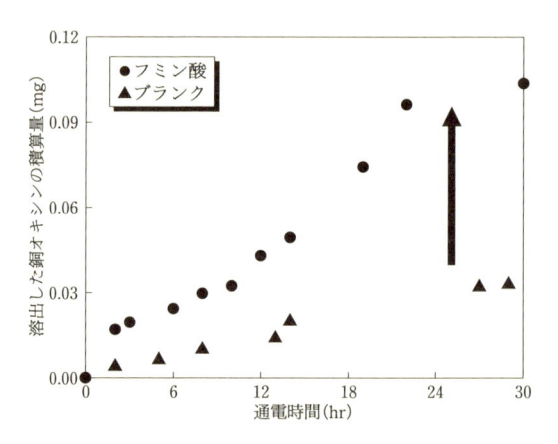

図 4-2-15　土壌中のオキシン銅の除去。銅オキシン：230 μgg^{-1}，土壌有機物質：58 mgg^{-1}，含水率：31%，電位勾配：2.2 Vcm^{-1}，通電時間：30 h

を発生させるもので，生成したラジカルとの反応によって汚染物質を分解するものである。フェントン反応を土壌中で展開するために，Gordon et al. (1999) は土壌に鉄粉を添加し，電気浸透流によって過酸化水素水を汚染物質のあるところまで運び，そこでフェントン反応によって汚染物質を分解するEK-フェントン法について報告している。フェントン反応を用いなくても

p-クロロフェノールは汚染土壌から電気浸透流によって移動することはできるが，フェントン反応を用いた時には大幅に除去効率を向上させることができた。さらにWatts et al.(2000)はガソリンによって汚染された土壌に対し，このEK-フェントン法を用い，パイロットスケールにおいても実用可能であることを報告した。

② pHジャンクションへの濃縮

EK法では土壌の酸性化とアルカリ化が同時に起こり，時間と共にその範囲は広がりながら最終的に酸性とアルカリ性の界面(pHジャンクション)が形成される。この界面に重金属イオンを濃縮する方法が試みられた。電位の印加によりpHジャンクションが形成されている場所での，Cu^{2+}の移動を考えると，図4-2-16のように酸性領域中にあるCu^{2+}は電気泳動と電気浸透流によって陰極側に移動するが，移動の結果アルカリ性部分にはいってくると水酸化物の沈殿を形成し移動が止まり，pHジャンクションに堆積する。一方，錯形成剤のEDTAを添加した場合には，Cu^{2+}はアルカリ性部分で陰イオン性のEDTA錯体を形成し，陽極方向に泳動する。しかし泳動の結果酸性側の土壌にはいってくると錯体の解離が起こり，銅イオンは陽イオンとして再び陰極方向に移動する。したがって，銅-EDTA錯体は酸性土壌とアルカリ性土壌間を交互に移動し，最終的に土壌の酸性側とアルカリ性部との

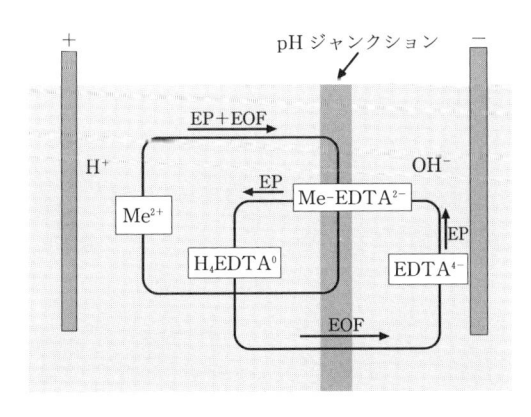

図4-2-16 pHジャンクションへの重金属イオンの濃縮。
EOF: electroosmotic flow, EP: electrophoretic migration

接合部に濃縮されることになる。実際に pH ジャンクション付近で Cu^{2+} および EDTA が高濃度に検出されており，酸とアルカリ土壌の接合部で濃縮が起こることを確認できた (Kimura et al., 2007)。

4-3 バイオレメディエーション

4-3-1 バイオレメディエーションとは

まず，図 4-3-1 をみていただこう。1990 年クウェートで湾岸戦争が勃発し，沿岸海洋や砂漠地帯は油井破壊により原油流出汚染を受けた。いうまでもなく原油は有害化学物質である。その 5 年後，汚染現場を訪れると，砂漠地帯はオイルレーク(原油の湖)と呼ばれるように，大量の原油が残存していた。その間，原油中の軽い成分は大気中へ揮発し，また光化学反応によりベンツピレンなどの強発癌性物質が生成された。一方，沿岸海洋は肉眼では原油汚染の痕跡は認められなかった。堆積物を採取して，僅かに含まれている原油成分を分析してみるとその化学成分が風化していることがわかった (Sato et al., 1998a, b)。沿岸海洋で流出原油が消失したのはなぜだろうか？

汚染した環境中から生物の働きを利用して汚染物質を除去あるいは浄化する方法をバイオレメディエーションと呼ぶ。バイオレメディエーションが注目されるようになったのは，1989 年アラスカ沖で座礁したエクソンバルデウィーズ号からの原油流出事故である。寒冷な沿岸で流出原油の除去に原油分解バクテリアを利用したのである。微生物を利用する場合，具体的には，以下の 2 つの方法がある。

(1) **オーギュメンテーション**

汚染物質に特異的な分解能力を有する微生物を現場に接種して汚染物質を除去する方法。遺伝子組換え微生物(GEM)あるいは単離培養微生物を利用する。たとえば，ドライクリーニングに使用されるトリクロロエチレンで汚染されている地下水にトリクロロエチレン分解菌を適当量加えて除去する。GEM を用いる場合は，安全性の観点から野外での利用が制限を受け，内外の法令にしたがわなければならない(「微生物によるバイオレメディエーション利用指針」を参照のこと。http://www.env.go.jp/air/tech/bio/an050330.pdf)。

砂漠地帯

(A)

(B)

(C)

沿岸海洋

図 4-3-1 湾岸戦争によるクウェートの流出原油汚染の 5 年後の様子(1995 年 12 月撮影)．砂漠地帯では原油の湖(オイルレーク)が残り(A)，軽い原油成分は揮発して重い原油成分が残存している(B)．砂漠の地表下にも原油がしみ込み，微生物分解を受けずに残存している(C)．一方，沿岸海洋では肉眼で残存原油は認められない．

(2) スティムレーション

汚染現場に潜在する，汚染物質を分解することのできる微生物あるいはコンソーシア(複数の微生物種から構成される協同体)の増殖を促し，汚染物質除去を加速させる方法。これは汚染サイトが有する浄化能(ナチュラルアテニュエーション：自然減衰)を基本にした技術である。具体的には現場での分解微生物の増殖を律速している因子を外部から添加する。たとえば，原油汚染環境では微生物にとって炭素が過剰供給状態に陥っている。不足した栄養塩成分である窒素やリンを添加し，分解菌の増殖を促進する。この方法は，分解菌の増殖に時間を有するため，オーギュメンテーションに比して処理時間が長く，分解菌や汚染物質などの長期モニタリングが必要である。

以上のように，バイオレメディエーションは微生物などの多様な機能を利用するという点で有効で，かつ，経済的である。特に，物理的な除去の不可能な低濃度の汚染物質の浄化には微生物が力を発揮する。しかし，生物を利用する以上，生態系への影響について充分配慮する必要がある。本節では，物質循環，原油を構成する炭化水素の微生物分解性，バイオサーファクタント，微生物群集構造解析，バイオレメディエーションの将来展望について概説する。

4-3-2 物質循環からみたバイオレメディエーション

バイオレメディエーションを学ぶには，物質循環における生物の果たす役割の理解が不可欠である。

生物は常に新しい栄養を取り込み，それらを代謝した後，老廃物を体外に排出しなければ生きていくことができない。すなわち生物とは外部環境との相互作用のもとに動的な非平衡を保ちながら生存している。宇宙船地球号の乗組員である生物が持続的に繁栄するためには炭素や窒素をはじめすべての生物元素の需給が生物圏および地球圏の間でうまく保たれていることが必要不可欠である。我々ヒトの場合は酸素呼吸という活動でタンパク質や糖あるいは脂肪といった比較的還元された有機栄養物質を酸化することによってエネルギーを獲得し，そのエネルギーを使って生命を維持し子孫を増やしている。この際に体外に排出する老廃物の1つがCO_2である。これに対して光

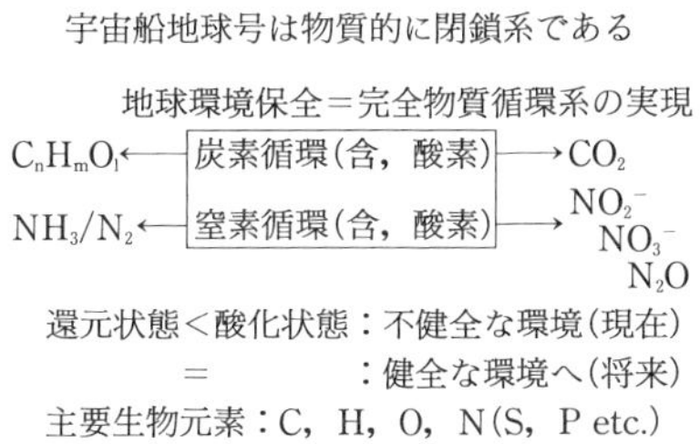

```
宇宙船地球号は物質的に閉鎖系である
    地球環境保全＝完全物質循環系の実現
C_nH_mO_l ← ┌炭素循環(含，酸素)┐ → CO_2
NH_3/N_2  ← └窒素循環(含，酸素)┘ → NO_2^-
                                    NO_3^-
                                    N_2O
還元状態＜酸化状態：不健全な環境(現在)
       ＝       ：健全な環境へ(将来)
主要生物元素：C，H，O，N(S，P etc.)
```

図 4-3-2　生物元素の酸化還元状態からみた地球環境

や無機物質のエネルギーを利用して逆に CO_2 を還元して有機物を合成できる生物(独立栄養生物)が存在している。これら両者が共存することによって長い間大気中の CO_2 濃度は一定に保たれてきた。ところが近年，人間の快適な居住環境形成に付随して放出される CO_2 量が激増し，その削減が最大の環境修復課題となっているのは周知の通りである。このような視点から地球環境問題の原因を考えてみると，直接生物に有害な影響を与える急性環境汚染物質と物質循環サイクルを乱す慢性環境汚染物質が存在する。内分泌撹乱物質や発癌性物質および漏出原油などは前者に含まれる。CO_2 およびメタンは後者の代表的なものであり，酸性雨の原因となる NO_x，SO_x は両者に属する。また現在の地球環境をみた場合，多くの元素について酸化還元のバランスが酸化状態に偏っていることに気づく。実はこれは環境問題と同様に21世紀に解決すべき，エネルギー問題と食糧問題の本質にも通じているのである(図 4-3-2)。

(1) 炭素の循環

大気中の CO_2 は光エネルギーを利用した光合成あるいは光を使わない化学合成のいずれかの過程を経て生物圏へ取り込まれる(図 4-3-3)。その後，植物 → 草食動物 → 肉食動物といった食物連鎖および死骸の土壌・水圏微生物による分解(呼吸および発酵)の結果，炭素は再び CO_2 となって大気へ放出される。一方，嫌気的な環境中および草食動物の反芻胃に共生するメタン菌の作用によって CO_2 の一部はメタンへと変換される。メタンは CO_2 に比べて20倍温室効果の高いガスであると同時に石油/石炭に代わるエネルギー資源でもある。地中のメタンガス濃度は地下500 m を越えたあたりから急速に上昇し，いわゆる嫌気(還元)的条件となっている。地上とは物理的にも化

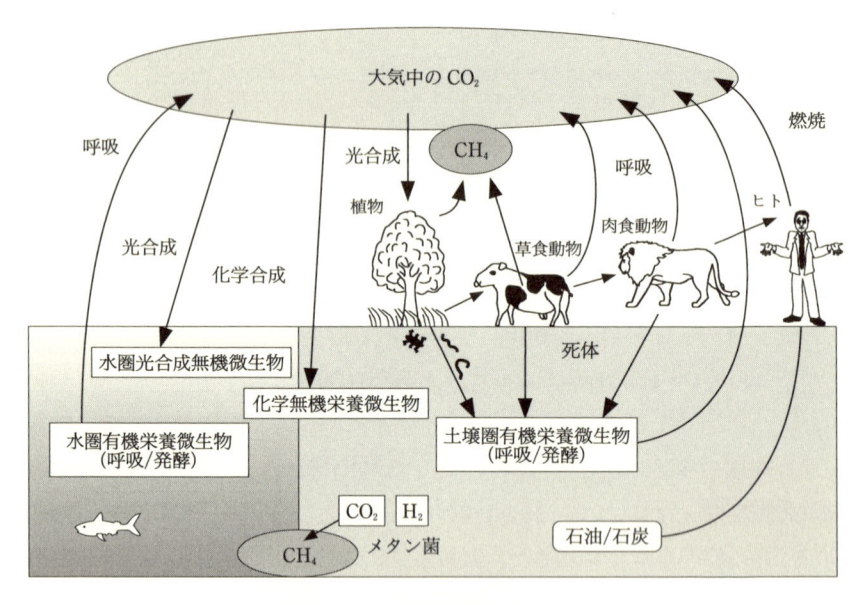

図 4-3-3　生態地球圏の炭素循環

学的にも隔絶した地下 3000～5000 m の有機物を含まない玄武岩層から分離された化学無機栄養微生物は CO_2 を水素で還元してメタンや酢酸を生成していることが報告されている。海底には膨大な量のメタン水和物の蓄積が観測されている。メタン菌のような化学無機栄養微生物の周囲にはメタンや酢酸を利用する従属栄養微生物が生息していることが予想され，そこでは光エネルギーを必要としない 1 つの地下生態系が形成されていると考えられている。このような深部地下の還元力の利用が可能になれば多くの環境問題の解決につながるであろう。一方，メタンの発生源として植物が無視できないことが最近報告され，森林(緑化)による温暖化防止効果が当初の期待ほどではないことがわかってきた。

　光合成による CO_2 固定といえば森林などの緑色植物をイメージするが，実は陸圏に比べて海洋への吸収量は約 1.5 倍に達する。北太平洋にすむミジンコに近縁なネオカラヌスという体長 5～10 mm 程度の動物プランクトンが大量の炭素を深海に運ぶことで日本が排出する CO_2 の半分近い量(年 5.9 億 t)を数百年間封じ込める働きをしているらしいことが最近わかった。ネオ

カラヌスは春から初夏には海の表層にいて光合成でCO_2を固定した植物プランクトンを食べて育つ。夏に水深500〜1500 mの深海に移動して休眠し，早春に産卵して死ぬ。休眠中のネオカラヌスが魚などに食べられることおよび植物プランクトンが死んで沈むことでCO_2由来の炭素が深海に送り込まれ，それが浅い海に戻るのは海水の動きの関係で数百年後になる。

(2) 窒素の循環

大気中の窒素(N_2)はマメ科植物の根に共生(根粒を形成)する細菌，光合成を行なう藍藻，さらにある種の土壌細菌などによってアンモニア態窒素(アミノ基など)に固定される(図4-3-4)。また植物や動物の枯死体や糞尿として水圏や土壌圏に放出されるタンパク質やアミノ酸はアンモニア酸化細菌群によって亜硝酸へ変換され，さらに亜硝酸酸化細菌群によって硝酸にまで酸化される。この一連の過程は硝化と呼ばれ好気条件下で効率よく進行する。このようにして生成した硝酸は再び植物が利用できる。また酸素濃度の低い嫌気条件下において硝酸還元菌が硝酸呼吸により亜硝酸に変換する。ある種の細菌はさらに亜硝酸からNO，N_2Oを経てN_2にまで還元し，これを大気中

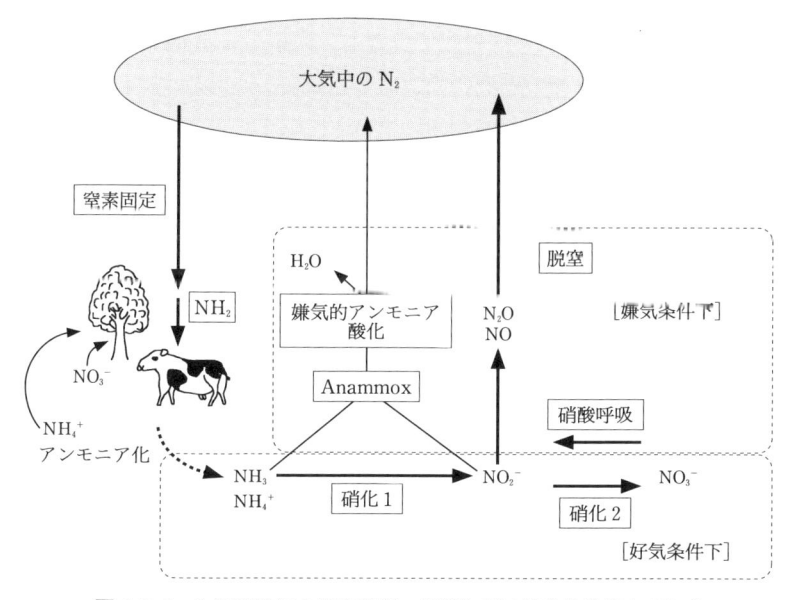

図4-3-4 生態地球圏の窒素循環。実線矢印は微生物作用を表わす

へ戻す。硝酸から N_2 までの変換過程は脱窒と呼ばれる。脱窒菌は窒素肥料を無駄にすることから農家には嫌われるが，脱窒の過程がなければ硝酸や亜硝酸は水圏に留まり生態圏を河川や海洋の沿岸部に限定してしまうことになるので，地球環境保全の立場からは地球表層のあらゆるところへ窒素が供給される脱窒の意義は非常に大きい。都市下水を浄化する際にも硝化および脱窒の二段工程により行なわれている。ところが，最近アンモニアを亜硝酸で酸化できる画期的な細菌群が発見された。これは嫌気的アンモニア酸化を短縮して Anammox 細菌と呼ばれる。海洋の沿岸部で Anammox 細菌が大量の窒素を大気に放出していることが衛星を使った観測により確認されている。Anammox 細菌の培養および活性の維持は現在まだ困難であるが近い将来，下水処理工程に革命をもたらすものとして期待されている。

　以上，生物を取り巻く炭素および窒素について元素循環と地球環境保全とのかかわりを述べてきた。酸素と水素の挙動はこれらの元素に付随する。次に，急性環境汚染物質分解の例として原油の微生物分解について解説する。タンカー座礁事故による原油や石油の海洋への流出事故は恒常的に起こっている。また土壌や地下水への石油汚染はパイプラインの破損や貯蔵タンクからの漏洩や汚染廃水の混入によって起こる。米国では有機化合物による土壌・地下水汚染の約8割が石油由来であるとの報告がある。これらの内の多くは長い年月をかけて微生物が分解していると考えられる。

4-3-3　環境汚染物質の微生物分解経路
(1)　直鎖状炭化水素(アルカン)の生物分解

　原油に含まれる主要な炭化水素成分は脂肪族炭化水素，芳香族炭化水素，環式炭化水素，多環式芳香族炭化水素などである。直鎖脂肪族炭化水素はアルカン Alkane(不飽和結合を含むものはアルケン Alkene)あるいはパラフィン Paraffin とも呼ばれる。アルカンあるいはパラフィンは化学的に安定な有機化合物の1つであるが，比較的微生物による分解を受けやすい。

　微生物によるアルカン分解は一部の例外を除いて好気条件下で起こる。すなわち，分子状酸素が電子受容体として初発酸化に重要であり，実際の汚染現場修復においても所要経費のほとんどは通気に要するのが現状である。ア

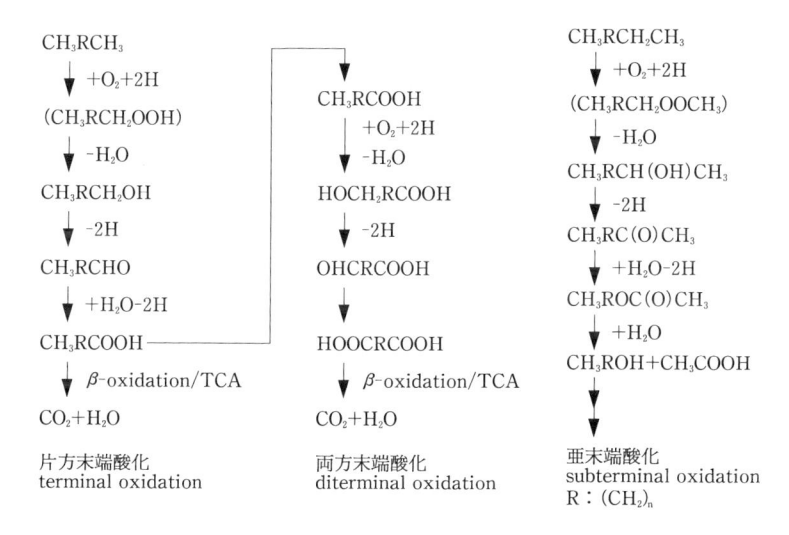

```
CH₃RCH₃                                          CH₃RCH₂CH₃
  ↓ +O₂+2H                                         ↓ +O₂+2H
(CH₃RCH₂OOH)      CH₃RCOOH                       (CH₃RCH₂OOCH₃)
  ↓ -H₂O            ↓ +O₂+2H                       ↓ -H₂O
CH₃RCH₂OH           ↓ -H₂O                        CH₃RCH(OH)CH₃
  ↓ -2H           HOCH₂RCOOH                       ↓ -2H
CH₃RCHO             ↓ -2H                         CH₃RC(O)CH₃
  ↓ +H₂O-2H       OHCRCOOH                         ↓ +H₂O-2H
CH₃RCOOH―――――――   HOOCRCOOH                       CH₃ROC(O)CH₃
  ↓ β-oxidation/TCA ↓ β-oxidation/TCA              ↓ +H₂O
CO₂+H₂O           CO₂+H₂O                         CH₃ROH+CH₃COOH

片方末端酸化         両方末端酸化                      亜末端酸化
terminal oxidation  diterminal oxidation           subterminal oxidation
                                                   R：(CH₂)ₙ
```

図4-3-5　直鎖状炭化水素の分解経路

ルカンへの初発酸素付加機構は微生物の種類によって異なり末端(片方/両方)，あるいは内部の炭素原子に起こる(図4-3-5)。これまでに片方末端の酸化経路 Terminal Oxidation で最も研究が進んでいるのは *Pseudomonas* 属や *Acinetobacter* 属の細菌群などであり，両方末端酸化経路(diterminal oxidation)は *Candida* 属酵母でよく研究されている(van Beilen et al., 1994；Yamagami et al., 2004)。その他アルカンの両末端酸化は *Pichia* 属や *Torulopsis* 属などの酵母以外に一部の *Corynebacterium* 属細菌でも報告されているがむしろ例外的である。また，内部炭素(末端から二番目)が酸化される例(subterminal oxidation)としては *Nocardia* 属細菌や *Rhodococcus* 属細菌などが挙げられる。末端酸化の場合は，細菌においても酵母においても長鎖アルコールからアルデヒドを経て脂肪酸へと変換された後，さらにアシル(-CoA)を経てβ酸化経路とクエン酸回路で二酸化炭素と水に完全分解される。アルカンヒドロキシラーゼ/モノオキシゲナーゼ，アルコール脱水素酵素あるいはアルコールオキシダーゼ，アルデヒド脱水素酵素，アシル(-CoA)シンセターゼなどがアルカン分解に共通して関与する。

　初発酸素付加反応に関与する酵素群は生物種によって異なる。酵母など真

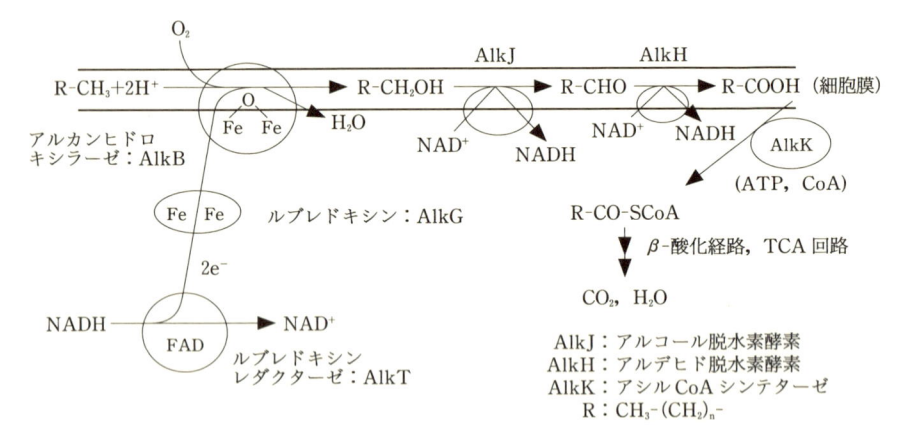

図 4-3-6　*Pseudomonas oleovorans* のアルカン分解経路(van Beilen et al., 1994 を改変)

核微生物群ではチトクローム P450 モノオキシゲナーゼおよび NADPH-チトクロームレダクターゼの共役系による1原子酸素付加反応であり，酸素分子とアルカンから生成する産物は一級あるいは二級アルコールと水である。*Pseudomonas* 属細菌群においてはやはり1原子酸素付加反応であるが，ほとんどの場合アルカンヒドロキシラーゼ，ルブレドキシン，ルブレドキシンレダクターゼの酵素群の共役反応系により触媒される(図4-3-6)。また，*Acinetobacter* 属細菌では前記の酵素群によって酸素付加反応が進行するが，一級アルコール以外にヒドロキシペルオキシドも生成することが報告されている。ここで興味深いのはチトクローム P450 モノオキシゲナーゼとアルカンヒドロキシラーゼあるいは芳香族化合物分解に重要な2原子酸素付加酵素カテコールジオキシゲナーゼおよびゲンチジン酸ジオキシゲナーゼは進化的にはまったく異なった酵素であるが，これらに共通する特徴は酸素付加反応の活性中心にヘム鉄あるいは非ヘム鉄イオンが配位している点である(Hirano et al., 2007)。

(2)　芳香族炭化水素類の生物分解

芳香族化合物類(特にベンゼン，トルエン，キシレン：BTX)には発癌性や中枢神経毒性があり，ヒトをはじめ動物にとってきわめて有害な物質である。内分泌撹乱作用のあるダイオキシンやビスフェノールあるいは PCB も芳香族

化合物の一種である。驚くべきことにこのような毒性の高い芳香族化合物でも微生物のある種のものは炭素源として利用できる。芳香族化合物類はアルカンと同様にまずモノオキシゲナーゼあるいはジオキシゲナーゼによって酸素付加反応を受け，カテコール，ゲンチジン酸，プロトカテク酸などのような芳香環の隣接(オルト位)した炭素あるいはメタ，パラ位の炭素がヒドロキシル化された中間代謝産物が形成される。次に別のジオキシゲナーゼによって2つの水酸基の外側を開裂するメタ開裂あるいは内側を開裂するオルト開裂により芳香族環が開き，さらに酸化分解反応が進む。分解過程において一部は細胞構成成分として使われそれ以外はエネルギー源としてCO_2とH_2Oにまで完全分解される。ここでは代表的なベンゼンおよびナフタレンの分解経路を示す(図4-3-7)。ベンゼンはモノオキシゲナーゼあるいはジオキシゲナーゼによって酸化され，カテコールへと変換される。ナフタレンはジオキシゲナーゼとデヒドロゲナーゼによって1,2-ジヒドロナフタレンへと酸化され，さらにサリチル酸を経てカテコールへと変換される。

　好気的分解反応に比べて速度は非常に遅いが芳香族および脂肪族炭化水素の嫌気的な分解が確認されている。この時，酸素の代わりに電子受容体として硫酸，硝酸，酸化鉄などが用いられるかあるいはメタン生成共生系が関与する。アルカンの嫌気分解に関する最も古い研究は*Desulfovibrio*属や*Desulfobacterium*属などの硫酸還元菌によるものであり，その後*Azoarcus*属や*Thauera*属など硝酸還元菌によるフェノールの嫌気分解が報告されている(Breinig et al., 2000)。しかしながらいずれの場合においても，分解速度が遅い，細胞の増殖速度が遅いなどの理由によって嫌気的炭化水素分解経路に関する研究はあまり進んでいない。わが国で静岡県の油田から石油分解菌として分離された*Oleomonas sagaranensis* HD-1はαプロテオバクテリアに分類される新属細菌で嫌気的条件下においてアルカンをアルケンに変換することができるが電子受容体は現在のところ不明である。またHD-1はCO_2とH_2から逆に微量のアルカンを合成する活性も報告されている興味深い油田細菌である(Morikawa et al., 1998)。一方，芳香族炭化水素類の嫌気分解の場合はフマル酸添加反応や脱水素反応あるいはカルボキシル化反応などによってベンゾイルCoAが生成する。さらにベンゾイルCoAの芳香環が

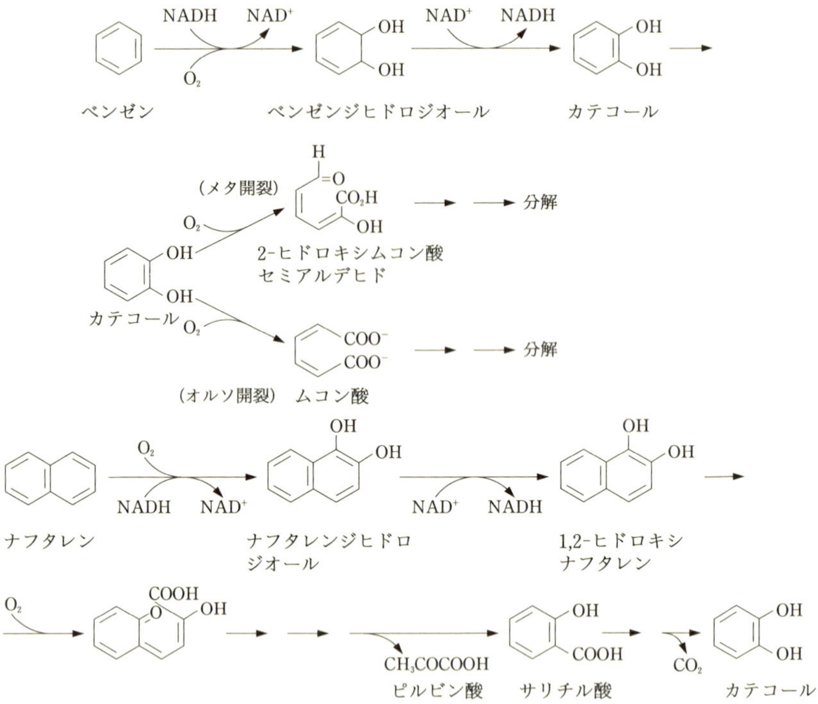

図4-3-7 ベンゼンおよびナフタレンの微生物分解経路

飽和化されてシクロヘキシル CoA に変換された後，環状構造が開裂する経路が提唱されている(Phillipp and Schink, 2000)。

4-3-4　バイオサーファクタント

バイオサーファクタントとは，生物が生産する界面活性物質の総称である(森川, 2002)。ここでは特に炭化水素分解能のある微生物群を中心に比較的多量に菌体外生産され，かつ界面活性の高い複合脂質を狭義のバイオサーファクタントとして取り上げる。バイオサーファクタントの生産菌にとっての生理学的意義については不明な点も多いが，油田などの疎水性環境に生育している微生物にとっては疎水性炭素源(炭化水素類)を効率よく取り込むことが生存競争に勝つための鍵となるので，バイオサーファクタントを分泌生

産するものが多く分布しているものと考えられる。バイオサーファクタントの汚染現場への投入は炭化水素類などを分解する微生物群を活性化する可能性がある。すなわちスティムレーション技術において酸素などの電子受容体(酸化分解)あるいは電子供与体(還元分解)の供給および栄養分(窒素やリン)の強化と共に考慮するべき補助材の1つである。また合成界面活性剤に比べて複雑な構造を有するバイオサーファクタントには生理活性を有するものも多く，その用途の拡大が期待されている。

(1) **糖脂質型バイオサーファクタント**

① **ラムノリピッド**

おもに，*Pseudomonas* 属細菌が生産する糖脂質型バイオサーファクタントの代表的なものであり，結核菌に対する抗菌活性物質として最初に報告された。以来これまでに4種類(RL1〜RL4)の同族化合物が知られている(図4-3-8A)。

② **トレハロースリピッド**

糖部分に二糖類のトレハロースをもったトレハロースリピッドもよく研究されている糖脂質型バイオサーファクタントの一種であり，前項のラムノリピッドに比べて長い炭化水素鎖をもった脂肪酸エステルを有する。トレハロースリピドは *Mycobacterium*, *Nocardia*, *Corynebacterium*, *Rhodococcus* 属細菌などから報告されている(図4-3-8B)。一般にトレハロースリピッドは細胞壁に結合しているのでその生産性はあまりよくないが，*Arthrobacter paraffineus* を用いた石油発酵による糖生産を検討している際に，偶然その培養液中にトレハロースリピッドが見出された。また海洋環境に広く分布している石油分解菌 *Alcanivorax borkumensis* はグリシン残基が脂肪酸末端にアミド結合した新しい型のグルコースリピッドを生産する(図4-3-8C)。

③ **ソホロリピッド**

ソホロリピッドは酵母 *Torulopsis bombicola* のグルコース発酵液から見出された。これまでにソホロリピッド生産は炭化水素資化性の同属酵母以外に *Candida* 属酵母でも報告されている(図4-3-8D)。これを利用した，一連のアルキル化誘導体が化粧品原料としても実用化されている。またソホロリ

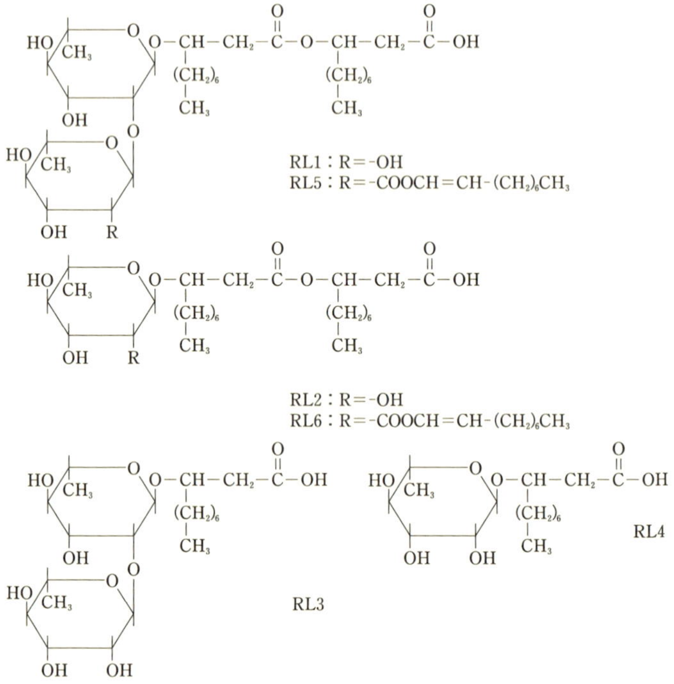

図 4-3-8(A) 代表的なラムノリピッドの構造。糖の H 原子は省略している

ピッドの各種の炭化水素資化性酵母に対する効果を調べたところ生産株と同属酵母に対しては顕著な生育促進効果が認められたが Candida 属や Pichia 属あるいは Debaryomyces 属酵母に対しては逆に阻害効果が認められた。同様の現象は他のタイプのバイオサーファクタントでも観察されており，バイオサーファクタントの作用の二面性を表わしている。

④ マンノシルエリスリトールリピッド

このグループの糖脂質は植物病害性の酵母である Ustilago nuda や Shizonella melanogramma で最初に報告された。一方，炭化水素資化性を有する Candida 属酵母もマンノシルエリスリトールリピッドを生産する(図 4-3-8E)。

(2) リポペプチド型バイオサーファクタント

リポペプチド型バイオサーファクタントのなかで最もよく知られているも

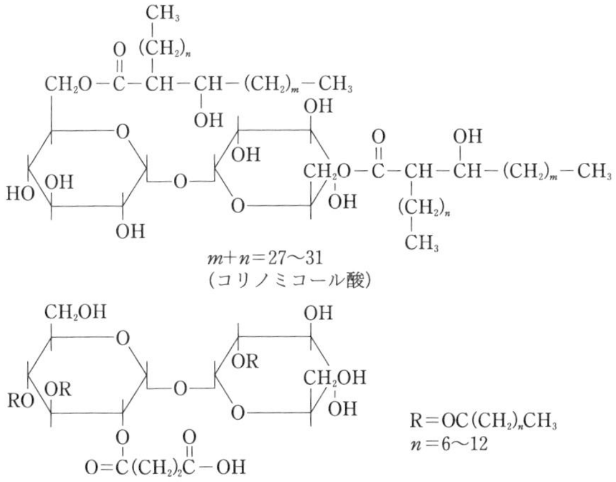

図 4-3-8(B)　代表的なトレハロースリピッドの構造

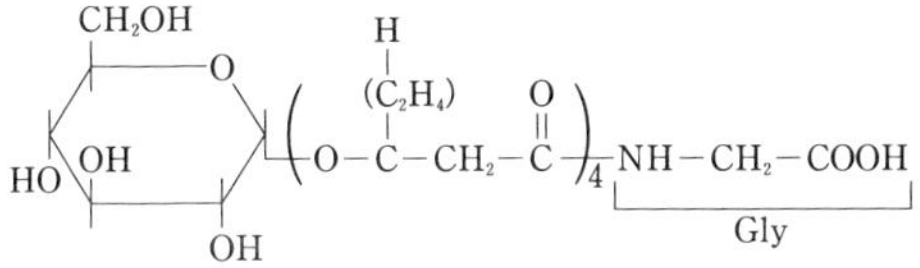

図 4-3-8(C)　特殊なグルコースリピッドの構造

のは 1968 年に有馬らによって *Bacillus subtilis* から単離および構造が決定されたサーファクチンである(図 4-3-9)。サーファクチンは当初，血栓溶解作用のある物質としてスクリーニングされたが同時に高い界面活性(最小表面張力 27 mN/m)を有することが知られている。その構造は非常にユニークであり，D 体を含む 7 つのアミノ酸からなるペプチドがアミド結合およびエステル結合を介して環状ラクトンを形成している。以後，同様の基本骨格をもったリポペプチドがおもに *Bacillus* 属細菌で次々と発見された。1993 年に筆者らが静岡県の油田から発見した *Pseudomonas* 属細菌が生産するアルスロファククチンは 11 残基のアミノ酸および脂肪酸からなる。その界面活性はサーファクチンの 2 倍(油膜排除活性)から 7 倍(限界ミセル形成濃度：CMC)の活性を有しており，これまでで最も活性の高いリポペプチド型バイオサー

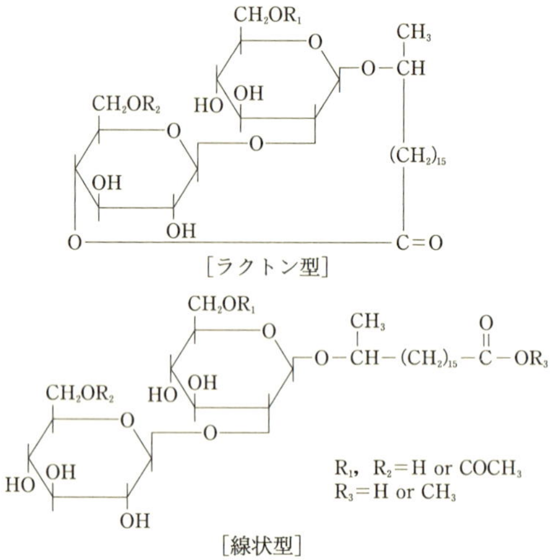

図 4-3-8 (D)　代表的なソホロリピッドの構造

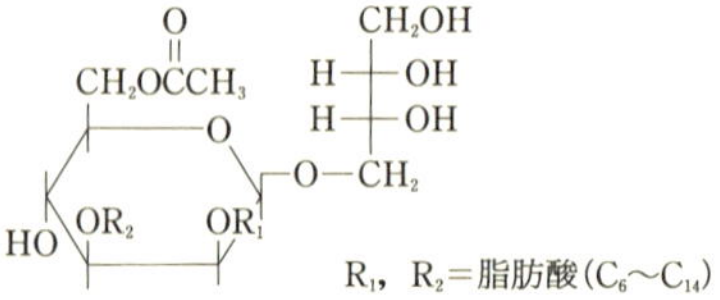

図 4-3-8 (E)　代表的なマンノシルエリスリトールリピッドの構造

ファクタントである（最小表面張力 24 mN/m）。リポペプチド型バイオサーファクタントはすべてリボソームに依存しないユニークな反応で合成される (Morikawa et al., 1993)。

(3) バイオサーファクタントテクノロジー

　バイオサーファクタントの構造と活性の相関について系統的に調べた例はそれほど多くない。筆者らはリポペプチド型バイオサーファクタントに共通するラクトン形成に関与しているエステル結合を選択的にアルカリ加水分解し，一次配列のみ保持した線状のサーファクチンおよびアルスロファクチンを生成した。それらの界面活性は予想通り元の構造体に比べて低下していたが興味深いことにいずれの活性も元の3分の1になっていた。このことから

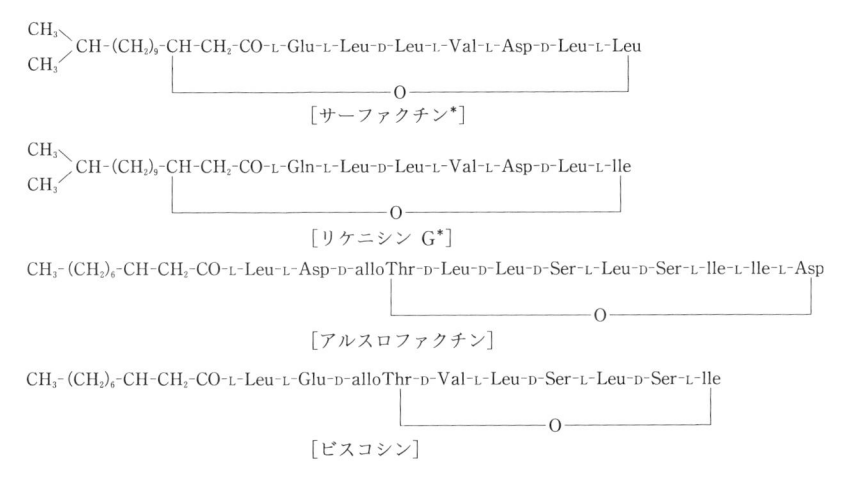

```
    CH₃
       >CH-(CH₂)₉-CH-CH₂-CO-L-Glu-L-Leu-D-Leu-L-Val-L-Asp-D-Leu-L-Leu
    CH₃              |                                                |
                     └──────────────────── O ─────────────────────────┘
                              [サーファクチン*]

    CH₃
       >CH-(CH₂)₉-CH-CH₂-CO-L-Gln-L-Leu-D-Leu-L-Val-L-Asp-D-Leu-L-Ile
    CH₃              |                                                |
                     └──────────────────── O ─────────────────────────┘
                              [リケニシン G*]

CH₃-(CH₂)₆-CH-CH₂-CO-L-Leu-L-Asp-D-alloThr-D-Leu-D-Leu-D-Ser-L-Leu-D-Ser-L-Ile-L-Ile-L-Asp
                 |                                                                       |
                 └──────────────────────────── O ────────────────────────────────────────┘
                              [アルスロファクチン]

CH₃-(CH₂)₆-CH-CH₂-CO-L-Leu-L-Glu-D-alloThr-D-Val-L-Leu-D-Ser-L-Leu-D-Ser-L-Ile
                 |                                                            |
                 └──────────────────────────── O ─────────────────────────────┘
                              [ビスコシン]
```

図 4-3-9　代表的なリポペプチド型バイオサーファクタントの構造。
　通常，脂肪酸部分の鎖長および分岐位置の異なる混合物として生産される。
　* アミノ酸組成の一部異なる同族体

環状リポペプチド型バイオサーファクタントは環状平面構造を形成することによって界面活性を3倍に上昇させていることがわかる(Morikawa et al., 2000)。さらにその平面構造にも界面活性の異なる2つの安定構造があることがわかった。このように一次構造だけではなく高次構造で界面活性を調節するという微生物の技にはただ驚くばかりである。一方，サーファクチン合成酵素複合体の1つのドメインを他のペプチド合成酵素複合体のドメインと交換すれば，設計通りの配列をもった環状リポペプチド(サーファクチンアナログ)が合成できる。これは遺伝子情報がそろえば任意のアミノ酸を環状リポペプチドに導入できる可能性を示唆する。炭素源の種類を変えて構造を変化させるという第一世代のバイオサーファクタントテクノロジーから遺伝子工学的手法によって新たな構造を創成するという第二世代のテクノロジーを手にいれたバイオサーファクタントは将来性に富んだ新しい生物材料として今後の応用研究開発が見込まれている(Hahn and Stachellhaus, 2004)。

4-3-5 微生物群集構造解析
(1) 環境中における微生物群集構造解析の概要

汚染サイトにおいてバイオレメディエーション技術を適用した場合，その成否を確認する上で汚染物質分解微生物のモニタリングは必須である．また，バイオレメディエーション処理の生態系への影響および安全性の確認という観点から，処理前後の微生物群集のモニタリングは必要不可欠である．

ある一定の場における同一種個体の集まりを個体群，個体群の集まりを群集と呼ぶ．微生物の場合，動植物の生物学的種概念が適用できない．微生物の種概念については Roselló-Mora と Amann の総説(Roselló-Mora and Amann, 2001)を参照のこと．便宜的に塩基配列の違いにより，OTU(Operational Taxonomic Unit)を群集構造の単位とする．

環境中の微生物のモニタリング手法の概要を表 4-3-1 に示す．現在は遺伝情報を基にした方法が主流である．それは，自然界の微生物を培養法によって検出定量することが困難であるためである．たとえば，土壌微生物の場合，培養法で検出可能な微生物は僅か数%である．大半の微生物は，培養方法が判明していないか，生きているが培養できない状態 Viable but not culturable (VBNC)にある．一方，遺伝情報を基にした検出法は培養法に比べて感度が一般的に高いが，細胞の生死の判別が困難である．これは細胞が死滅したとしてもその DNA が残存するからである．なお，モニタリング手法の詳細に関しては，日本微生物生態学会教育研究部会(2006)を参照のこと．

環境中の微生物群集構造解析に用いられる遺伝子は主としてスモールサブユニットリボゾーム RNA(SSU rRNA)である．その理由は，以下の通りである．①SSU rRNA は生物にとって普遍であり，構造や機能が保存されている．②解析する上で適当な長さ(〜1500 塩基長)で，保存領域と可変領域を含んでいる．③データベースが充実している．バイオレメディエーション処理の生物地球化学的プロセスにかかわる微生物への影響を調べるには機能遺伝子を対象とする．代表的な遺伝子としては，炭酸同化($rbcL$)，メタン生成($mcrA$)，メタン酸化($pmoA$ や $mxaF$)，アンモニア酸化($amoA$)，硝酸塩同化($nasA$)，窒素固定($nifH$)，硫酸還元($dsrAB$ や $apsA$)，脱窒($nirK$，$nirS$，$nozZ$)などである．遺伝子組換え微生物を用いた場合は，その遺伝子マーカーを用

表 4-3-1 環境中の微生物の検出、定量および群集構造解析に用いられる方法の概要

方法	原理	遺伝子法	培養	検出法	特異性	感度	利点	欠点	備考
間接法									
平板法	固化させた培地に試料を接種し、一定時間培養後出現したコロニーを検出。	−	+	コロニー	低		生菌の計数に有効、菌の単離に有効。	生きている菌が増殖できない菌(VBNC)や培養条件の合わない菌は検出できない	
MPN法	液体培地に段階的に希釈した試料を接種し、希釈シリーズ(各希釈3本ないし5本)から微生物の増殖の有無から微生物の最確値を算出。	−	+	培地の変化	低	低	生菌の定量に有効。選択培地を用いた場合に有効(特に化学無機独立栄養微生物)。平板法より感度が高い。	生きている菌が増殖できない菌(VBNC)や培養条件の合わない菌は検出できない	
T-RLFP	環境から抽出した微生物由来DNAを鋳型とし、蛍光色素修飾プライマーを用いてPCR増幅を行なう。増幅産物を制限酵素処理し、その切断断片の電気泳動パターンにより群集のプロファイリングを行なう。	+	−	蛍光	中	高	比較的容易に群集プロファイリングができ、操作も簡便。	PCRバイアスがかかり、定量性に欠ける。構成微生物種の塩基配列決定が困難。	
DGGE/TGGE	環境から抽出した微生物由来DNAを鋳型とし、GCクランプ修飾プライマーを用いてPCR増幅を行なう。増幅産物を変性剤濃度(あるいは温度)勾配ポリアクリルアミドゲルで電気泳動し、バンドパターンから群集のプロファイリングを行なう。	+	−	蛍光(ゲル染色)	中	高	比較的容易に群集プロファイリングや優占種の特定ができ、操作も簡便。バンドを切り出すことにより、塩基配列を決定できる。	PCRバイアスがかかる。存在比の低い微生物種の検出が困難。半定量的。	

方法		原理	遺伝子法	培養	検出法	特異性	感度	利点	欠点	備考
	定量的PCR	環境から抽出した微生物由来DNAを鋳型とし、標的微生物に特異的なプライマーを用いてPCR増幅を行なう。PCR増幅過程における産物の増加パターンから試料中のコピー数を算出する。	+	−	蛍光	高	高	数種の特定微生物の検出や定量に有効。	多数の微生物種の定量には不適。	リアルタイムPCR、競合PCRなど。
	PCR-DNAマイクロアレイ	環境から抽出した微生物由来DNAを鋳型とし、標的微生物に特異的な蛍光色素修飾プライマーを用いてPCR増幅を行なう。増幅産物をマイクロアレイ上のプローブと交雑させて検出する。	+	−	蛍光	高	高	多数種の微生物の同時検出に有効。	PCRバイアスがかかる。マイクロアレイのカスタマイズに時間を要する。定量性に欠ける。	技術革新が急速に進んでいる。
直接法										
	直接計数法 (DC)	核酸染色剤アクリジンオレンジやDAPIに染色された細胞を検出。	−	−	蛍光	低	高	全菌数を求める上で、手軽かつ精度よく行なうことができる。	自家蛍光を発する土壌粒子などが微生物の検出を妨害する。	手法が確立されている。
	直接生菌計数法 (DVC)	分裂阻害剤ナリジキ酸を加えた培地で培養後伸長した細胞から生菌を推定。	−	+	蛍光	低	高	生菌を顕微鏡下で検出できる優れた方法。	試料ごとに培養条件を検討する必要がある。	

方法	原理	遺伝子法	培養	検出法	特異性	感度	利点	欠点	備考
蛍光抗体法	ある微生物種に特異的な抗体に蛍光粒子で標識して抗原抗体反応により検出。	−	+	蛍光	中	中	細胞の生死にかかわらず検出可能。	自家蛍光を発する土壌粒子などが微生物の検出を妨害する。特異的抗体を得るには手間がかかる。基本的に微生物のみ培養可能な微生物種にしか適用できない。	環境中の微生物の検出・定量に使われなくなってきている。
FDA/CDA法	フルオレセイン・ジアセテートが細胞に取り込まれるとエステラーゼにより切断され蛍光を発することを利用して、エステラーゼ能を有する細胞を生菌として検出。	−	−	蛍光	低	高	手軽に生菌を検出できる。	FDA/CFDの細胞内への浸透が微生物種によって異なる。	
テトラゾリウム塩法 (CTC法)	電子伝達鎖において水溶性のテトラゾリウム塩を不溶性フォルマザンに還元する反応を利用し、細胞内にフォルマザン粒子を蓄積した細胞を生菌として検出。	−	+	位相差像/蛍光	低	中	比較的容易にアッセイでき、培養時間も短い。	発酵細菌や嫌気性細菌の一部はテトラゾリウム塩を還元できず、適用できない。	CTCは蛍光フォルマザンを検出するため、感度が高い。
キノンプロファイル法	微生物の呼吸鎖に関与するキノンの分子種を検出。	−	−	HPLC/GC	中	中	得られた結果の再現性が高い。	菌体キノン含量が生理状態により変動するため、定量化が困難。	
脂肪酸分析法	試料より脂肪酸を抽出し、微生物細胞膜の脂肪酸組成の違いにより検出。	−	−	HPLC/GC	中	中	得られた結果の再現性が高い。	定量性に乏しい。	

方法	原理	遺伝子	培養	検出法	特異性	感度	利点	欠点	備考
蛍光 in situ ハイブリダイゼーション (FISH)	標識した1本鎖オリゴデオキシヌクレオチド(約20塩基長程度)を細胞内リボソームRNAに交雑させ、特異的に顕微鏡下で定量する方法。	+	—	蛍光	中	中	複数種の微生物の染め分け空間分布の解析が可能である。環境中で優占している個体群の検出には優れている。	飢餓状態の細胞や自家蛍光強い土壌粒子などが試料中に存在する場合、目的とする微生物細胞の検出は困難である。	現在、PCR-DGGEと並んで、環境中の微生物の検出定量によく用いられている。プローブからのシグナルを酵素によって増幅するCARD-FISH法が開発されている。
in situ PCR	固定した細胞内の遺伝子を標的として蛍光色素で修飾したプライマーでPCR増幅し、その蛍光シグナルを顕微鏡下で検出。	+	—	蛍光	高	高	細胞内の機能遺伝子の発現の検出において特に有効。	細胞内へのプライマーの浸透法に工夫を要し、多数遺伝子の同時検出は不可能。	
メンブレンハイブリダイゼーション法	環境から抽出した微生物由来RNAをメンブレンに固定化させ、標的の微生物に特異的な32Pあるいは化学発光標識プローブと交雑させて検出する。	+	—	化学発光/RI	高	高	PCRを用いないので定量的に現場の微生物群集を解析できる。データがおおよそ活性の指標となるので特定微生物の変動をモニターしたり、特定微生物の活性の寄与を見積もるのに有効。	手法をマスターすると比較的困難であり、熟練を要する。また、プライマーとにハイブリダイゼーションを行わなければならず、現実的には10種のプローブを用いるのが限界である。	
抽出RNA-DNAマイクロアレイ	スライドガラス上に集積化したゲル中のプローブと環境試料中から抽出したRNAを交雑させ、スキャナーでシグナルを検出して、多種の微生物を同時に計測する方法。	+	—	蛍光	高	高	多種の微生物を同時検出・定量する上で有効。	多種のプローブを用いるため、特異的な交雑の条件が異なる。	プローブから特異的シグナルを得るための工夫開発されつつある。技術革新が急速に進んでいる。

いてモニターする。

　図4-3-10に分子生態学的手法を中心とした環境中の微生物群集構造解析の流れを示す。バイオレメディエーション処理サイトから試料を採取し，試料中の微生物群集由来の核酸を抽出する。核酸のDNA画分は，特異的DNAプローブを用いたDNA/DNAハイブリダイゼーションあるいは定量的PCRにより標的微生物を定量化できる。群集構造のプロファイリングはPCR後T-RFLP，DNAチップ(DNAマイクロアレイ)，変性剤濃度勾配ゲル電気泳動法(DGGE)により行なう(DGGEに関しては，石井らの総説(石井ら，2000)を参照のこと)。環境中には未知微生物が多く含まれているので，DGGEのバンドプロファイリングを基にバンドを切り取り，その塩基配列を決定し，系統解析を行なう。処理サイトで重要な働きをすると判断される微生物に関しては塩基配列結果を基にPCRプライマーやFISH用のプローブをデザインし，環境中に適用する。FISHの場合，細胞中に含まれているリボゾームRNAを標的にしているので，試料中微生物細胞内のRNAの消化を防ぐために採取後速やかにパラフォルムアルデヒドで固定しなければならない。一方，環境中で活発に活動している微生物をモニターするにはrRNAを，遺

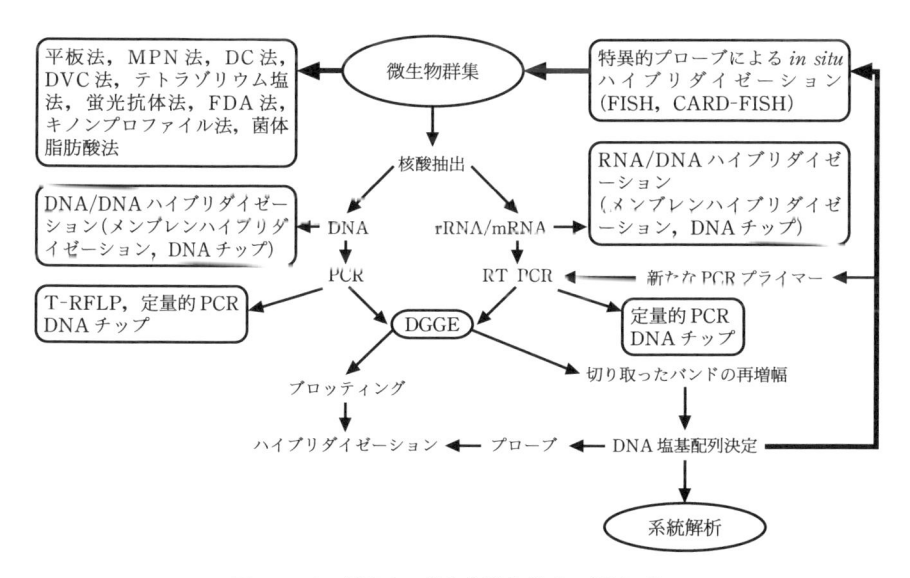

図4-3-10　環境中の微生物群集構造の解析の流れ

伝子発現をモニターするには mRNA を核酸画分から調整し，上記の方法と同様に解析する．

(2) 汚染現場での微生物群集構造解析の具体例

クウェートの流出原油汚染サイト

実際の原油汚染現場での微生物モニタリングの例(特に，ナチュラルアテニュエーション)を紹介する．流出原油で汚染された沿岸海洋堆積物は，好気的な原油分解の結果分子状の酸素が枯渇する．嫌気的環境に転じた堆積物中では原油の嫌気的分解が進行する．海洋では硝酸塩濃度が低いので，豊富に存在する硫酸塩の還元をともなった原油分解が主要な微生物反応になり得る．4-3-3項でも紹介したように，嫌気環境下での炭化水素の微生物分解は遅く，分解可能な炭化水素は限られている(Widdel and Rabus, 2001；中川・福井，2003)．実際のサイトで原油のどの成分が分解され得るかは，汚染試料を唯一の炭素源として原油を含んだ完全合成培地に接種し，集積培養をかけるとよい．クウェートの汚染沿岸海洋堆積物を，原油を含んだ硫酸還元菌用培地に接種すると，硫酸還元菌による原油分解集積培養を確立することができた．原油成分を分析した結果，トルエン(T)，エチルベンゼン(E)およびキシレン(X)の消失が認められた．この集積培養を候補となる単一の炭化水素，たとえばTEXを含んだ完全合成培地に接種し，集積培養を確立する．エチルベンゼン分解硫酸還元コンソーシアの場合，倍加速度が270時間で定常期に達するまで4か月を要す(図4-3-11)．エチルベンゼン分解菌を単離するにはさらに数倍の時間が必要であるため，DGGEによりコンソーシア構成微生物の解析を行ない，分解菌の特定を行なった．DGGEは微生物群集のプロファイリングを迅速かつ簡便に行なうことができる方法である．環境中の化学物質をガスクロマトグラフィーや液体クロマトグラフィーで展開して物質を同定できるように，DGGE法でもプロファイグされた各バンドは微生物の各種類に相当し，同定することができる．切り出したDGGEバンドの塩基配列を決定し，系統解析を行なったところ，δプロテオバクテリアに属する原油分解硫酸還元菌クラスターに属することが判明した．汚染現場の堆積物から直接抽出したDNAを鋳型にして，DGGE法による微生物群集プロファイリングを行なったところ，エチルベンゼン分解硫酸還元菌(E-1とE-2)やトル

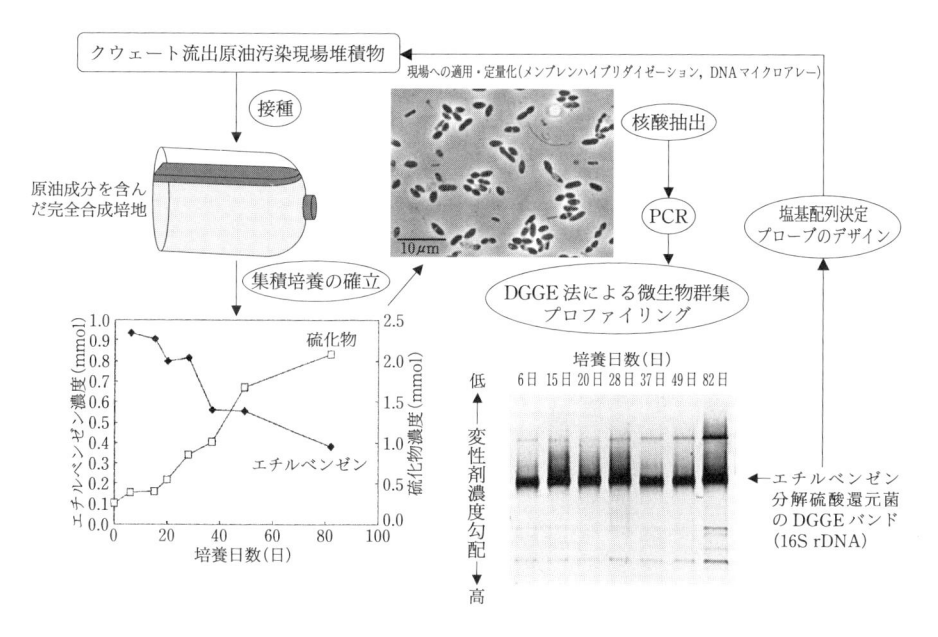

図4-3-11 クウェート流出原油汚染堆積物中に生育する原油分解微生物の集積培養と分解菌の遺伝子解析

エン分解硫酸還元菌(T-1)に相当するバンドは検出されず，それ以外の多種類の細菌で群集が構成されていた(図4-3-12)。環境中のDNAは死滅した微生物由来のものをも含んでいるので，現場で活発に活動している微生物を反映しているわけではない。

そこで，現場で活性をもつ分解微生物の検出および定量を行なうため，DNAプローブをデザインした。プローブの特異性を確かめ，厳密なハイブリダイゼーション条件を検討した後，現場から直接抽出したRNAに対してメンブレンハイブリダイゼーションを行なった(図4-3-13)。^{32}P標識オリゴデオキシヌクレオチドDNAプローブを用いて定量化を行なったところ，クウェートの汚染沿岸海洋堆積物からは全真正細菌のrRNAコピー数に対してエチルベンゼン分解硫酸還元菌(E-2)は約4%存在することがわかった。一方，トルエン分解硫酸還元菌(T-1)やもう1つのエチルベンゼン分解硫酸還元菌(E-1)は約1%であった。

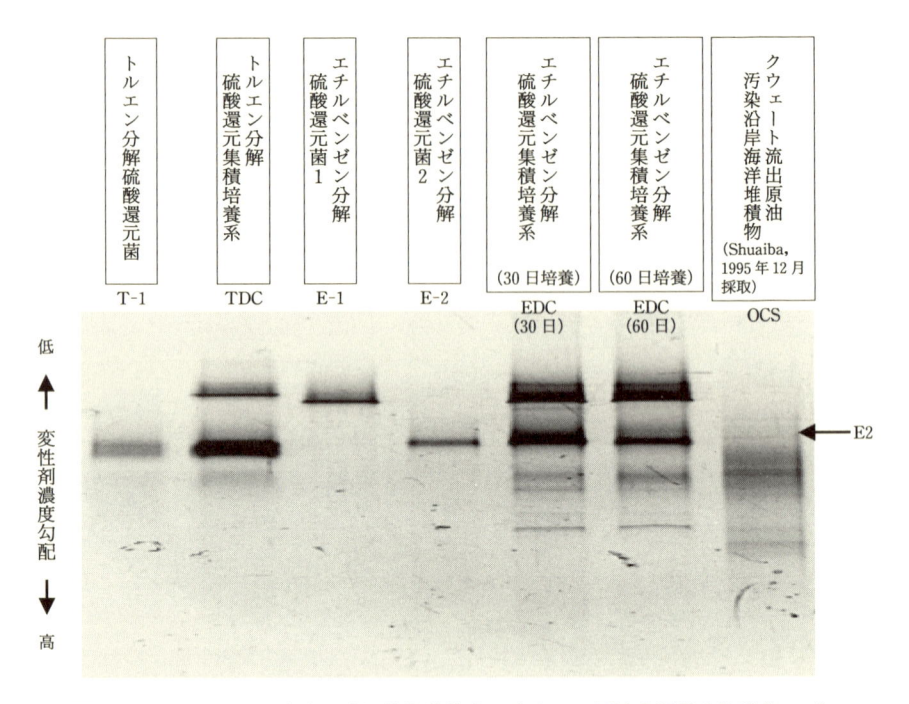

図 4-3-12 クウェート流出原油汚染堆積物中に生育する原油分解微生物群集のプロファイリング

　ここで用いたメンブレンハイブリダイゼーション法は感度も特異性も高い優れた方法である（小泉・福井，2003）。しかし，以下の問題がある。シグナル検出のために放射性同位元素 ^{32}P を用いている。つまり，実験は管理制限された RI 施設で行なわなければならず，使い方を誤るととても危険である。また ^{32}P は半減期が 14.26 日と短く，実験の予定が組みがたい。さらに，手法そのものが多くの手順と実験者の高い熟練度を要する。このことは，環境中に存在する多種の微生物を同時検出定量する上で致命的である。これらの問題点を克服するために，DNA マイクロアレイ法（DNA チップ法）を上記試料に適用した。スライドガラス上のゲルパッドに各種プローブを固定化させ，ハイブリダイゼーションの温度条件を検討した（図4-3-14）。クウェートの汚染堆積物から直接抽出した RNA を断片化し，蛍光色素で修飾し，マイクロアレイ上のプローブと交雑させ，交雑した断片からの蛍光シグナルを検出し

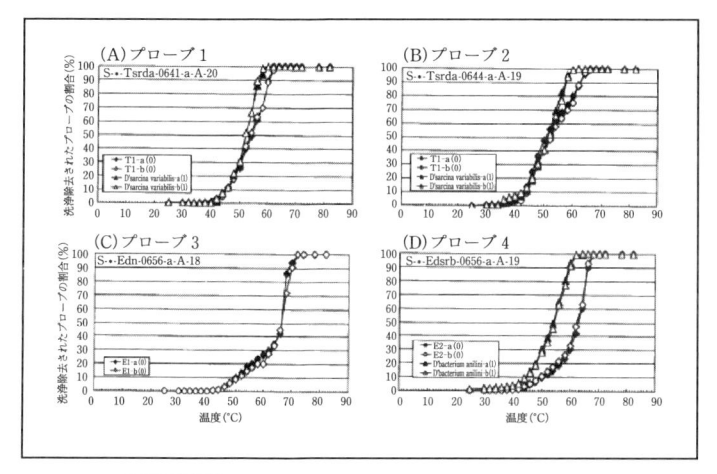

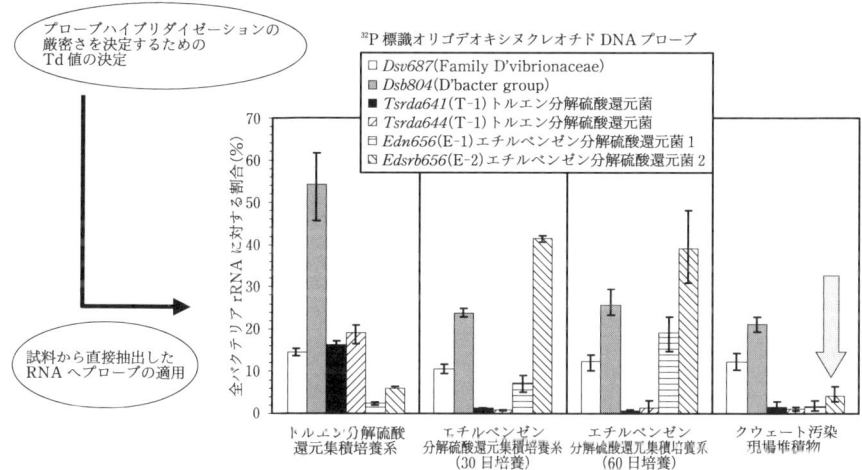

図 4-3-13 メンブレンハイブリダイゼーション法によるクウェート流出原油汚染堆積物中に生育する原油分解微生物の定量化。汚染現場からエチルベンゼン分解菌 2 が検出されている(矢印)。

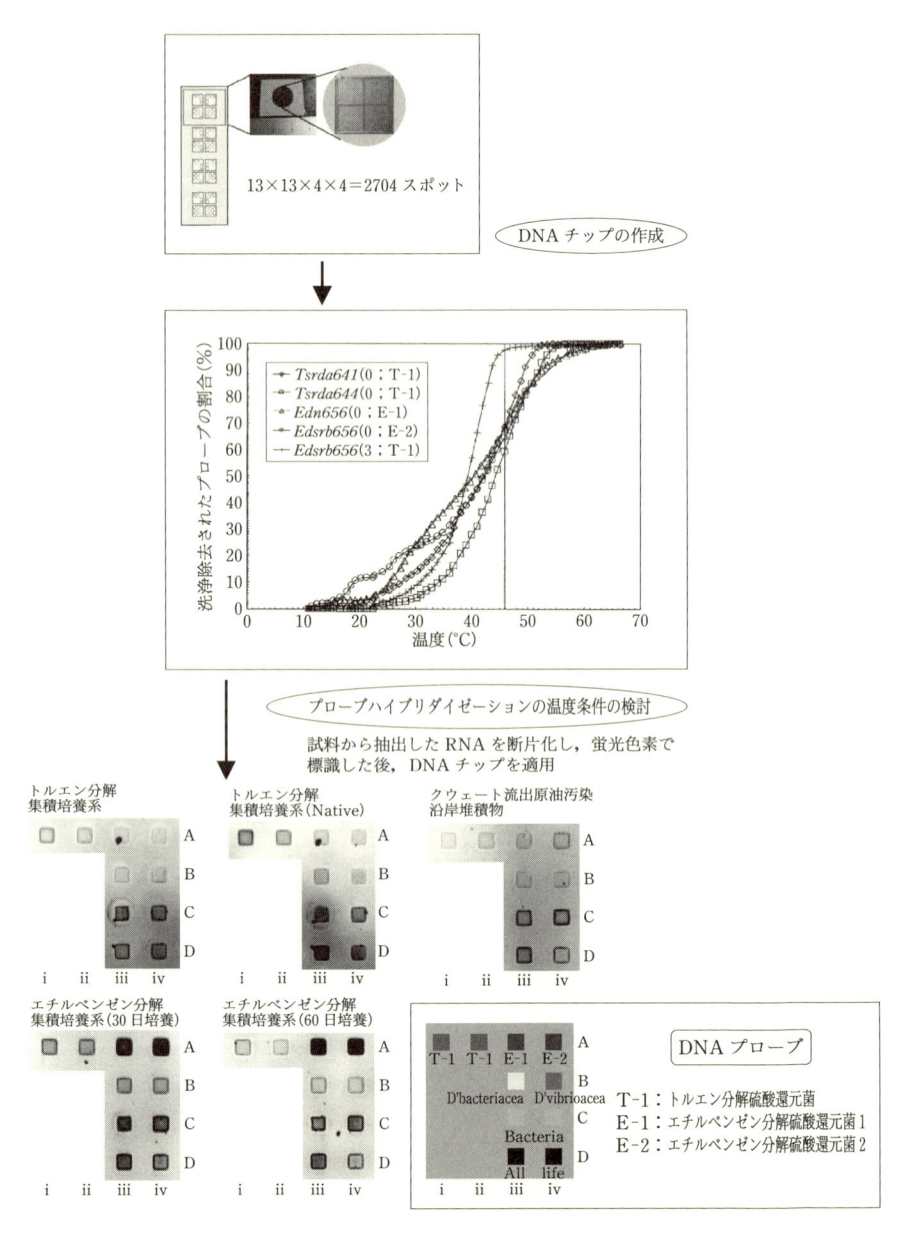

図 4-3-14 DNA チップ法によるクウェート流出原油汚染堆積物中に生育する原油分解微生物の定量化

た. その結果, メンブレンハイブリダイゼーションの結果と一致した(Koizumi et al., 2002).

以上のように, 複数の微生物群集構造解析手法を用いることにより, 原油で汚染された沿岸海洋堆積物中では, 嫌気的な条件下で硫酸還元による炭化水素の分解菌の存在が認められた. 原油流出後5年間を経て, 堆積物中に残存する原油成分が風化されていることから, 嫌気的条件化で硫酸還元による炭化水素の分解が現場で行なわれていることが推定できる. これは汚染現場におけるナチュラルアテニュエーションの好例である. しかし, これは現場で実際に起こっている嫌気的原油分解の一部であろう. また, 特定微生物による特定物質の分解を現場で観測することは困難である. したがって, 今後は単離された原油分解菌の分解代謝経路から得られた機能遺伝子を標的とした現場発現モニタリングやDNAマイクロアレイを用いた多様な分解菌および非分解菌の同時検出・定量化に関する技術開発が必要であろう.

(3) 微生物群集構造解析の今後

現在, 微生物群集構造手法は環境中からのメタゲノム解析の時代へと進んでいる. 種々の手法が日進月歩で開発され, また, 改良されてきている. しかしながら, すべての目的を満たす手法はない. 現在のところ, クウェートの原油汚染堆積物の例で示したように, 1箇所で1つの時間断面での微生物群集プロファイリングと定量には多大な手間と費用がかかる. バイオレメディエーションの成否や生態系への安全性を担保するためには, 汚染物質のモニタリングと同時に微生物群集構造の時空間的変動を調べなくてはならない. そのための簡便, 迅速かつ安価な手法の開発が必要不可欠である. さもなければ, バイオレメディエーションはモニタリングに費用がかかる技術になってしまう.

4-3-6 ダイオキシン類の分解

有害な環境汚染化学物質の除去にバイオレメディエーションが近年頻繁に用いられている. 特に内分泌撹乱化学物質でもあるダイオキシンの除去は社会的な要請が強い項目でもある. ダイオキシン類の毒性としては長期慢性あるいは高濃度短期曝露により胸腺萎縮, 肝臓代謝障害, 発癌作用の促進, 胎

表 4-3-2 日本におけるダイオキシン類年間発生推定量(通商産業省 1998 年調べ)

発生源	ダイオキシン類発生量(gTEQ/年)
都市ゴミ・医療廃棄物などの焼却	～4500
金属精錬など 17 業種の排出	～185
製鋼用電気炉	～187
製紙業	～4
その他	～25
年間排出推定量	～5000

児の奇形,子供の成長の遅延,甲状腺機能低下,免疫低下などが報告されている。わが国のダイオキシンの発生源としては表 4-3-2 に示すように都市ゴミ焼却場の残留ダイオキシンがそのほとんどを占めている。

　従来ダイオキシン分解には物理的方法である溶融法(1300°C以上),高温焼却法(酸化的条件で1100°C以上),溶融固化法(土壌中に電極棒を設置・通電することにより,ジュール熱を発生させ,土壌と共に溶融する。溶融時には 1600°C以上の温度),あるいは化学的方法である気相水素還元法(無酸素下で水素により還元脱塩素),還元加熱脱塩素法(無酸素で加熱還元脱塩素),超臨界水酸化分解法(超臨界水(374°C,22.1 MPa 以上)のもつ有機物に対する溶解性と分解性を利用),金属ナトリウム分散体法(金属ナトリウム超微粒子を油中に分散させ抽出または濃縮したダイオキシン類を反応させて分解)および光化学分解法(紫外線などの照射とオゾンなどの酸化力を利用してダイオキシン類を脱塩素化)などの方法が用いられてきた。しかしこれらの方法は処理コストが嵩む,あるいは大型の処理設備が必要なことが多く現場処理に向いていないなどの問題点を抱えている。それらの問題を解決する手段としてダイオキシン類を分解する微生物を探索し,ダイオキシン類の処理に役立てようという試みが広く行なわれている。

(1) ダイオキシン類分解能のある微生物

　白色腐朽菌(ヒラタケ;図 4-3-15)がダイオキシンを分解する能力があることは古くから知られている(鈴木ら,2000)。この木材腐朽菌であるキノコの一種はダイオキシン類によく似た構造をもつ木材中の有機塩素化合物リグニンを分解する能力を有することから,当初よりダイオキシン分解能を有することが期待されていた。大成建設をはじめとする多くの企業と愛媛大学などの多

図 4-3-15　白色腐朽菌（ヒラタケ）

くの大学によりこれまで数多くのダイオキシン分解能に関する報告がなされている。各実験条件によりその報告された分解能は大きくバラついているが，一般的に 7〜30 日程度の処理（培養）時間で処理土壌に含まれるダイオキシン類を 50〜70% 分解するとされている。またこの分解はリグニン分解にかかわる腐朽菌内のラッカーゼ，リグニンペルオキシダーゼ，マンガンペルオキシダーゼなどの酵素反応によるものと考えられているが，未だ明確にその因果関係は立証されていない。この菌をバイオレメディエーションに用いるには自然界に自生している樹木に対する有害菌であることが問題とされているが，3 週間程度で死滅するので問題ないとする意見もある。また腐朽菌内のダイオキシン分解に有効な酵素の同定と単離，同様の作用をもつより無害な菌の探索（シイタケ，エノキダケ，ヒラタケ，マイタケ，カワラタケ）などさらに安全で効率的にバイオレメディエーションが行なわれる努力が重ねられている。

また街路樹コンポストから好熱性好気性細菌 *Geobacillus midousuji* SH2B-J2 が単離され，この菌が白色腐朽菌と同様にリグニン分解能を示し，ダイオキシン類を分解することが知られている（大塚ら，2006）。好熱菌では他に北海道大学古市らにより単離された *Acremonium* sp., *Pseudallescheria boydii* が高熱処理 3 日で 50% 以上のダイオキシンを分解することが報告さ

れている(高橋ら, 2001；惣田ら, 2001)。この好熱菌も *Geobacillus midousuji* SH2B-J2同様リグニンを分解することが確認されている。このことから，現在リグニン分解菌をスクリーニングしてダイオキシン分解菌を探索する方法が多くとられている。たとえば豊橋技術大学の平石らは湖沼低土からのダイオキシン分解能のある菌体群集と菌に及ぼす物理的・化学的因子の探索を行なっている(Park et al., 2001；Hiraishi et al., 2002)。また高いダイオキシン汚染が認められる汚染土壌などからもダイオキシン分解菌の探索が行なわれ，*Nocardioides* 属の新種の菌がいくつか同定され，そのダイオキシン分解能が調べられている。これと同様の方法でいくつかのダイオキシン分解能がある菌が見つけられているが，なかにはリグニンを分解する能力のない菌，言い換えると白色腐朽菌などとは異なった分解機構をもつものがいくつも新しく見出されている。たとえば *Sphingomonas yanoikuyae* B1によるダイオキシンモデル化合物ジベンゾフランを用いた生分解過程を調べると lateral dioxygenation(側鎖の酸素添加)によるダイオキシン類の分解経路を有している可能性があることが明らかになった(大塚ら, 2006)。同様の分解経路は，*Porphyrobacter sanguineus* IAM 12620にも存在すると報告されている。

この他にも分解機構は不明であるが枯草菌，緑嚢菌などの一部にもダイオキシン分解能が見出されている。ちなみに筆者の研究室においても枯草菌が毒性の比較的弱い二塩化ダイオキシンを37°C，2日で20%程度分解することを確かめている。

以上，数多くのダイオキシン分解能を示す菌が見つかっているが，今現在，まだ実用化されるほどの有力なダイオキシンのバイオレメディエーションは確立していない。そのほとんどは実験室段階，あるいはパイロット試験段階にとどまっている。現段階の研究の焦点はバイオオーギュメンテーションを汚染土壌に行なった後，効率よく分解を進める因子は何か，あるいは1種類の菌だけでなく複数の菌を組み合せたらどうなるかという点に絞られている。

(2) 遺伝子工学的手法を用いたダイオキシン分解系構築戦略

近年の遺伝子工学的研究の進捗を受け，バイオレメディエーションをさらに進めて，遺伝子工学のテクニックを用いて有害化学物質の分解系を構築しようという試みも多くなされている。前項で述べたようにダイオキシンを分

解する微生物は数多く存在するが，実際にそれらの分解菌の菌体内でどの酵素がダイオキシンの分解を担っているかという点も精力的に調べられ始めている。分解を担う酵素が特定され，その酵素遺伝子を菌体，細胞あるいは他の生物に組み込み高い発現を行なえるように調節すれば，効率のよい分解系の構築が期待できるのである。しかしながら，明確なダイオキシン分解能を示す白色腐朽菌からダイオキシンに構造が類似しているリグニン分解を担う酵素類(ラッカーゼ，リグニンペルオキシダーゼ，マンガンペルオキシダーゼなど)の遺伝子を抽出し，その遺伝子を用いてこれらの酵素の高発現を行ないダイオキシン分解を試みてみても，期待されるほどのダイオキシン分解能を示さない。このことから，ダイオキシン分解菌と称されるなかにはダイオキシンを分解しているのでなく菌体内あるいは菌の膜にダイオキシンを吸着しているだけではないかという疑義もだされている。もちろん分解が行なわれていることの証拠に分解過程の中間体あるいは最終生成物(分解物)の確認，同定，定量が必要であり，白色腐朽菌についてはその中間体などの測定定量も行なわれ，確かに分解が起こっていることが確認されているが(惣田ら，2001)，期待されたリグニン分解酵素それぞれ単独の発現では思うような成果をだしていない。このことから，①リグニン分解とダイオキシン分解は似ていて否なるものでまったく違う酵素が分解を担っている，②複数のリグニン分解酵素の存在が必要である，③未知なる補因子が分解反応に必要である，などの要因が考えられ，今後の研究の進展が待たれるところである。

　もし，未知なる酵素がダイオキシン分解を担っているとすればどのような探索方法があるのかについては，筆者の研究室において，同じくダイオキシン分解能が認められる枯草菌を用いてダイオキシン分解酵素を探索した方法を紹介する(蔵崎ら，2003)。幸い枯草菌については既に全遺伝子が同定されその全遺伝子がブロットされたDNAマイクロアレイが市販されている。枯草菌をダイオキシンと共に培養したもの，普通の状態で培養したものの双方からRNAを調製し，逆転写酵素を用いてDNAに変換する際に放射性同位元素を取り込ませてマイクロアレイにハイブリダイゼーションさせた。この実験の流れを図4-3-16に示し，その結果を図4-3-17に示す。上がダイオキシン処理した菌から得たRNAを用いた結果，下がコントロールである。黒が

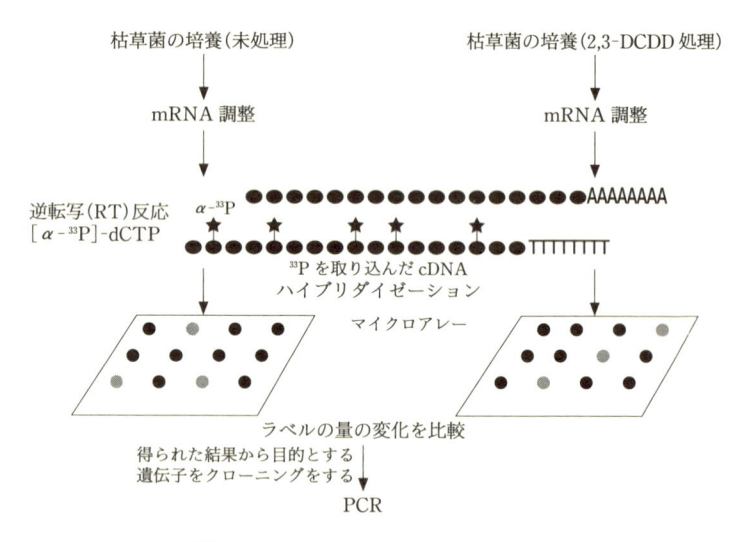

図 4-3-16　DNA マイクロアレイの原理

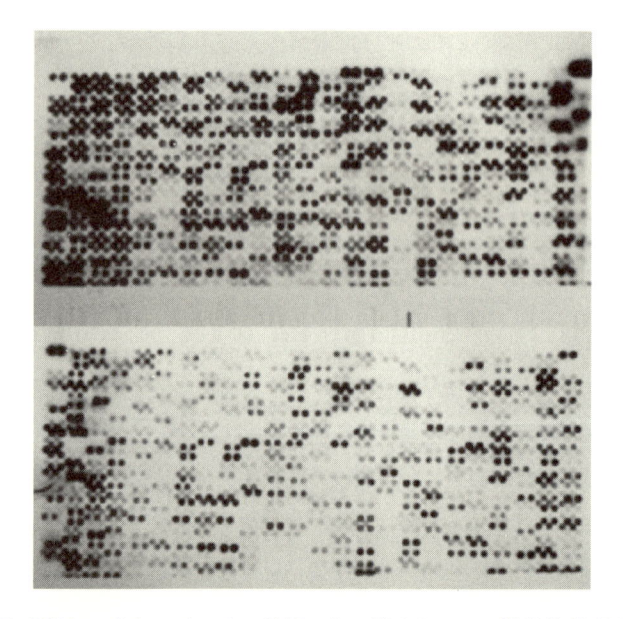

図 4-3-17　DNA マイクロアレイの結果。上：ダイオキシン誘導体処理した菌の RNA を用いた結果。下：ダイオキシン誘導体未処理の菌の RNA を用いた結果

濃いものほど多く発現していることを示している。この結果よりダイオキシンを処理して発現が大幅に増加した遺伝子のなかにダイオキシン分解に関与する遺伝子があると考えられる。この増加した遺伝子を個別に発現させてダイオキシン分解能があるか否かを調べていくのである(最も発現が増加していても分解反応にかかわりがないと思われる遺伝子はあらかじめ除去する)。

　このような手順を踏んで分解遺伝子を特定できれば効率のよい分解系の構築が可能となる。しかし，このように遺伝子工学を応用したバイオレメディエーションには実用化に際して注意しなければならない点がある。人為的に遺伝子操作した生物体を自然環境中に放出することは環境保全的見地から，あるいは生物倫理的見地から絶対にしてはならない。そのため遺伝子組換え体を用いて汚染の現場修復を行なう場合には，組換え遺伝子をもつ生物体が繁殖あるいは分裂できないような操作を加える必要があるし，それができない場合には隔離した空間に汚染した土壌などを持ち込んで修復作業を行なわなければならない。

(3) 分解系構築を補助するダイオキシン類測定法の開発

　効率のよい分解系(修復系)を構築するためには，どの程度修復が進んでいるかを常に把握するための簡便で正確な汚染化学物質の測定法の開発が必要である。ダイオキシンの場合，GCMS法による測定が一般的であるが，最近でこそやや安価になってはきたものの1検体の測定費は20万円かかるといわれていた。そのため安価で簡単な測定法の開発が待たれていた。北海道内企業であるフロンティアサイエンス社が開発した(当研究室も開発協力した)ダイオキシンのレポーターアッセイ法を以下に紹介したい(蔵崎ら，2003；伊藤ら，2001)。

　レポーターアッセイとは化学物質に反応する遺伝子の制御領域に既知の酵素，発色タンパク質などの遺伝子を結合させて，その化学物質が存在すると酵素反応後の基質の変化あるいは発色の変化により化学物質の存在および量の定量化を図る方法である。

　このアッセイにはダイオキシンが生体内にはいると薬物代謝酵素であるシトクロムP450の内の*CYP1A1*が応答して発現が増加することが利用されている。*CYP1A1*遺伝子の制御領域内にあるダイオキシン核内ロケーター

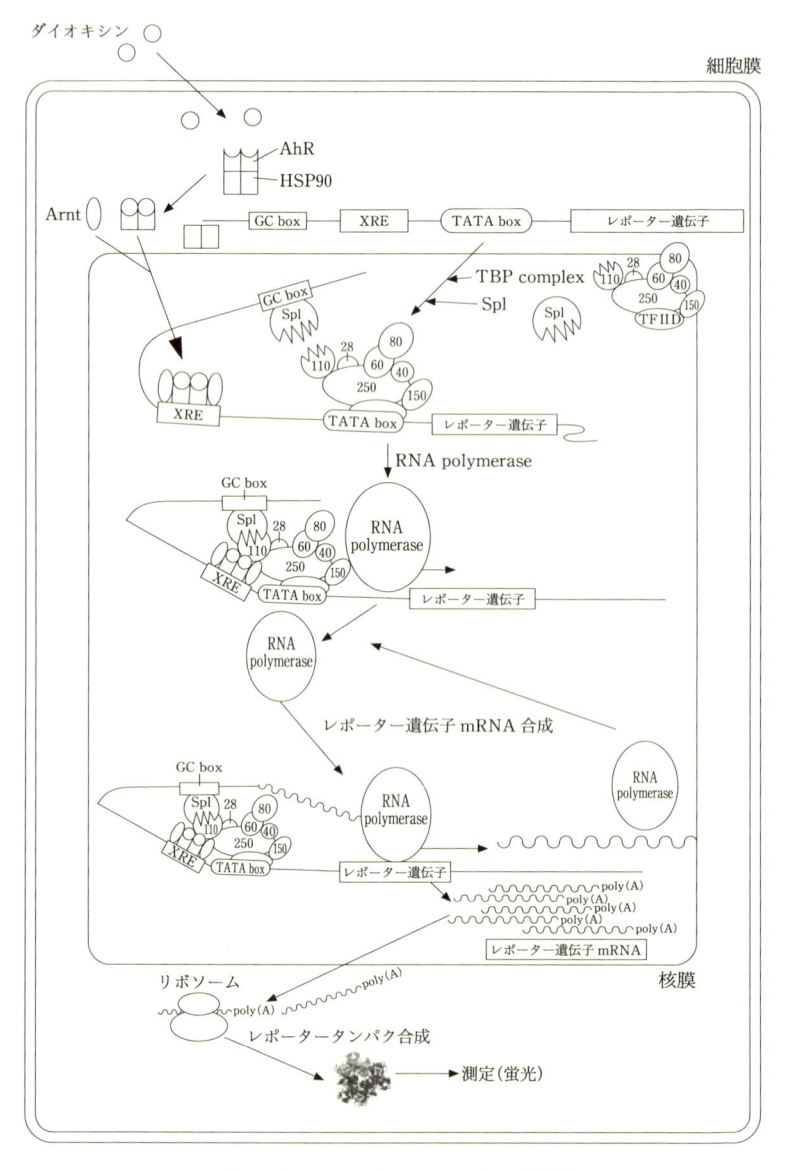

図 4-3-18 レポーターアッセイの概念図

結合物が結合する XRE 領域を用いてこの制御領域の後ろに緑色発光タンパク質遺伝子を結合し，マウス細胞に結合した遺伝子を導入した。レポーターアッセイの概念は図 4-3-18 に示す。この組換え遺伝子をトランスフェクションされた細胞にダイオキシンを曝露すると，XRE 領域にダイオキシン核内ロケーター結合物が結合して通常であれば薬物代謝酵素の *CYP1A1*mRNA が合成されるが，組換え体では後ろに結合された緑色発光タンパク質 mRNA が合成され図 4-3-19 に示すように緑色の蛍光を発する。この蛍光を測定することにより細胞に曝露されたダイオキシン量がわかるのである。本方法によれば 10 fmol〜10 pmol の範囲で直線性が確認された。もちろん本法では正確にいえばダイオキシン量を測るのではなく *CYP1A1* に応答する化学物質の総量を測ることになるのだが，現場修復の場で安易に簡便にダイオキシンを含む量を測定することが可能となるのである。

このようにレポーターアッセイ系を応用することで測定の困難な化学物質の存在と，おおよその量を測定することが可能になる。

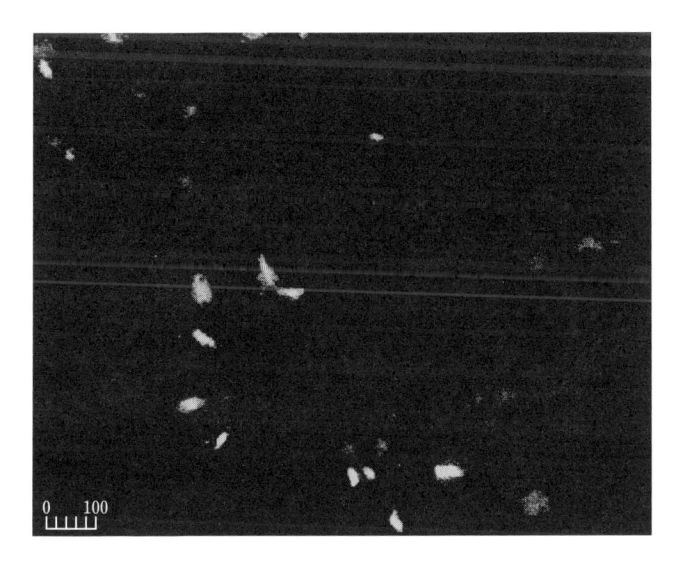

図 4-3-19　ダイオキシン処理により蛍光を発する遺伝子組換えマウス細胞

4-3-7　バイオレメディエーションの将来展望

これまでに，バイオレメディエーション技術に有用な微生物が多数発見され，その代謝経路の解析さらにはその増強が分子レベルで行なわれつつある。しかしながら，実際の汚染現場などいわゆるフィールドにおいては実験室で評価したほどの微生物の能力が発揮されないことが多い。これは栄養/水分，温度，酸素濃度といった物理的化学的環境が実験室と違うことによる細胞自身の低い生育速度や物質代謝速度の問題や，先住の微生物種との生存競争に負けてしまうことがその原因であると指摘されている。

自然界において微生物は実験室でのフラスコ培養のような栄養が豊富で温和な環境で浮遊して生育するのではなく，貧栄養で外敵の多い劣悪な環境下で固体表面に接着してバイオフィルムと呼ばれる高次構造体を形成しながら生き長らえていることがわかってきた(図4-3-20)。そこでは同一種間のみならず，異種生物間においてさまざまな物質や情報を交換し，微生物の社会が形成されている。環境微生物のバイオフィルム形成機構やそこでの生理学を理解することは微生物を用いたバイオレメディエーション技術の高度化に有用な知見を与えるであろう(Morikawa, 2006)。

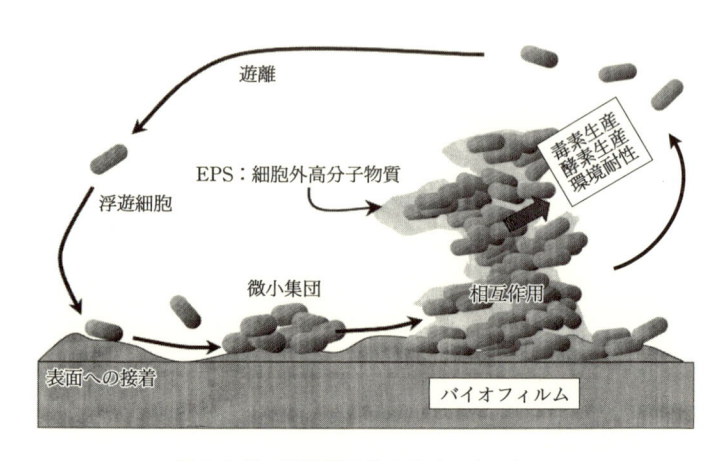

図4-3-20　環境微生物のライフサイクル

4-4　ファイトレメディエーション――植物による環境修復・浄化

4-4-1　植物の恩恵

　植物による環境修復について述べるにあたり，食物連鎖の底辺にいる植物からいかに我々が恩恵を受けているかをあらためて考えてみたい。

　植物は，いうまでもなく，表4-4-1に示すように，我々が生きてゆく上で不可欠な存在であり，①大気中の酸素の供給源であり，一方で二酸化炭素を吸収するなど，大気組成保全機能を有している。②直接，我々にとっての食糧となる，あるいは家畜であるウシ，ヒツジなど草食動物の飼料となる。また，漢方の医薬品などに利用される。③製紙，建材，衣服，産業資材など，繊維資源として有用である。④降水の3分の1は，枝葉あるいは林地からの蒸発散によって，大気へ還元される。また，林地へ到達した雨水は森林土壌の働きで地中に容易に浸透する。これらによって通常の雨量では表面流は生じないなど，大きな保水効果を有する。これによって洪水を防止し，一方で水資源の確保に役立っている。また，地中に張った根によって，土砂，土壌の流出防止に役立っている。⑤水分の蒸散によって気温をクールダウンさせる，あるいは夏には葉が生い茂り，冬には落葉することによって直射日光を調節するなど，微気象緩和に役立っている。⑥木々の無数の葉などによって，騒音を減衰させ(矢田貝，2005)，また，風を弱めたり，風向きを変えるなど，防音・防風効果がある。⑦森林内で我々はいわゆる森林浴効果によって気分が安らぐ(矢田貝，2005)。⑧生物多様性の維持に不可欠である　などその恩恵

表4-4-1　植物の恩恵

大気組成保全
食糧・飼料・医薬品
繊維資源
保水・洪水や土砂流出の防止
微気象緩和
防音・防風
森林浴効果
生物多様性の維持

は計りしれないが，これらに加えて，植物の特徴に注目し，環境修復・浄化に活用しようとするものである。

植物は，葉，茎，根が，空気，水，土壌と接して相互作用を行なっているので，それぞれの汚染を浄化できる可能性をもっている。

本節では，主として土壌に焦点をあてて，植物による環境修復・浄化を考えたい。

4-4-2　ファイトレメディエーションとは

ファイトレメディエーション phytoremediation は植物を表わすギリシャ語からの phyto と，薬，治療法を意味するラテン語 remedium に由来した英語 remediation（改善，治療，矯正の意）を結合させた造語である。

つまり，ファイトレメディエーションとは，植物の機能を利用して環境修復・汚染浄化を行なうこと，あるいはその技術のことであり，米国を中心に，近年，精力的に実用化に向けた取り組みが進んでいる。その背景には米国の土壌・地下水汚染に関する次に述べるような，環境汚染事件とそれに対する対策法の制定が関係している。

4-4-3　ファイトレメディエーション──その背景

ラブカナル事件(Gibbs, 1998；University Archives, 1998；西村，2000；日本土壌肥料学会，2000；Niagara Gazette, 2006)

ニューヨーク州ナイアガラ市のラブカナル Love Canal 地区の運河跡地を埋め立てた住宅地域で，1978年に，異臭の発生や地下室の壁にシミが広がるなどの問題が相次ぎ，さらに，高い流産比率や，先天性異常児の高出生率も明らかとなった。化学会社（Hooker Chemical Co. 以下，フッカー社）が1942年から1952年にかけて埋め立てに用いた産業廃棄物は，リンデン（殺虫剤・除草剤）とBHC（殺虫剤）が計6900 t，塩化ベンゼンが2000 tなど200種類を超える化学物質であり，総量2万1800 tもの有毒化学物質であった。このなかには，200 tのトリクロロフェノール（そのなかに不純物としてダイオキシンが存在する）も含まれていた。これら多くの有毒廃棄物はドラム缶にいれられて投棄されていたが，20年以上を経過した後，漏出し，地下水汚染，土壌汚染

あるいは大気汚染を介して住民の健康に多大な被害をもたらしたことが判明した。なお，騒ぎの起きた初期にはベンゼンなどの発癌性物質やトルエン（シンナーの主成分）など中枢神経機能に障害を与える化学物質も検出された。そしてついに，小学校の閉鎖と住民に対する移転勧告がなされる騒ぎとなった。

フッカー社とラブカナル事件の関係は，大企業の恩恵にあずかる地域住民に起きた健康被害という点で，チッソ㈱と水俣病の関係を思い起こさせる。

その後の経過は大きく異なる。水俣病が1956年の公式発見から一応の解決をみるまでに40年の年月を要したのに比べ，ラブカナル事件の解決に向けた動きは早かった。

ラブカナル事件は，当時の Jimmy Carter 大統領を動かすこととなり，全米各地の同様な環境汚染に対する包括的環境対処補償責任法 The Comprehensive Environmental Response, Compensation, and Liability Act (CERCLA，通称スーパーファンド法)が2年後の1980年に制定された。

これは，政府が16億ドルという巨額の信託基金(スーパーファンド)を設けて，有害物廃棄による汚染現場の浄化を進めようとするものであった。この法令により，それまでの法令では対処が不充分であった放置されたあるいは管理されていない有害物廃棄処分地に対する汚染対策を進めることができるようになった。

この適用を受けた汚染地域においては，①無過失責任＝過失の有無によらず責任を追及する。②連帯責任＝現時点の所有者のみならず，投棄物の所有者，さらには事業に資金を提供した金融機関まで連帯責任を問う。③溯及責任＝過去の行為についても責任を遡及する―の対象となり，厳格に責任を問われることになった。この法律は土壌・地下水汚染対策にとって画期的なものであった。

一方で，一件あたりの汚染対策あるいは浄化費用は莫大なものとなった。ラブカナル事件の場合，1978年からの10年間でその費用は，2億5000万ドルを超えた。

巨額な浄化費用のために，(信託基金は1986年には85億ドルに増額されたが)法律制定後10年を経過しても，他の汚染地域では，浄化対策はほとんど進展

しなかった。対象は，当初，米国環境保護庁(EPA)のリストに記載されたサイトで，1200箇所にのぼり，全費用は巨額となることが予想された。

このため，1990年にはいり，経済合理性を重視する方向に転換せざるを得なくなった。

そして，①健康影響に見合った浄化費用の投入を行なうために，健康影響に対する事前評価(リスクアセスメント)を徹底する。②経済性の高い技術への転換を図る。そこで，③ナチュラルアテニュエーション natural attenuation (自然減衰)を重視する—などが求められ，特にナチュラルアテニュエーション重視の方向へと向かうことになった。

巨額なお金がかかわるとビジネスを生む。汚染現場の浄化を目的に米国に環境浄化産業が創出された。そしてその修復ビジネス構造も社会の要求につれて変化することになる。すなわち修復ビジネスにおいて，経済性の高い技術が要求され，そちらへの転換を余儀なくされ，それにつれ，1980年代のハード重視，エンジニアリング重視から，1990年代前半のコンサルティング重視，また，バイオレメディエーション bioremediation 重視へと移り，そして，1990年代後半になるとリスクアセスメント/ナチュラルアテニュエーションの重視へと移行することとなった。このためナチュラルアテニュエーションを促進する薬剤の大需要が生じることとなる。これらの薬剤には，過酸化マグネシウムを主成分とする酸素徐放性物質(ORC)とポリ乳酸グリセロールエステルを主成分とする水素徐放性物質(HRC)などがある。それぞれ，微生物による油の分解の促進，およびトリクロロエチレンなどの無害化に有効であるとされ，利用されている。

なお，スーパーファンド法によって責任を厳しく追及し，土地の浄化・回復を厳格に行なうことで，土地の活用が見捨てられ(この土地をブラウンフィールドと呼ぶ)，産業が衰退し，地域経済が沈滞化する現象も起こる。そこで，土地開発・地域活性化を目標とするという新たな考えに基づいたブラウンフィールド経済再開発イニシアチブという制度が1993年に導入された。単に環境浄化を目標とするよりも，現実的なリスクに基づいた浄化や土地利用制限が導入されるきっかけになった。この制度は順調に機能し，この延長上に，ブラウンフィールド再生法 Brownfield Revitalization Act が2002年に制定

され，現在に至っている。

なお，このころ，日本においては水質汚濁防止法の改正(1996年)により，地方自治体の知事が汚染責任者に対して地下水汚染の浄化を命じることができるようになり(1997年)，また，地下水の水質汚濁にかかわる環境基準が設定された(1997年)。

4-4-4　ファイトレメディエーション——その特徴

生物を利用する環境修復・汚染浄化技術には，他にバイオレメディエーション(U. S. Geological Survey, 2006)がある。本来，バイオレメディエーションは，生物一般を利用する汚染浄化技術という広い概念であるが，特にそのなかでも，微生物を利用する環境修復・浄化に対して限定的に用いることが多く，一方，ファイトレメディエーションは高等植物を用いた環境修復・浄化を意味するという使い分けをすると考えてよいであろう。

現在，米国やヨーロッパで土壌汚染，地下水汚染に求められる技術は，低コストあるいはメンテナンスフリーであることであり，この点，ファイトレメディエーションは大いに期待されている。

バイオレメディエーションなど他の修復技術と比較すると，大気汚染にも利用できること，分解だけでなく，汚染物質だけを濃縮して抽出できること，などが挙げられるが，長所をまとめると，①低コストであり，経済的である。②メンテナンスフリーである。③原位置での浄化が可能である。④低濃度広域汚染に適している。⑤バイオレメディエーションと組み合せて効果を高めることができる——ことである。

一方，短所は，①即効性が低く，修復に時間を要する。②浄化能力が弱い。③土壌に関しては比較的浅い汚染に限られる。④高濃度汚染には適さない。⑤対象物質が限られる——などが挙げられる。

4-4-5　ファイトレメディエーション——その方法

ファイトレメディエーションの方法は，いくつかに分類することができる。分類の仕方は研究者によって異なるが一例を挙げる(Salt et al., 1998)。

①ファイトイクストラクション phytoextraction：汚染物質を植物本体に濃

表 4-4-2 期待されるファイトレメディエーションの機能(Salt et al., 1998 に基づき改変)

方法	対象汚染物質	集積部位あるいは機能部位
PE(phytoextraction)	重金属や塩化物などの無機汚染物質	収穫部位に吸着, 濃縮
PD(phytodegradation)	農薬, 有機溶媒, ダイオキシンなどの有機汚染物質	植物体で, あるいは根に結合している微生物によって分解
RF(rhizofiltration)	重金属, 富栄養化物質	水耕栽培や水生植物の根系での吸着, 吸収
PS(phytostabilization)	重金属など	植物体への可給性を低下させ, 根表面に安定的に固定化

縮する。

②ファイトデグラデーション phytodegradation：有機汚染物質を植物体そのものあるいは根に結合している微生物によって分解・無害化する。

③リゾフィルトレーション rhizofiltration：おもに金属を対象に根に吸着・吸収する。

④ファイトスタビライゼーション phytostabilization：植物体への可給性を低下させ, 土壌中に安定的に固定化する。

⑤ファイトボラティリゼーション phytovolatilization：汚染物質を揮発性化し, 大気中に蒸散させる。

　これらの内, 有用であると期待されるいくつかの機能を表 4-4-2 にまとめた。この他にも, 広い意味で, 植物による環境浄化として利用可能なものに, 蒸発散 evapotranspiration がある。これは, 植物の力を借りて, 雨水の, 土壌中からの蒸発散量を増加させることにより, 土壌中の水がポンプアップされ, 無機・有機物質で汚染された汚染水の地下への浸透を阻止するものである。hydraulic barrier と呼ばれることもある。

4-4-6　重金属と植物
(1) 人間－地球系における重金属の循環

　重金属は他の化学物質, たとえば有機物とは異なり分解することはない。したがって, 地殻中に存在していた重金属が人の生活圏にでてくると, その扱い方しだいで環境汚染・健康被害を生じさせる。水銀中毒あるいはカドミ

ウム中毒については 3-2-6 項で述べられている通りである。そしていったん生活圏にでて使用された重金属は，廃棄物から環境中への流出を経て，再び生活圏へと循環することになる(長谷川，2000)。

(2) 植物の重金属吸収(茅野，1991；鈴木・佐野，2002)

植物によって土壌中の重金属が吸収される場合，イオン化した重金属は，根の根毛あるいは表皮から細胞内に取り込まれる。この時，重金属イオンは細胞膜に存在するトランスポーター(輸送体)によって細胞内に取り込まれる。細胞内にはいった重金属イオンは，拡散あるいは原形質流動によって細胞内を移動する。

細胞から細胞への移動は，細胞壁を貫通して隣接細胞同士を連結している小管(plasmodesma)を通じて行なわれる。したがって，細胞内の原形質は細胞間で一続きにつながっていると考えられる。

根毛などから細胞内に取り込まれた重金属イオンは，その後，細胞から細胞へと移動して，下皮，皮層，内皮を経て内鞘に達する。内鞘の細胞内の重金属イオンは，再びトランスポーターを経て，細胞外へ排出された後，導管などによって，他の器官へと輸送される。

重金属をよく吸収，集積する植物(高集積植物 hyperaccumulator(plant))として，グンバイナズナの一種 *Thlaspi caerulescens* が，カドミウムを 1000 mg/kgDW 以上集積するとの報告がある(Brown et al., 1995)。また，他にもカラシナ *Brassica juncea* が高集積植物として有用であるとの報告がある(Anderson et al., 1998)。

高集積植物のなかには，*Thlaspi caerulescens* のように，重金属トランスポーターの発現量が著しく高いことが明らかになったものがある(Pence et al., 2000)。このことは，重金属の高集積は，重金属トランスポーターの働きによるところが大きいことの証拠であるとも考えられる。

(3) 植物の重金属耐性機構(茅野・小畑，1988；長谷川，2000)

植物に取り込まれた重金属は，細胞内のペプチド，アミノ酸，あるいは有機酸と結合することなどで無害化，蓄積されると考えられている。これらはそれぞれ，フィトケラチン(あるいはファイトキレチン phytochelatin; Yan et al., 2000)，ヒスチジン，クエン酸などであり，重金属とキレート化合物を形成

していると考えられている。

　フィトケラチンは，3-2-7項で触れたようにメタロチオネインのクラスⅢとして分類されるものであり，植物のメタロチオネインと呼ばれ，クラスⅠやクラスⅡなど他のクラスのメタロチオネインと同様の基本的性質を有している。フィトケラチンは，γ-グルタミン酸とシステインがペプチド結合でn個つながって，それにグリシンが結合している化合物（$(\gamma\text{-Glu-Cys})_n\text{-Gly}$）であり，$n$は2から11にわたる。なお，$n=1$の場合は，生体内に広く見出されるグルタチオンである。

　いくつかの植物では，体内に重金属がはいってきた場合，フィトケラチン合成酵素によってこのペプチドの生合成を誘導し，これと結合させることで重金属耐性をもつ。ただし，この効果は高濃度の重金属に対しては充分ではないと考えられている。

4-4-7　遺伝子組換え植物による重金属汚染土壌の浄化

(1)　**植物への遺伝子導入技術**(日本農芸化学会，2000；横浜国立大学環境遺伝子工学セミナー，2003)

　前述したように植物には重金属耐性機構があり，ある程度の重金属の吸収，蓄積能力を有するものがあるが，重金属吸収，蓄積能力をさらに向上させることをめざして，遺伝子組換え植物の作出が試みられている。図4-4-1に遺伝子組換え植物を用いた重金属汚染土壌浄化の概念図を示す。

　植物への遺伝子導入法としては，以下の方法などが挙げられる。

① **アグロバクテリウム法**

　アグロバクテリウム・ツメファシエンス *Agrobacterium tumefaciens*（土壌細菌の一種）は，植物に感染し，その染色体に自身のプラスミドDNAの一部を組み込む。これを利用して，目的のDNAを取り込ませる。

② **エレクトロポレーション法**

　プロトプラストprotoplast（植物細胞から細胞壁を除いた部分。原形質体）と目的DNAを混ぜた液体に，強い直流電圧（数千V/cm）を一瞬（数μ秒）印加する。細胞膜に穴が開き，そこからDNAがはいる。

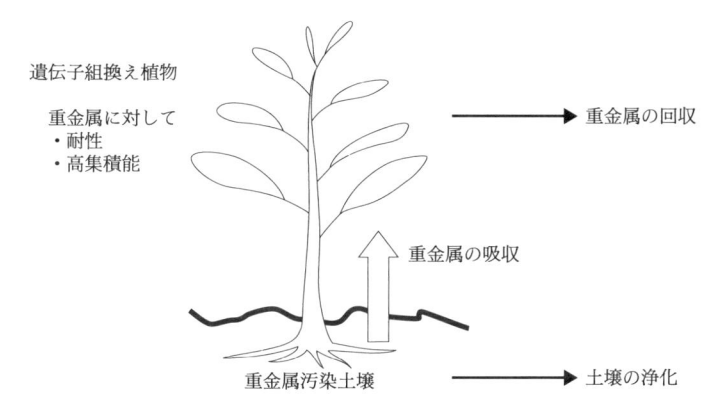

図 4-4-1　遺伝子組換え植物による重金属汚染土壌の浄化

③　パーティクルガン法

目的 DNA でコーティングした金属粒子を空気銃の原理で植物細胞に撃ち込み，細胞壁，細胞膜を貫通させて細胞内に導入する．現在はマウスなどの動物にも適用可能である．

(2)　遺伝子組換え植物によるカドミウムの除去

以下に，カリフラワーとタバコを対象として，遺伝子組換え植物によるカドミウム高集積・除去を試みた例を紹介する．

①　カリフラワー

植物に，より集積・耐性能力が高いと考えられる他のクラスのメタロチオネインを導入する試みである(Hasegawa et al., 1997；長谷川，2000)．

アグロバクテリウム法によって，出芽酵母のメタロチオネイン(メタロチオネイン クラスII)遺伝子(CUP1)をカリフラワーに導入した実験によると，カドミウムの培地濃度，25～400 μM を試み，植物中のカドミウム含有量は最高約 3400 mg/kg まで上がり，一方で，生育率(乾物重指数)の低下は，400 μM においても 20% 程度にとどまり，大きな耐性を示すことが明らかとなった．対照となる非組換え植物では，生育可能な培地のカドミウム濃度は 100 μM 未満であった．

ポット栽培実験結果に基づくと，この組換えカリフラワーの栽培で，土壌中のカドミウムがカリフラワーに集積し，土壌中カドミウム濃度 20 ppm が，

7 ppm まで下がるという試算を得ている(長谷川, 2000)。

② タバコ

まったく別の観点に基づいた方法として, 植物細胞独自の構造であるアポプラスト apoplast という細胞外領域に注目し, メタロチオネインをここに発現させてこの領域に重金属を蓄積させようというアイディアがある(CRIEPI, 2003)。タバコを対象とした試みでは期待されるほど蓄積量は多くはない(20 μM Cd 培地で生育させて, 約 1100 mg Cd/kgDW が得られ, 対照の約4倍であった)。ただアポプラスト領域を利用しようとするアイディアは今後活用できる余地があると思われる。なお, 遺伝子組換え植物による重金属汚染浄化についての詳しい総説がある(Pilon-Smits and Pilon, 2002)。

4-4-8 遺伝子組換え植物の問題点

遺伝子組換え植物を利用する場合の問題として, 以下の点が挙げられている(食糧の生産と消費を結ぶ研究会, 1999;横浜国立大学環境遺伝子工学セミナー, 2003)。

①マーカー遺伝子が土壌細菌に伝達し, 抗生物質耐性菌が発生する可能性はないのか？

②遺伝子の水平伝播は起こらないか？

③現在ねらった染色体の位置に組み込むことはできない。したがって沈黙遺伝子 silent gene(遺伝情報として発現していない遺伝子)に影響が及び, 異常なタンパク質など, 毒性物質が生じるのではないか？

④特定の目的物質(たとえば抗害虫物質)が人体に, あるいは意図しない, 他の生物に悪影響を与えないか？

⑤組換え植物が他の植物と交配して新たな予期しない植物とならないか？

⑥安全性評価試験は現在の方法ではまったく同じ物質の影響評価を行なっているわけではない。したがって安全評価は充分であるのか？

なお, Nature Biotechnology 誌に載った細胞生物学者の意見でも, ①同じ遺伝子を組み込んでも, 異なるタイプの細胞へ組み込まれた場合, まったく別のタンパク質が生じ得る。②たとえそれが同じ種の遺伝子であろうとも, 遺伝子導入により, 通常, 全体の遺伝子発現が著しく変わる。したがって, 受け入れ細胞の発現型も変わる。③ビタミンのような小さな分子を合成する

ために誘導される酵素の反応経路は他の代謝経路に干渉して新たな分子をつくりだす可能性をもつ．これらの不安要素の結果として，毒素，アレルギー性，発癌性をもつ分子の合成が起こり得る．そして前もって結果を予測する方法がない―などの問題点を指摘している(Schubert, 2002)．

4-5 事例研究

4-5-1 石油汚染土壌の環境修復

ファイトレメディエーションによる土壌の環境修復の実証研究として，米国における例(Fiorenza et al., 2000)を以下に紹介する．

実験室規模では，ファイトレメディエーションが石油系製品で汚染された土壌浄化に対して有効であることは明らかにされていたが，フィールド実験で検証することが必要であった．

この実証研究の実験目的は，石油系化合物による汚染土壌を，植生(非組換え体)を利用して修復することの有効性を，統計学的に明らかにすることである．

対象としては，米国最大の海軍燃料基地(ヴァージニア州ポーツマス・クレイニー島)における石油汚染土壌である．

実験規模としては，0.5エーカー(約0.2 ha)の広さが設定された．石油による汚染の深さは約2フィート(約0.6 m)までであった．

結果に対して統計学的検定を適用できるように，実験対象地区をあらかじめ，ほぼ同じ面積の24区画に区切ってから実験を行なった．

実施期間は，1995年9月～1997年10月の2年間であった．

ファイトレメディエーションに用いた植物は，ホワイトクローバ *Trifolium repens* var. Dutch White，トールフェスク *Festuca arundinacea* var. Kentucky 31，バミューダグラス *Cynodon dactylon* var. Vamontの3種であり，実験終了時の土壌中の全石油系炭化水素(TPH)の減少率は，それぞれの植物に対して，49％，45％，40％であり，非植生土壌の減少率32％と比べて減少率が大きく，分散分析および共分散分析の結果，植生による浄化の効果が確認できた．

コストについては，実用化規模で計算すると 4 万 5000 yd^3 でおよそ 90 万ドル，すなわち $20/yd^3（$26/m^3）となることが期待された。従来の工学的な浄化法に比べると数分の 1 あるいは数十分の 1 という大幅なコスト減である(Cunningham and Ow, 1996)。

なお，重金属汚染土壌に対するファイトレメディエーション技術の，実用化に向けての取り組みや課題をまとめた総説がある(早川・栗原，2002)。

4-5-2 富栄養化した河川・湖沼の環境修復
(1) はじめに

富栄養化した河川・湖沼水の浄化方法として，本項ではファイトレメディエーションの応用といえる水耕生物濾過法(ビオパーク方式；中里，1998；2000)を紹介したい。

物質循環は平衡に向かってゆく。同様にファイトレメディエーションによる汚染物質の固定化も結局は平衡に向かってゆく。この時，ある限られた領域・系で考えた場合に，非平衡にできるかどうか，すなわち，処理しやすい形に変えて系外に持ち出し，より大きな領域において循環型とすることができるかどうかが，実用的ファイトレメディエーションといえるかどうかを決めることになる。

富栄養化した湖沼水などの浄化法として，たとえば，ヨシなどを用いた在来型植生浄化法がある。しかしこの方法では，夏には確かにヨシが栄養塩を吸収するので，水中および底泥中の窒素やリンは一定の度合いで減少するが，一年草であるヨシは冬には枯れてしまう。したがって，冬には浄化ができず，さらにいったん植物体に吸収された栄養塩が，冬には溶出し，河川湖沼環境中に回帰してしまう。また，この方法は，主として，水中の有機物が茎によって沈殿堆積されることによって機能する。蓄積してゆく汚泥から栄養塩が溶出してしまわないようにするには，汚泥の除去を適切に行なわなければならない。この点，以下に述べる水耕生物濾過法には工夫がある。

(2) 水耕生物濾過法とは

水耕栽培植物を利用した「水耕生物濾過法(ビオパーク方式)」は，ゼロエミッション(社会全体として廃棄物を生み出さない生産をめざすとするもの。1994 年に

Gunter Pauli 国連大学顧問が提唱；Capra and Pauli, 1995），すなわち，環境に負荷をかけない仕組みをめざした浄化方式(ビオパーク方式；中里，1998，2000)といえる。

具体的には，水耕可能な食用植物あるいは観賞植物をコンクリートなどでできた傾斜100分の1程度の水路に植栽し，そこにビオトープbiotope(種々の動植物の共存空間)をつくりだし，それを利用して水環境浄化を行なうシステム(図4-5-1；稲森ら，1998)である。これは，親水公園としての機能を積極的に利用して，それを浄化システムに組み入れている。この浄化メカニズムは，①水中の窒素やリンを含む浮遊物質 suspended solids (SS) が水生植物の根の周りで沈降する。②植物プランクトンが水中の栄養塩(窒素やリン)を栄養素として繁殖する。③サカマキガイなどの微小動物が植物プランクトンを食べ成長する。④ヤゴ，ドジョウ，カワエビなどの小動物が微小動物を食べ成長し，また，その排泄物や小動物の死骸をバクテリアが分解する。⑤栄養塩は植物体に吸収されるか根の周りに発達した生物膜 biofilm により，固定化され，ヘドロ状態になる。⑥栄養塩を吸収した植物を適宜収穫し，また，ヘドロを年に1，2回，定期的に回収することによって，これらの栄養塩を系外に取り出す——これらによって栄養塩の除去を行なうものである。

この特長は，①栄養塩を吸収した植物体を食材あるいは観賞植物として収穫し，湖沼・河川環境に回帰させない。②活性化させた生物膜により栄養塩の固定化を促進し，かつ，根茎で泥を固めて固定化する。また，③この状態から給水停止することにより，生物膜を含んだヘドロと植物体を乾燥させる。④これを回収することによって，これら乾燥物を堆肥化し，農園や家庭菜園で利用することで湖沼・河川環境に直接，回帰させない——などが挙げられ

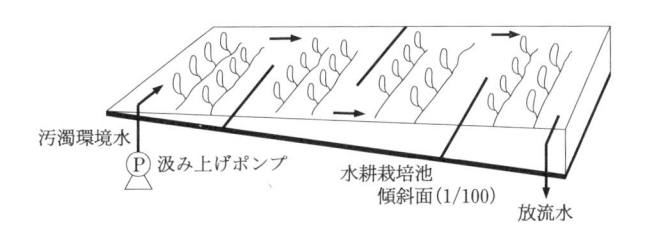

図 4-5-1　水耕生物濾過法の処理プロセス(稲森ら，1998)

る。これらによって，栄養塩が非平衡状態を保つ，すなわち，栄養塩が浄化対象である湖沼・河川の系外に持ち出されるように工夫されている。この他，植物は水中に広げた根を通じて水中に酸素を供給する。このため，エネルギーを用いずに曝気が可能となることも特長である。

今後求められる水質浄化技術は，資源循環型，持続型，自立型であることが重要であり，浄化機能や自然保全機能を保持しつつ，生態系を極力修復・再生し，全体として環境への影響をゼロとするようなシステムとなるべきであると考えられており，稲森ら，1998；稲森，2002），この点からも水耕生物濾過法に対する期待は大きい。

(3) **土浦ビオパーク**(中里，1998, 2000)

土浦ビオパークではクレソン，クウシンサイ，オオフサモ，ミント，セリの他に，観賞用の花としてキショウブ，ルイジアナアヤメ，ポンテデリなどが用いられている。南アフリカ原産のカラーは，ミネラルの欠乏やアンバランスに耐久性があり，水温などの条件が許せば，下水処理場の窒素・リンの除去や，硝酸汚染地下水の浄化などに非常に適しているといわれている。

土浦ビオパークの浄化能力は，平均除去速度(g/m²/日)について，SSが39.1，化学的酸素要求量(COD)が4.50，全窒素が1.42，全リンが0.12であり(1998年度)，処理可能な水量は，1日あたり約3 m³/m²である(中里，2000)。なお，アオコに対する除去速度は2.5 kg/m²/日の計算値が得られており，夜間に吹き寄せられたアオコが，ビオパークで処理されて昼前にはなくなるなど(中里，1998)，アオコの除去に対しても水耕生物濾過法は非常に有効であると考えられる。

土浦ビオパークの水路には動物プランクトンも多く，また，ドジョウ，シジミ(外来種)，あるいは淡水ハゼ，コイ，フナが生息し，ブラックバス，手長エビ，アユも集まるなど，市民が自然に親しむ憩いの場ともなっている。

なお，ビオパークの立ち上げ時には，廃液を直接植物に吸収させると効率が悪いので，廃液に光をあてて一度植物プランクトンを増殖させ，その後，それらの植物プランクトンの混じった廃液を浄化に用いる。また，移動性の低い貝類については初期に導入が必要となるとされている。

以上のように，水質浄化に非常に効果的であると考えられる水耕生物濾過

法ではあるが，用いる植物などについて，慎重な選択が望まれている(霞ヶ浦・北浦をよくする市民連絡会議, 2002)。これは，湖など閉鎖性水域は，外来種あるいは移入種に対して特に脆弱であることから，生物多様性への影響が懸念されるためである。

4-5-3 海洋の環境修復

海洋環境問題は幅広く，その修復方法も当然のことながら多様である。修復方法がよく開発されているものの1つは原油流出に対する対策であり，本書でも4-3-1項で解説されている。一方，マグロなどに蓄積される水銀の問題は，水俣病の原因となった有機水銀のように特定の排出源に由来するのではなく，もともと大気にも海水にも微量に存在し環境中を循環している水銀が蓄積しているだけなので，これを修復するという考え方はあり得ない。水俣病の有機水銀の問題に加え，船底塗料に使用されている有機スズ化合物，PCBやダイオキシンといった有機塩素化合物などは，海洋環境では低濃度に広範囲に拡散してしまった汚染であり，その回復は容易ではない。何らかの濃縮技術があって，初めて修復へ進むことができる。ただし，少なくとも排出源をなくすことにより，分解性が低いものでも長期間かけることによって分解し，その修復が期待できる。そこで，特に船底塗料の有機スズ化合物の代替策について5-4節で述べる。海洋環境の変化は，各種生物の大量発生という形で顕在化することが多い。たとえばプランクトンの大発生である赤潮が代表的な例である。オニヒトデの大発生，クジラの漂着，外来生物の移入，最近特に問題化しているクラゲの異常発生などもそのような例と考えられる。海藻が繁茂している藻場の消失として定義される磯焼けも，磯焼け海域でウニが大量に観察されることが多い。これらの問題は，富栄養化など根本原因を改善しなければ対策は難しい。キラー海藻の例では，米国ではモニタリングと駆除，教育活動を組み合せることで，地中海で起きたような生息域の拡大を防ぐことは既に2-3節で述べた通りである。一方，気候変動とも密接に関係のある水温の変動も生物の大量発生の大きな要因となっており，この対策は単純ではない。海洋のような開放系では，局所的な修復が効果を発揮しないことが多く，修復技術の開発は困難をきわめている。そこで本項

では，いくつか研究開発段階のものを紹介したい。

赤潮は，1970年代に瀬戸内海で頻発したことでよく知られるようになった現象であるが，プランクトンが異常増殖して海の色が変わることである。養殖漁業に甚大な被害を与えたことから社会問題化した後，おもな原因である富栄養化の対策として排水規制が実施され，水質改善が進んだ。そのため，1990年代には赤潮の発生もかなり減少したが，それでも漁業被害が続いているといわざるを得ない。これまで赤潮の研究に多額の資金が投資され，赤潮の原因や予知方法などかなりのことがわかってきたが，それでも赤潮の発生が続いているのは事実である。赤潮を消滅させる方法も研究されてきたが，一般的に応用可能な方法には至っておらず，ここでは現状を日本水産学会のシンポジウムから引用したい(広石ら，2002)。唯一効果を上げているのは，粘土散布による赤潮駆除であろう(和田ら，2002)。昭和50年代から鹿児島県で実施されており，即効性で費用対効果が高い方法である。閉鎖水域では効果が高いが，開放性漁場の場合，養殖生け簀の移動など他の方法がとられている。粘土散布による赤潮駆除過程は，粘土から溶出するアルミニウムにより細胞が萎縮・破壊され，続いて粘土のもつ凝集作用によって沈殿する2つの段階による。ところで，粘土を散布しても環境影響がないかというのは当然の疑問である。これまでの研究結果では，通常の散布量では魚介類に対して影響がないこと，一過性のpHの低下はあること，溶存酸素への影響は微小環境に限られることが報告されている。しかしながら，長期的な環境変動に注視する必要があるのはいうまでもない。現実には，逼迫した漁業経営の現状から必要な緊急対策的な手法として実施されている。その他，化学薬品による方法もあるが，生態系への悪影響への懸念はぬぐえない。養殖フグの寄生虫対策として用いられていたホルマリンの使用が最近禁止されるなど，化学薬品の使用に関しては社会的にも厳しく制限されるのが現状である。最近では，赤潮が自然界で消滅する時期に，殺藻細菌や殺藻ウイルスが増殖していて，生態系において重要な役割を果たしていることが明らかになった。そこで，これらを利用して赤潮を駆除することが試みられている(吉永，2002)。細菌が赤潮藻を殺藻する場合，殺藻物質産生型と直接攻撃型の2つのメカニズムが考えられる。殺藻物質産生型は，実験的には，半透性の膜によって赤

潮藻の培養と細菌の培養を隔離した状態で赤潮藻が死滅する．直接攻撃型では，顕微鏡観察した時に赤潮藻の細胞周辺に細菌が局在している．殺藻細菌が実用化されるためには，殺藻活性が高いこと，殺藻特異性が高いこと，環境中で優占していることが求められる．これにより他の生物への影響が少なくなる．この方法も微生物による環境修復の一種であるから4-3-1項で述べられているようにバイオオーギュメンテーションとバイオスティミュレーションに分けられる．前者は殺藻細菌を直接散布する方法で，後者は現場の殺藻細菌を活性化する方法である．殺藻細菌から得られた殺藻物質の散布も考え方としてはあるが，コスト面，効果の面，さらには化学薬品の散布の環境影響・社会影響から現実に成立する可能性は少ない．研究的には，殺藻細菌リアクターに殺藻細菌を固定して，養殖生け簀の海水を循環させて，リアクターで赤潮藻のみを除き，リアクター中で増殖した余剰の殺藻細菌は生け簀中に供給するというシステムが考案されている．また，殺藻細菌が赤潮藻を分解するために用いるプロテアーゼ(タンパク質分解酵素)に赤潮藻を特異的に認識するレクチンドメイン(糖鎖を認識するタンパク質の配列)を結合させたものをデザインすれば，赤潮藻特異的な殺藻プロテアーゼになるということも提案されている．シンプルな方法として，海面からプランクトンを回収する方法もあるが，広大な海域から回収するというのは容易ではない．一方，湖沼でのラン藻の増殖現象であるアオコの場合，閉鎖水域であるので，回収というのも現実的な方法である．ただし，回収後の措置が次の課題となる．赤潮藻を有効利用する試みについては，総説を参照されたい(沖野，2005)．

　赤潮の予知研究は進んでおり，それにしたがって養殖生け簀の移動などが実施されている．一歩踏み込んで赤潮の予防研究もある．これは，富栄養化の防止という根本原因の対策とは別に，赤潮が発生する段階を予防するというものである(板倉，2002)．赤潮海域では鞭毛藻類と珪藻類の出現密度に逆相関があり，漁業被害を及ぼすのは鞭毛藻類の赤潮であることが知られている．そこで，鞭毛藻類が卓越する前に珪藻類を繁茂させればよく，珪藻の増殖は太陽光の照射，栄養の添加と休眠細胞の巻き上げがきっかけになっていることを利用したものである．つまり，鞭毛藻類が繁茂する直前のタイミングを見計らって，光ファイバーにより海底に光照射することで珪藻類の休眠

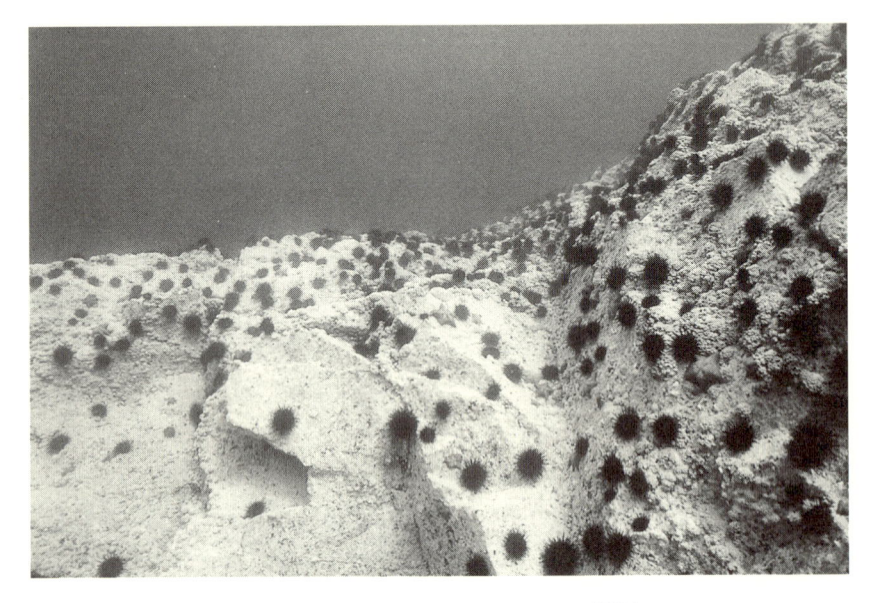

図4-5-2　磯焼けの様子(㈱エコニクス提供)

期細胞の発芽を促進する。光照射のタイミング・コストが実用上最も問題になり，珪藻類の生態系への影響にも目配りしなければいけないが，このような斬新なアイディアも赤潮の予防・駆除には必要であろう。

　磯焼けとは，大型海藻が繁茂した藻場(海中林)が衰退して紅藻無節サンゴモの優占群落となった状態をいう(図4-5-2)。藻場は，魚介類の産卵・保育・摂餌の場として非常に重要であるので，それが衰退することは藻場の減少つまり有用海藻の減少という直接的な効果に加え，藻場に依存した魚介類の漁業生産低下の原因となる。磯焼けは複合的な原因により起こるが，おもに海水温の上昇などの海況変化により引き起こされ，植食動物による食害によって持続する。また，栄養塩や鉄分の不足も要因として挙げられている。磯焼け海域では，第2章で述べたアレロパシー現象を観察することができる。無節サンゴモはウニ幼生に対する着底・変態誘起作用を示すので，無節サンゴモ平原にウニが集まり，海藻を食べ尽くしてしまうのである。サンゴモのこのような作用を示す物質としてジブロモメタンやグリセロ糖脂質などが報告されている。一方，紅藻ソゾ類は，磯焼け平原でもウニに食べられずに

残っている。これはソゾ類に特有の含ハロゲン化合物がウニなどに対して摂食阻害作用を示すからである。また，サンゴモは高温でコンブ配偶体成長抑制作用を示すことも知られている。磯焼けを克服して，海中林を再生させる試みは各地でなされており，それぞれに成果を上げている（谷口，1998）。おもに海中林の造成・着生基質の整備・植食動物の駆除などが基本戦略である。実際，青森県ではキタムラサキウニの駆除によりマコンブ群落が回復している。また，コンブ海中林の造林装置として，浮子をつけたロープにコンブを付着させて，ウニなどによる食害を防ぐことも考えられている。コンブが繁茂してロープが下がると海底にコンブをはやすことも可能となる。

　海洋の環境修復は，開放系であるがゆえの問題が多く，現実に可能な選択肢は現段階では多くない。しかしながら，数多くの研究が行なわれており，予防策の実施と共に多くの方策を組み合せることで，将来的な選択肢は広がることであろう。

[引用文献]
[4-2-1　化学的手法によるレメディエーション]
新井邦夫・佐古猛・福里隆一・鑓田孝. 1999. 超臨界流体の環境利用技術. エヌ・ティー・エス.
Comninellis, C. and Pulgarin, C. 1993. Electrochemical oxidation of phenol for wastewater treatment using SnO$_2$ anodes. J. Applied Electrochem., 23: 108-112.
Fugetsu, B., Satoh, S., Nishi, N. and Watari, F. 2004. Caged multi-walled carbon nanotubes as the adsorbents for affinity-based elimination of ionic dyes. Environ. Sci. Technol., 38: 6890-6896.
橋本和仁・大谷文章・丁藤昭彦(編). 2005. 光触媒 基礎・材料開発・応用. エス・ティー・エス.
本田雅健・垣花秀武・吉野諭吉(編著). 1958. イオン交換樹脂. 388 pp. 廣川書店.
片岡正光・竹内浩士. 1998. 酸性雨と大気汚染(地球環境サイエンスシリーズ 4). 120 pp. 三共出版.
川崎重工. 2000. 磁気分離による油回収方法および油回収用磁性体. 特許第3038199号.
Lin, Y. B., Fugetsu, B., Terui, N. and Tanaka, S. 2005. Removal of organic compounds by alginate gel beads with entrapped activated carbon. J. Hazardous Materials, B120: 237-241.
中田洋輔・倉光英樹・木村智之・川崎幹生・田中俊逸. 2002. 有機汚染物質の電気化学的分解に関する基礎的研究. 環境化学会誌, 12：73-78.
Tanaka, S., Nakata, Y., Kimura, T., Yustiawati, Kawasaki, M. and Kuramitz, H. 2002. Electrochemical decomposition of bisphenolA using Pt/Ti and SnO$_2$/Ti anodes. J. Applied Electrochem., 32: 197-201.

[4-2-2 物理学的レメディエーション]
Burt, T.P., Hethwaite, A.L. and Trudgill, S.T. (eds.). 1993. Nitrate: Process, patterns, and management, p. 8. John Wiley & Sons.
Deganello, F., Liotta, L.F., Venezia, A.M. and Deganello, G. 2000. Catalytic reduction of nitrates and nitrites in water solution on pumice-supported Pd-Cu catalysts. Appl. Catal. B, 24: 265.
Gavagnin, R., Biasetto, L., Pinna, F. and Strukul, G. 2002. Nitrate removal in drinking waters: the effect of tin oxides in the catalytic hydrogenation of nitrate by Pd/SnO$_2$ catalysts. Appli. Catal. B, 38: 91.
Hähnlein, M., Prüße, U., Daum, J., Moewaky, V., Kröger, M., Schröder, M., Schnabel, M. and Vorlop, K.-D. 1998. Preparation of microscopic catalysts and colloids for catalytic nitrate and nitrite reduction and their use in a hallow fibre dialyser loop reactor. Stud. Surf. Sci. Catal., 118: 99.
Jacks, G. and Sharma, V.P. 1983. Nitrogen circulation and nitrate in ground water in an agricultural catchment in southern India. Environmental Geology, 5: 61.
環境省環境管理局水環境部(編). 2004. 水環境部行政資料 平成15年度地下水質測定結果. http://www.env.go.jp/water/chikasui/index.html
北野康. 1995. 水の科学, p. 20. 日本放送出版協会.
Meytal, Y.M., Barelko, V., Yuranov, I., Minsker, L.K., Renken, A. and Sheintuch, M. 2001. Cloth catalysts for water denitrification: II. Removal of nitrates using Pd-Cu supported on glass fibers. Appl. Catal. B, 31: 233.
Mikami, I. and Okuhara, T. 2002. Removal of nitrate in water by hydrogenation with a noble metal-free Ni-base catalyst. Chem. Lett., 9: 932.
Mikami, I., Kitayama, R. and Okuhara, T. 2003. Ultrarapid hydrogenation of high concentrations of nitrate ions catalyzed by Pt-modified Nickel catalysts. Catal. Lett., 91: 69.
宮永俊明. 2002. 硝酸性窒素汚染により酸性化した地下水・湧水の修復. 第44回日本水環境学会セミナー講演要旨集, p. 102.
Nakamura, K., Yoshida, Y., Mikami, I. and Okuhara, T. 2005. Cu-Pd/β-zeolites as highly selective catalysts for the hydrogenation of nitrate with hydrogen to harmless products. Chem. Lett., 34: 34.
NAS. 1972. Committee on Nitrate Accumulation: Accumulation of Nitrate, p. 106. National Academic Press, Washington.
野中信一. 2002. 水道水源地下水を対象とした硝酸性窒素除去. 第44回日本水環境学会セミナー講演要旨集, p. 121.
Palomares, A.E., Prato, J.G., Marquez, F. and Corma, A. 2003. Denitrification of natural water on supported Pd/Cu catalysts. Appl. Catal. B, 41: 3.
Pinter, A., Batista, J., Levec, J. and Kajiuchi, T. 1996. Kinetics of the catalytic liquid-phase hydrogenation of aqueous nitrate solutions. Appl. Catal. B, 11: 81.
Pinter, A., Batista, J. and Levec, J. 2001. Catalytic denitrification: Direct and indirect removal of nitrates from potable water. Catal. Today, 66: 503.
Sakamoto, Y., Nakata, K., Kamiya, Y. and Okuhara, T. 2004. Cu-Pd bimetallic cluster/AC as a novel catalyst for the reduction of nitrate to nitrite. Chem. Lett., 33: 908.
Sakamoto, Y., Nakamura, K., Kushibiki, R., Kamiya, Y. and Okuhara, T. 2005. A two-stage catalytic process with Cu-Pd cluster/active carbon and Pd/β-zeolite for

removal of nitrate in water. Chem. Lett., 34: 1510.
Vorlop, K.-D. and Prusse, M. 1995. Catalytical removing nitrate from water. in Catalytic science series. Vol. 1, Environmental catalysis (eds. F.J.J.G. Janssen, R.A. van Santen), p. 195.
Vorlop, K.D. and Tacke, K. 1989. 1st steps towards noble-metal catalyzed removal of nitrate and nitrite from drinking water. Chem.-Ind.-Tech, 61: 836.
和田洋平. 2000. 飲料水を考える：水道水とつきあうために, p. 5. 地人書館.
WHO. 1985. Health hazards form nitrate in drinking-water. Report on a WHO meeting, Copenhagen, 5-9 March 1984, Copenhagen, WHO Regional Office for Europe (Environmental Health Series No. 1).
WHO. 1996. Toxicological evaluation of certain food additives and contaminants, prepared by the 44th Meeting of the Joint FAO/WHO Expert Committee on Food Additives (JECFA). Geneva, World Health Organization, International Program on Chemical Safety (WHO food Additives Series 35).
WHO. 2003a. Guideline for drinking-water. Background document for preparation of WHO Guideline for drinking-water quality, Geneva, World Health Organization, WHO/SDE/WSH/03.04/1.
WHO. 2003b. Nitrate ad nitrite in drinking water. Background document for preparation of WHO Guideline for drinking-water quality, Geneva, World Health Organization, WHO/SDE/WSH/03.04/56.
横幕豊一. 2002. 硝酸含有工場排水を対象とした生物学的脱窒素処理. 第44回日本水環境学会セミナー講演要旨集, p. 87.
Zhang, W.L., Tian, Z.X., Zhang, N. and Li, X.Q. 1996. Nitrate pollution of groundwater in northern China. Agr. Ecosyst. Environ., 59: 223.

[4-2-3 エレクトロカイネティックレメディエーションによる汚染土壌の修復]
Acar, Y.B. and Alshawabkeh, A.N. 1993. Principles of electrokinetic remediation. Environ. Sci. Technol., 27: 2638.
Gordon, C.C. and Long, Y.W. 1999. Removal and degradation of phenol in a saturated flow by in-situ electrokinetic remediation and Fenton-like process. J. Hazard. Mater., B69: 259.
Kim, J. and Lee, K. 1999. Effects of electric field directions on surfactant enhanced electrokinetic remediation of diesel-contaminated sand column. J. Environ. Sci. Heal. A, 34: 863.
Kimura, T., Takase, K. and Tanaka, S. 2007. Concentration of copper and a copper-EDTA complex at the pH junction formed in soil by an electrokinetic remediation process. J. Hazard. Mater. in press.
Ko, S.-O., Schlautman, M.A. and Carraway, E.R. 2000. Cyclodextrin-enhanced electrokinetic removal of phenanthrene from a model clay soil. Environ. Sci. Technol., 34: 1535.
LeHécho, I., Tellier, S. and Astruc, M. 1998. Industrial site soils contaminated with arsenic or chromium evaluation of the electrokinetic method. Environ. Technol., 19: 1095.
Ottosen, L.M., Hansen, H.K., Laursen, S. and Villumsen, A. 1997. Electrodialytic remediation of soil polluted with copper from wood preservation industry. Environ. Sci. Technol., 31: 1711.

Probstein, R.F. 1993. Removal of contaminants from soils by electric fields. Science, 260: 498.
澤田章. 2003. Studies on the improvement of removal efficiency of contaminants from clayey soil by electrokinetic remediation method. 学位論文.
Sawada, A., Tanaka, S., Fukushima, M. and Tatsumi, K. 2003. Electrokinetic remediation of clayey soils containing copper(II)-oxinate using humic acid as a surfactant. J. Hazard. Mater., 96: 145.
Sawada, A., Mori, K., Tanaka, S., Fukushima, M. and Tatsumi, K. 2004. Removal of Cr(VI) from contaminated soil by electrokinetic remediation. Waste Management, 24: 483.
田中俊逸・澤田章. 1999. エレクトロレメディエーションによる土壌中の六価クロム除去における腐植物質及び腐植物質前駆体の影響. 環境化学, 9：391.
Watts, R.J., Haller, D.R., Jones, A.P. and Teel, A.L. 2000. A foundation for the risk-based treatment of gasoline-contaminated soils using modified Fenton's reactions. J. Hazard. Mater., B76: 73.
Wong, J.S.H., Hicks, E. and Probstein, R.F. 1997. EDTA-enhanced electroremediation of metal-contaminated soils. J. Hazard. Mater., 55: 61.
Wu, J., West, L.J. and Stewart, D.I. 2001. Copper(II) humate mobility in kaolinite soil. Eng. Geol., 60: 275.
[4-3-1　バイオレメディエーションとは/4-3-5　微生物群集構造解析]
石井浩介・中川達功・福井学. 2000. 微生物生態学への変性剤濃度勾配ゲル電気泳動法の応用. 日本微生物生態学会誌, 15：59-73.
小泉嘉一・福井学. 2003. rRNAメンブレンハイブリダイゼーション法を用いた定量的微生物群集構造解析. 日本微生物生態学雑誌, 18：3-17.
Koizumi, Y., Kelly, J., Nakagawa, T., Urakawa, H., El-Fantroussi, A., Al-Muzaini, S., Fukui, M., Urushigawa, Y. and Stahl, D. 2002. Parallel characterization of anaerobic toluene- and ethylbenzene-degrading microbial consortia by PCR-denaturing gradient gel electrophoresis, RNA-DNA membrane hybridization, and DNA microarray technology. Appl. Environ. Microbiol., 68: 3215-3225.
中川達功・福井学. 2003. 海洋における原油の嫌気的分解と分解菌モニタリング. 月刊海洋, 号外35：120-128.
Nakagawa, T., Sato, S., Yamamoto, Y. and Fukui, M. 2001. Successive changes in community structure of an ethylbenzene-degrading sulfate-reducing consortium. Wat. Res., 36: 2813-2823.
日本微生物生態学会教育研究部会. 2006. 微生物生態学入門：地球環境を支えるミクロの生物圏. 237 pp. 日科技連出版社.
Rosselló-Mora, R. and Amann, R. 2001. The species concept for prokaryotes. FEMS Microbiol. Rev., 25: 39-67.
Sato, S., Matsumura, A., Urushigawa, Y., Metwally, M. and Al-Muzaini, S. 1998a. Type analysis ant mutagenicity of petroleum oil extracted from sediment and soil samples in Kuwait. Environ. Int., 24: 67-76.
Sato, S., Matsumura, A., Urushigawa, Y., Metwally, M. and Al-Muzaini, S. 1998b. Structural analysis of weathered oil from Kuwait's environment. Environ. Int., 24: 77-87.
Widdel, F. and Rabus, R. 2001. Anaerobic biodegradation of saturated and aromatic

hydrocarbons. Curr. Opin. Biotech., 12: 259-276.
[4-3-2 物質循環からみたバイオレメディエーション/4-3-3 環境汚染物質の微生物分解経路/4-3-4 バイオサーファクタント/4-3-7 バイオレメディエーションの将来展望]
Breinig, S., Schiltz, E. and Fuchs, G. 2000. Genes involved in anaerobic metabolism of phenol in the bacterium *Thauera aromatica*. J. Bacteriol., 182: 5849-5863.
Hahn, M. and Stachelhaus, T. 2004. Selective interaction between nonribosomal peptide synthetases is facilitated by short communication-mediating domains. Proc. Natl. Acad. Sci. USA, 101: 15585-15590.
Hirano, S., Morikawa, M., Takano, K., Imanaka, T. and Kanaya, S. 2007. Gentisate 1, 2-dioxygenase from *Xanthobacter polyaromaticivorans* 127W Biosci. Biotechnol. Biochem., in press.
森川正章. 2002. バイオサーファクタント. 微生物利用の大展開(今中忠行監修), pp. 993-1002. エヌティーエス.
Morikawa, M. 2006. Beneficial biofilm formation by industrial bacteria *Bacillus subtilis* and related species. J. Biosci. Bioeng., 101: 1-8.
Morikawa, M., Daido, H., Takao, T., Murata, S., Shimonishi, Y. and Imanaka, T. 1993. A new lipopeptide biosurfactant produced by *Arthrobacter* sp. MIS38. J. Bacteriol., 175: 6459-6466.
Morikawa, M., Iwasa, T., Yanagida, S. and Imanaka, T. 1998. Production of alkane and alkene from CO_2 by a petroleum degrading bacterium. J. Ferment. Bioeng. 85: 243-245.
Morikawa, M., Hirata, Y. and Imanaka, T. 2000. A study on the structure-function relationship of lipopeptide biosurfactants. Biochim. Biophys. Acta, 1488: 211-218.
Phillipp, B. and Schink, B. 2000. Two distinct pathways for anaerobic degradation of aromatic compounds in the denitrifying bacterium *Thauera aromatica* strain AR-1. Arch. Microbiol., 173: 91-96.
van Beilen, J.B., Wubbolts, M.G. and Witholt, B. 1994. Genetics of alkane oxidation by *Pseudomonas oleovorans*. Biodegradation, 5: 161-174.
Yamagami, S., Morioka, D., Fukuda, R. and Ohta, A. 2004. A basic helix-loop-helix transcription factor essential for cytochrome p450 induction in response to alkanes in yeast *Yarrowia lipolytica*. J. Biol. Chem., 279: 22183-22189.
[4-3-6 ダイオキシン類の分解]
Hiraishi, A., Yonemitsu, Y., Matsushita, M., Shin, Y.K., Kuraishi, H. and Kawahara, K. 2002. Characterization of Porphyrobacter sanguineus sp. nov., an aerobic bacteriochlorophyll-containing bacterium capable of degrading biphenyl and dibenzofuran. Arch. Microbiol., 178: 45-52.
伊藤敬三・星幸博・蔵崎正明. 2001. バイオアッセイによるダイオキシン誘導体の測定法の確立. 地球環境研究, 48：55-73.
蔵崎正明・齋藤健・細川敏幸・伊藤敬三. 2003. 線虫を用いた残留ダイオキシン類の低減化システムの確立. 日本学術振興会科学研究費補助金基盤研究(B)一般報告書.
大塚祐一郎・中村雅哉・鈴木菜穂・大山圭介・菱山正二郎・保科定頼・片山義博. 2006. 塩素化ダイオキシン分解細菌 *Geobacillus midousuji* SH2B-J2 株の分解能に関する研究. 日本生物工学会抄録.
Park, H.-D., Sasaki, Y., Maruyama, T., Yanagisawa, E., Hiraishi, A. and Kato, K. 2001. Degradation of the cyanobacterial hepatotoxin microcystin by a new bacter-

ium isolated from a hypertrophic lake. Environ. Toxicol., 16: 337-343.
惣田昱夫・古市徹・石井一英・中宮邦近. 2001. 分離菌株によるダイオキシン類の分解特性. 第12回廃棄物研究発表会講演論文集, 2：1073-1075.
鈴木順・松原正明・北岡義久・加藤卓・浅原一彦. 2000. 白色腐朽菌による多環芳香族炭化水素の分解. 水環境学会誌, 23：29-33.
髙橋正典・中宮邦近・古市徹・石井一英. 2001. ダイオキシン類汚染土壌の微生物分解に及ぼす影響要因に関する実験的考察—*Acremonium* sp. による微生物分解特性. 第12回廃棄物研究発表会講演論文集, 2：1076-1078.
[4-4　ファイトレメディエーション/4-5-1　石油汚染土壌の環境修復/4-5-2　富栄養化した河川・湖沼の環境修復]
Anderson, C.W.N., Brooks, R.R., Stewart, R.B. and Simcock, R. 1998. Harvesting a crop of gold in plants. Nature, 395: 553-554.
Brown, S.L., Chaney, R.L., Angle, J.S. and Baker, A.J.M. 1995. Zinc and cadmunm uptake by hyperaccumulator *Thlaspi caerulescens* grown in nutrient solution. Soil Sci. Soc. Am. J., 59: 125-133.
Capra, F. and Pauli, G. (eds.). 1995. Steering business toward sustainability. 191 pp. United Nations University Press, Tokyo.
茅野充男(編). 1991. 現代植物生理学5 物質の輸送と貯蔵. 196 pp. 朝倉書店.
茅野充男・小畑仁. 1988. 重金属と植物. 重金属と生物(茅野充男・斎藤寛編), pp. 81-142. 博友社.
CRIEPI (Central Research Institute of Electric Power Industry). (ed.). 2003. Soil cleaning by power of plant —Genetic engineering for phytoremediation—. Annual Research Reports. http://criepi.denken.or.jp/en/e_publication/a2003/03seika42.pdf.
Cunningham, S.D. and Ow, D.W. 1996. Promises and prospects of phytoremediation. Plant Physiol., 110: 715-719.
Fiorenza, S., Oubre, C.L. and Ward, C.H. (eds.). 2000. Phytoremediation of hydrocarbon-contaminated soil. 164 pp. Lewis Publishers, Boca Raton.
Gibbs, L.M. 1998. Love Canal: The story continues. 223 pp. New Society Publishers, Gabrial Island BC.
長谷川功. 2000. 遺伝子組み換えによる重金属耐性植物の育成と重金属汚染土壌浄化の試み. 植物による環境負荷低減技術—ファイトレメディエーション(NTS編), pp. 169-206. エヌ・ティー・エス.
Hasegawa, I., Terada, E., Sunairi, M., Wakita, H., Shinmachi, F., Noguchi, A., Nakajima, M. and Yazaki, J. 1997. Genetic improvement of heavy metal tolerance in plants by transfer of the yeast metallothionein gene (*CUP 1*). Plant and Soil, 196: 277-281.
早川孝彦・栗原宏幸. 2002. 重金属環境汚染に対するファイトレメディエーション技術の実用化へ向けて. 環境バイオテクノロジー学会誌, 2：103-115.
稲森悠平. 2002. 環境低負荷型・資源循環型の水環境改善システムに関する調査研究 平成12〜13年度. 国立環境研究所特別研究報告, SR-45-2002概要：http://www.nies.go.jp/kanko/tokubetu/sr45/index.html.
稲森悠平・西村浩・須藤隆一. 1998. 生態工学を活用した水環境修復技術の開発動向と展望. 用水と廃水, 40：7-18.
霞ヶ浦・北浦をよくする市民連絡会議. 2002. http://www.kasumigaura.net/asaza/opinion/gairaisyu03_01/gairaisyu1206qp.html.

中里広幸. 1998. ビオパーク方式による作物生産を通じた浄化. 用水と廃水, 40：19-25.
中里広幸. 2000. 植物の水耕栽培で水を浄化する総合システム ビオパーク方式. 植物による環境負荷低減技術―ファイトレメディエーション(NTS編), pp. 135-168. エヌ・ティー・エス.
Niagara Gazette. 2006. HEADLINE NO. 1. Love Canal: An environmental disaster. http://www.niagara-gazette.com/siteSearch/apstorysection/local_story_207231922.html.
日本土壌肥料学会(編). 2000. 植物と微生物による環境修復. 153 pp. 博友社.
日本農芸化学会(編). 2000. 遺伝子組換え食品―新しい食材の科学. 316 pp. 学会出版センター.
西村実. 2000. ファイトレメディエーションへの期待と実用化に向けた課題. 植物による環境負荷低減技術―ファイトレメディエーション(NTS編), pp. 207-228. エヌ・ティー・エス.
Pence, N.S., Larsen, P.B., Ebbs, S.D., Letham, D.L.D., Lasat, M.M., Garvin, D.F., Eide, D. and Kochian, L.V. 2000. The molecular physiology of heavy metal transport in the Zn/Cd hyperaccumulator *Thlaspi caerulescens*. Proc. Natl. Acad. Sci. USA, 97: 4956-4960.
Pilon-Smits, E. and Pilon, M. 2002. Phytoremediation of metals using transgenic plants. Crit. Rev. Plant Sci., 21: 439-456.
Salt, D.E., Smith, R.D. and Raskin, I. 1998. Phtoremediation. Ann. Rev. Plant Physiol. Mol. Biol., 49: 643-668.
Schubert, D. 2002. A different perspective on GM food. Nature, 20: 969.
食糧の生産と消費を結ぶ研究会(編). 1999. リポート アメリカの遺伝子組み換え作物. 166 pp. 家の光協会.
鈴木信昭・佐野浩. 2002. 重金属汚染土壌―重金属の植物に与える影響と環境修復植物の開発. 代謝工学ハンドブック(新名惇彦・吉田和哉監修), pp. 680-691. エヌ・ティー・エス.
University Archives. 1998. Love Canal Collection. http://ublib.buffalo.edu/libraries/projects/lovecanal/
U. S. Geological Survey. 2006. Bioremediation. Oct. 25, 2006: http://water.usgs.gov/wid/html/bioremed.html.
Yan, S., Tsay, C. and Chen, Y. 2000. Isolation and characterization of phytochelatin synthase in rice seedlings. 24: 202-207.
矢田貝光克. 2005. 森林浴効果. 香りの百科事典(矢田貝光克編), pp. 441-444. 丸善.
横浜国立大学環境遺伝子工学セミナー(編著) 2003. 遺伝子組換え植物の光と影 II. 253 pp. 学会出版センター
[4-5-3 海洋の環境修復]
広石伸互・今井一郎・石丸隆. 2002. 有害・有毒藻類ブルームの予防と駆除. 恒星社厚生閣.
板倉茂. 2002. 珪藻を用いた有害赤潮の予防. 有害・有毒藻類ブルームの予防と駆除(広石伸互・今井一郎・石丸隆編), pp. 9-18. 恒星社厚生閣.
沖野龍文. 2005. やっかいものの赤潮藻を有効利用する試み. 水産資源の先進的有効利用法―ゼロエミッションをめざして(坂口守彦・平田孝監修), pp. 346-355. エヌ・ティー・エス.
谷口和也. 1998. 磯焼けは克服できるか. 磯焼けを海中林へ, pp. 157-181. 裳華房.
和田実・中島美和子・前田広人. 2002. 粘土散布による赤潮駆除. 有害・有毒藻類ブルーム

の予防と駆除（広石伸互・今井一郎・石丸隆編）, pp. 121-133. 恒星社厚生閣.
吉永郁生. 2002. 殺藻細菌による赤潮の駆除. 有害・有毒藻類ブルームの予防と駆除（広石伸互・今井一郎・石丸隆編）, pp. 63-80. 恒星社厚生閣.

汚染物質回収のための新規材料の開発と代替物質の探索

第5章

北海道大学大学院環境科学院/沖野龍文・坂入信夫・
古月文志・山田幸司,
一関工業高等専門学校/照井教文

5-1 機能性超分子材料

5-1-1 分子間相互作用と分子認識

「超分子化学」はフランスの化学者 J.-M. Lehn らによって提唱された新しい概念で,近年ホスト-ゲスト化学として非常に注目されている研究領域である(平尾・原田, 2000)。複数の分子が共有結合やイオン結合などの強固な化学結合を介さずに自己集合して,特異的な形状を形成したり機能を発現したりする現象が化学の立場から詳細に研究されるようになってきた。超分子形成には,水素結合,ファンデルワールス力,π 電子間相互作用あるいは配位結合などの比較的弱い相互作用が複合的に関与して,熱力学的に安定な集合状態を形成している。このような分子集合は生体系でよくみられるもので,二重ラセンの DNA,複合タンパク質や脂質膜など生体中の構造体あるいは酵素反応における酵素-基質複合体の形成や抗原-抗体反応など生体機能の根源となっている。生体はこのような高次の超分子構造を組み立てることにより,自己複製や免疫機構などの高度な生命活動を可能にしている。近年,生体関連化学に限らずさまざまな分野でこのような超分子材料が開発され,

バイオミメティック材料として多方面での応用研究が展開されている。環境修復という観点からも超分子材料が注目され精力的な研究が行なわれている。

種々の無機・有機化合物を含んでいる廃水処理には，現在，活性炭処理，キレート樹脂，界面活性剤，高分子凝集剤などによる複数の工程が組み合せて用いられている。しかし，有害物質を吸着したそれらの吸着材は新たな産業廃棄物となり，完全な環境負荷低減化にはつながっていない。また，環境汚染化学物質の濃度に関しても，これまでの毒物の概念では想定外であるppb(10億分の1)やppt(1兆分の1)といった極低濃度でのリスクが問題視されている。これらの問題点を解決する1つの方法として，従来の吸着材と異なり，ターゲットとする汚染物質を特異的にかつ効率よく捕捉・吸着し，条件の変化によりそれらを放出あるいは分解することができる機能性材料が必要であると考えられる。最近，超分子化学の分野で最もよく研究されている化合物群であるシクロデキストリン，クラウンエーテル，界面活性剤，DNAなどの「分子認識能」を活用した環境修復に関する研究が相次いで報告されており，以下にその概略を述べる。

5-1-2 シクロデキストリン材料

シクロデキストリン(CD)は，トウモロコシやジャガイモ澱粉から酵素反応によって合成されるブドウ糖が構成単位の環状オリゴ糖である。グルコースの結合様式はアミラーゼと同じ$\alpha\text{-}(1\rightarrow 4)$-グリコシド結合である。グルコース残基数が6，7，8個のCDがよく知られており，それぞれα, β, γ-CDと呼ばれている(Dodziuk, 2006；服部ら，2005)。図5-1-1に示すように，CDは円筒状の分子形態をしており，各グルコースの水酸基は上下の開口部の周囲に配置されている。したがって，CDの外側は親水性であり水溶性も高い。それに対して，CDの空洞の内側は相対的に疎水性が高くなっている。その結果，CDは水中でさまざまな疎水性有機化合物を空洞内に取り込む特異な機能をもっている。これを「包接」という。α, β, γ-CDの空洞直径はそれぞれ5.3, 6.5, 8.3 Åで，空洞径にあてはまる大きさの化合物がゲストとしてCDに包接される。α-CDはベンゼン，β-CDは二環性のナフタレン，γ-CDは三環性アントラセン程度の大きさの分子がゲストとして最適で

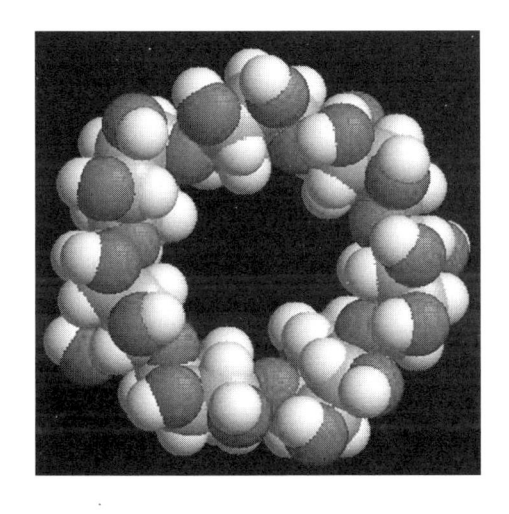

第5章 汚染物質回収のための新規材料の開発と代替物質の探索　215

図5-1-1　β-シクロデキストリンのCPKモデル

ある。CDとゲストの化学量論は通常1：1であるが，ゲストの分子サイズによっては1：2や2：1の複合体をつくる場合もある。また，α，β，γの各CD 1 mol中の空洞の体積はおよそ105，160，260 mlといわれている。このCDの包接作用を利用すると，疎水性有機物の水への可溶化，不安定化合物の長期保存，悪臭や味のマスキング，芳香物質の徐放などを行なうことができ，食品，医薬品，化粧品などの添加物として利用されているが，環境修復をめざした研究も活発に行なわれている。

　CDを用いた環境修復のための材料として，初めに紹介するのは固定化CDである。水溶性の高いCDを共有結合で高分子に固定化した材料は水に不溶性となるため，吸着剤として水中の汚染物質除去に利用できる(Nishiki et al., 2000；Aoki et al., 2003)。キトサンやアルギン酸などの多糖類，ポリプロピレン繊維，ポリプロピレングリコール，ポリスチレン樹脂などのさまざまな高分子やシリカゲルなどが固定化剤として利用されている。α-CDを固定化した材料は各種ニトロフェノール類やアルキルフェノール類を，一方β-CD固定化剤はビスフェノールA，2,4-ジクロロフェノキシ酢酸(2,4-D)あるいはペンタクロロフェノールなどを捕捉する。微量の汚染物質にも適用可能で，β-CD結合キトサンビーズはppbレベルのビスフェノールAをほぼ完全に除去することができる。

CDを結合させた吸着剤の特徴はその再生の容易さである。CDとゲスト分子の包接複合体は，前述したように疎水的相互作用による可逆的なものである。すなわち，水中では疎水性の高い有機汚染物質はゲストとしてCDへ取り込まれるが，有機溶媒中では逆に捕捉したゲスト分子の溶出が優先する。したがって，汚染物質を吸着した材料を含水メタノールやエタノールで洗浄すると，ほぼ定量的に汚染物質を回収することができ，材料の吸着能力を回復することができる。そのため，10回以上の再使用が可能であることが実証されている(Martel et al., 2002)。

一方，CDは水に難溶性の物質を包接により可溶化できるため，土壌中の汚染物質の除去への応用が期待される。CDは多くの水酸基をもつ親水性の物質であり，難溶性の有機化合物も包摂複合体を形成することで水溶性を向上させることができる。水に対する溶解性がきわめて低い環境汚染物質は土壌や河川底質に蓄積されている。土壌洗浄法はそれらを除去するための有力な方法であるが，洗浄溶媒にCDあるいはCD誘導体の水溶液を用いることで，洗浄効率を大幅に向上できる。図5-1-2はCSF(Complexing Sugar Flash)と名づけられた土壌洗浄システムである。テトラクロロエタンを含む土壌(1万2000 L)をCD誘導体の水溶液(8万5000 L)で循環して洗浄することにより，48％の汚染物質を除去できることが報告された(Tick et al., 2003)。洗浄液中の汚染物質量は水の場合は20〜120 mg/Lであるのに対して，15％ヒドロキシプロピルCD水溶液の場合は1.3 g/Lと10倍以上の向上が達成された。

この方法の難点は洗浄液中に含まれるCDと汚染物質の分離である。これ

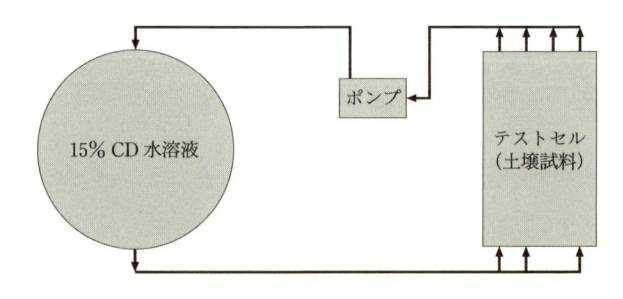

図5-1-2　CSF土壌洗浄実験の模式図(土壌試料1万2000 L)

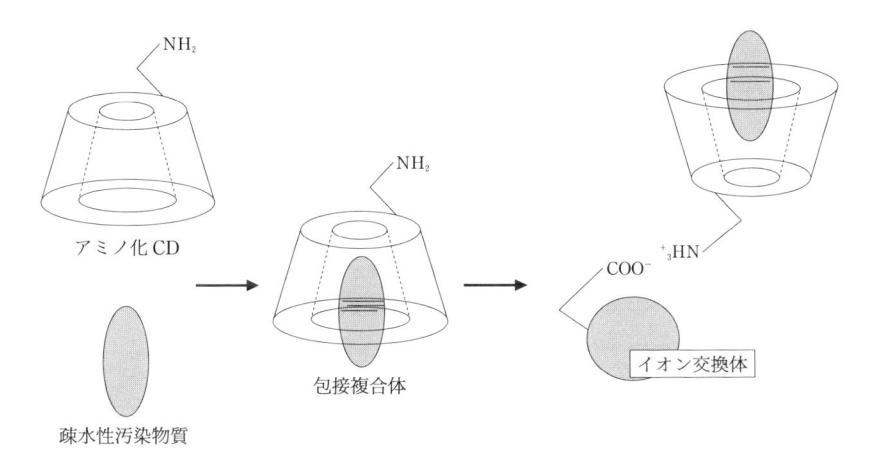

図5-1-3 アミノ化CDによる難溶性汚染物質の可溶化・捕捉のモデル

を解決する1つの方法として，イオン性官能基を導入したCD誘導体を用いる方法が考案された。たとえば，アミノ基を導入したα-CDは陽イオン交換樹脂に吸着するが，包摂複合体を形成していてもその性質は失われない。このCD誘導体はノニルフェノール(NP)を包接し，NPの水溶性を数百倍向上させる。CD-NP複合体は陽イオン交換樹脂と処理することで捕集され，さらにこの樹脂をアルコール，次いでアンモニア水で洗浄すると，NPとアミノ化CDをそれぞれ分離して溶出することが可能である(Fukuzawa et al., 2005)。

　シクロデキストリンの包摂能を利用した有害物質の検出も注目され，各種分光法と組み合せたセンサーとしての利用が考えられる。核磁気共鳴(NMR)スペクトルは情報量が多いため，有害物質の同定だけでなく包摂錯体の構造まで明らかにできる。しかし，NMR分光装置は大型で高価な上，感度(標準的な物質で検出下限は数十ppm程度)があまり高くないため，実用的なデバイスとしては適さない。そこで近年はより高感度で装置が安価な蛍光による検出法が提唱されている。センサー分子としては，蛍光色素のなかでも周囲の溶媒極性によって蛍光色が変化するソルバトクロミック色素が有望である。シクロデキストリンの内部空孔は疎水性が高いのであらかじめソルバトクロミック色素を内包させておき，より親和性の高い有害物質が包摂され

ると，色素が親水場に追い出されるため，蛍光色の変化によって有害物質の検出が可能となる．既に報告されている系では，Dansyl，NBDあるいはDapoxylなどの蛍光ソルバトクロミック色素が使われており，数十nm程度の蛍光波長のシフトが観測されている (Ikeda et al., 2005；Diwu et al., 2000)．今後は，ノニルフェノールやビスフェノールAなどの特定の有害物質を選択的に捕捉する分子化学的な工夫が必要となってくるが，感度は汎用的な発光素子・受光素子でも充分に高いので，持ち運びができその場で測定できるセンシングシステムが期待される．

5-1-3 クラウンエーテルやキレート剤の利用

前項のCDが疎水性物質と複合体を形成するのに対して，金属イオンを取り込む(包接する)ホスト分子としてクラウンエーテルやカリックスアレンあるいはEDTAなどのリガンドが知られている．また，天然物にはイオノフォアと呼ばれる特定の金属イオンと親和性の高い大環状化合物が見出され，細胞表面の脂質二重膜の選択的な金属イオン透過に重要な影響を与える．環境修復材料としては重金属イオンの溶媒抽出や吸着などへの利用が試みられている．以下の2例は最近の論文にみられる選択的な金属イオン除去法である．

クラウンエーテルは炭素原子2個と酸素原子1個が規則正しく並んだ大環状化合物で，王冠のような分子形状から名づけられた．環の大きさと酸素原子の数に応じて，12-クラウン-4，15-クラウン-5，18-クラウン-6というような呼び方をする．このクラウンエーテルの特徴は，環内に金属イオン(特にアルカリ金属およびアルカリ土金属類)やアンモニウム塩のような陽イオンを捕まえることができる点である (Pedersen, 1988；Cram, 1988)．この時，環になっているところが重要なポイントで，環を1箇所切り開いた形のものに比べて1万倍も強くイオンを捕捉する．また，環が大きいクラウンは大きなイオンが，小さなクラウンには小さなイオンと結合性が高い．アルカリ金属のイオン半径はリチウム，ナトリウム，カリウムの順で大きくなるが，これらはそれぞれ12，15，18員環のクラウンに最も相性がよい．これを利用して水中のイオン性の物質を有機溶媒中へ抽出することも可能である．さまざまな抽

出溶媒が検討されているが，イオン性溶媒や超臨界二酸化炭素への抽出も研究されている。イオン性溶媒はジアルキルイミダゾールと PF_6 などの塩で，常温で液体のものである。水や多くの溶媒と混和しないことから新規な溶媒として，燃料電池や新規反応溶媒として注目されている。放射性同位体を含むストロンチウムイオン(Sr^{2+})はジシクロヘキシル-18-クラウン-6と親和性が高い。水と各種溶媒との分配率(D)を調べると，クロロホルムやトルエンにはほとんど抽出されない($D=0.7〜0.8$)。ところが，イオン性溶媒(Et-MeIm・Tf_2N)に対しては $D=1.1×10^4$ と1万倍以上の抽出効率の向上が認められた(Dai et al., 1999)。また，クラウンエーテルを固定化した材料もいくつか知られている。クラウンエーテルの側鎖としてアリルオキシメチル基やトリアルキルシロキサン残基をもつ誘導体は，これらの官能基を修飾することで新たな機能を有するクラウンエーテルに導くことができる。たとえば，側鎖末端の不飽和結合を利用してポリウレタン樹脂に担持させたり，シロキサン基を介してシリカゲルに固定化したクラウンエーテルが開発されている。それらは，単体のクラウンエーテルと比較して同等のカチオン選択性を示し，さらに繰り返し使用できるという利点を有しており，金属汚染物質分析の前処理材としても利用されている。

　EDTA(エチレンジアミン四酢酸)は遷移金属イオンと錯体をつくるキレート剤である。これを高分子担体に固定化すると重金属イオンを除去するための吸着剤となる。ヒ素や六価クロムなどの金属で汚染された工場排水，地下水や地表水の浄化や汚染重金属を土壌に固定する目的でさまざまな凝集・不溶化安定化剤が用いられている。カニ殻などに大量に含まれるキチンから得られる塩基性多糖キトサンも金属配位子であるアミノ基をもつことから，重金属を含む汚染水の凝集剤として古くから用いられてきた。しかし，捕集能力やコストの面で有機あるいは無機系の合成高分子凝集剤が多用されるようになってきた。ごく最近，キトサンを無水 EDTA で化学修飾した図 5-1-4 に模式的に示すような半合成凝集剤が開発された。この EDTA 材料はもとの EDTA とほぼ同じ金属イオン選択性を示し，各金属イオンに対する吸着能が著しく向上している。また，この EDTA キトサンをガラスビーズにコーティングした後，カラムに充填して金属イオン吸着実験が報告されている。

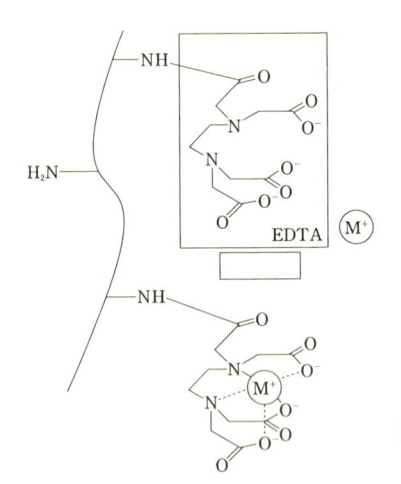

図 5-1-4 固定化 EDTA による金属イオン捕捉の模式図

そこでは，Co^{2+} と Ni^{2+} の分離や大量の Al^{3+} 存在下の Co^{2+} の選択的吸着などが可能であることが示された (Inoue et al., 1999)。

5-1-4 ミセル抽出媒体

1つの分子中に親水性基と疎水性基を併せ持つ両親媒性物質（界面活性剤）を水に溶かすと，気-液界面に分散し，表面張力が低下する。親水基の種類によってカチオン性，アニオン性，非イオン性界面活性剤に分類され，それぞれ疎水性の長鎖アルキル基とアミンの塩，カルボン酸やスルホン酸の塩，ポリエーテルやポリオールなどの親水性置換基をもっている。水から逃げようとする疎水基は，もう吸着できる界面がなくなると，水中で疎水基同士が集合化して水との接触を避ける。この分子集合体では，通常，界面活性剤は疎水基を内側に，親水基を外側（水のある側）に向けている。この分子集合体をミセルと呼び，ミセルができ始める濃度を臨界ミセル濃度 critical micelle concentration (CMC) と呼ぶ。ミセルは，中心部が疎水性，つまり油となじみやすい性質であるので，油などの疎水性の高い有機物をミセルの内部に取り込むことができる。洗剤による洗浄もこの原理を利用しているが，水に難溶性の環境汚染物質をミセル内部に取り込んで除去する試みも多数研究されている。しかし，大量の界面活性剤を用いる土壌洗浄などでは環境中で難分解性の界

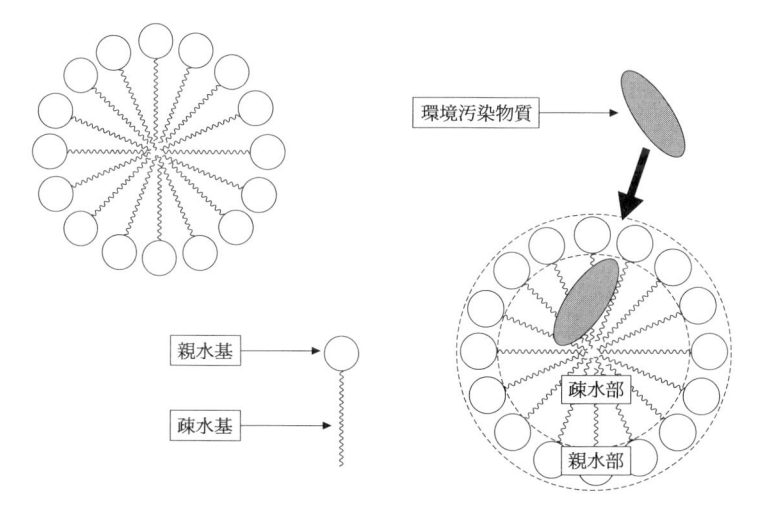

図 5-1-5　ミセルを用いた環境汚染物質の除去

面活性剤が二次的な環境汚染を起こす危険性もある。より環境負荷の小さな界面活性剤として，親水基に単糖やオリゴ糖をもつアルキルグリコシドやソホロリピドなどのバイオサーファクタントが注目されている。前者は糖と高級アルコールがグリコシド結合した非イオン性界面活性剤である。広義にはチオグルコシド結合したものもこの分類に含められ，グリコシダーゼにより分解されないという特徴をもつ。ポリオキシエチレンエーテル型の非イオン界面活性剤に比べて臨界ミセル濃度値(CMC値)が低いという特徴がある。

　糖質系界面活性剤を利用した汚染物質除去の例としては，多環芳香族化合物(PAH)，含塩素炭化水素(殺虫剤や除草剤，PCB)，オイルなどがある(Mulligan, 2005)。たとえば，CMCが 54 mg/L の天然糖脂質 4 g は，水中でミセルを形成することにより，800 g 以上の 4,4′-ジクロロビフェニールを捕捉できることが示された。このようにミセルによる疎水性汚染物質の抽出では非常に大量の物質を処理することが可能であるが，対象物質の選択性に乏しいのが欠点である。

5-1-5 固定化 DNA

DNA は遺伝子として生物に必須の物質であるが,特異な構造を有する高分子化合物でもある。DNA は水素結合で結ばれた多数の塩基対が階段状に並んだ二重ラセン構造を有する。この塩基対はプリン-ピリミジンの芳香族化合物がスタッキングした構造をとっている。図 5-1-6 に示すように,溶液中の平面構造をもつ発癌物質,制癌剤や色素などの分子を塩基対間に挿入する,いわゆるインターカレーションにより吸着することはよく知られている。また,DNA はすべての生物が産生することから大量にある未利用物質とも見なすことができ,機能性素材の原料として注目されてきた。

環境修復材料としても,この DNA の構造的な特性を利用した研究が行なわれている。ダイオキシンやコプラナー PCB などの汚染物質は平面分子であることから,DAN へのインターカレーションによる吸着が期待された。サケ白子由来の分子量 50 万の 2 本鎖 DNA をガラス基板にキャストし,乾燥後,紫外線照射により不溶性のフィルムとした。これを内分泌撹乱化学物質のモデルであるジベンゾ-p-ジオキシン,ジベンゾフラン,ビフェニールなどの水溶液に加えたところ,50〜70% の汚染物質が吸着できることが確認された。この不溶性 DNA を充填したカラムを用いれば,多環芳香族化合物に対してもより効果的な除去も可能である。DNA の固定化法は,このような紫外線による不溶性フィルムの他,ガラスビーズ表面への担持,ポリアクリルアミドビーズへの分散,ゾル-ゲル法によるハイブリッド化あるいは半透膜中への封入などが検討されている。いずれもジベンゾ-p-ジオキシンなどに対する良好な吸着能が示された(Yamada et al., 2002)。

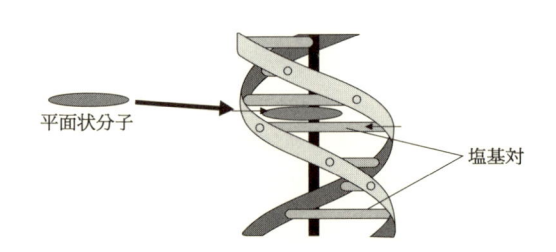

図 5-1-6 二重ラセン DNA 分子へのインターカレーション

5-2 カーボンナノチューブを吸着場として用いた環境浄化材料

5-2-1 背　景

昨年の2月，根室管内羅臼町の海岸で，流氷に閉じ込められて死んだシャチの体内に，高濃度のPCBや水銀が蓄積されていたことが，関連研究機関の調査によって明らかになった。PCB濃度は，8頭成獣の脂肪を調べた結果，74 ppm（平均値）であった。また，肝臓から58 ppm（$n=6$）の水銀が検出された（北海道新聞，2005）。現在，地球上には，このように既に汚染されてしまった生物が数多く存在している。環境に流出してしまった有害化学物質は，生物濃縮により生体内での濃度が上昇し，その結果，毒性が発現するレベルまでに達する恐れがでてくる。既に汚染された環境・生体から有害化学物質を除去する技術，すなわち，「環境メディシン技術」の開発は，新たな環境研究課題の1つとして，進められなければならない。有害化学物質は多様であり，その環境での濃度も高濃度から低濃度までさまざまである。加えて，環境中には，有害化学物質の他に多くの，そして有害化学物質よりもはるかに高濃度の自然に存在している物質が含まれている。そのため，これらの物質のなかから，有害化学物質だけを除去することはきわめて困難なことである。

我々の研究グループは，カーボンナノチューブを「吸着場」として，アルギン酸やポリウレタンのような有機高分子を「保護ネット」または担体として用い，複雑な環境のなかから有害化学物質を選択的に捕集・除去することのできる新規吸着材料の開発にチャレンジしている。

5-2-2 カーボンナノチューブの構造特徴および吸着場としての特異効果

カーボンナノチューブcarbon nanotube（CNT）は1991年に発見されて以来（Iijima, 1991），そのユニークな構造と特異的な物性から注目を集めている。CNTは製法の違いにより単層CNT（single-walled carbon nanotube：SWCNT）（Iijima and Ichihashi, 1993；Bethune et al., 1993）と多層CNT（multi-walled carbon nanotube：MWCNT）に分類される（図5-2-1）。SWCNTは1枚のグラフェン

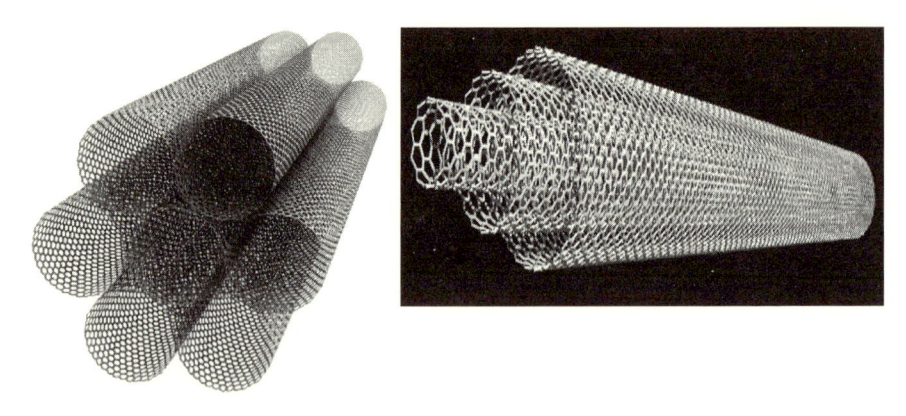

図5-2-1 単層カーボンナノチューブ(SWCNT:左)および多層カーボンナノチューブ(MWCNT:右)の模式図。SWCNTは通常バンドルと呼ばれる特殊な凝集体を形成する。

シートを円筒状に巻いた構造をもち，直径は約2 nm，長さは数十nm～十数μmとなっている。一方，MWCNTは複数のチューブが同心円状に重なった構造をもち，直径は数十nmであるが，長さは数十μmにもなる。

CNTの表面構造は，活性炭の表面構造と本質的に異なり，蜂の巣状の規則正しい六員環ネットワークで形成されている。このため，co-planer PCBやダイオキシンなどのようなベンゼン環を骨格とする平面構造を有する化学物質(その多くは発癌性を示す)と強く結合する性質をもっている(Long and Yang, 2001)。CNTの吸着場としてのこのような特異的な効果については，「π電子移動説」で説明されている(Sone and Fugetsu, 投稿中)。CNTにおいては炭素原子同士が互いにsp^2混成軌道によって結ばれている。残されている2 p_z電子は，チューブ全体にわたるπ分子軌道によって収容されている。これらのπ電子はCNTの最高被占軌道 highest occupied molecular orbital(HOMO) π電子に相当し，エネルギー準位が高いため，他の物質の最低空軌道 lowest unoccupied molecular orbital(LUMO)に移りすむ傾向がある。一方，受けいれ側の物質のHOMOπ電子は，CNTのπ電子の移りすみを阻止する働きをする。その結果，実際に移りすむ可能な物質としては，低いLUMOと低いHOMOをもつ物質に限られている。言い換えれば，低いLUMOと低いHOMOをもつ物質ほどCNTに選択的に吸着されることになる。たとえば，

23 種類の VOCs(1, 1-dichloroethylene, dichloromethane, *trans*-1, 2-dichloroethylene, *cis*-1, 2-dichloroethylene, chloroform, 1, 1, 1-trichloroethane, carbon tetrachloride, 1, 2-dichloroethene, benzene, trichloroethylene, 1, 2-dichloropropane, bromodichloromethane, *cis*-1, 3-dichloropropene, toluene, *trans*-1, 3-dichloropropene, 1, 1, 2-trichloroethane, tetrachloroethylene, dibromochloromethane, *m*-, *p*-xylene, *o*-xylene, bromoform, and *p*-dichlorobenzene)をモデル物質として用い吸着実験を行なったところ，*p*-dichlorobenzene が最も多く吸着され，その次は *o*-xylene，*m*-, *p*-xylene, benzene, toluene の順序であることがわかった。福井氏のフロンティア軌道理論に基づき，これらの物質の LUMO および HOMO のポテンシャルを計算すると，*p*-dichlorobenzene の場合は，-0.2430 および -9.2350，*o*-xylene は -0.3902 および -9.2865，*p*-xylene は -0.3564 および -9.1816，*m*-xylene は -0.3914 および -9.3064，benzene は -0.3961 および -9.7513，toluene は -0.3762 および -9.4425 であることがわかる。これらの物質のなかで，*p*-dichlorobenzene が最も低い LUMO および最も低い HOMO をもつため，CNT の π 電子を最も受けいれやすくなる。その結果，他の物質と比べ，*p*-dichlorobenzene が最も優先的に CNT に吸着されることになる。LUMO および HOMO のポテンシャル，さらに LUMO および HOMO の軌道の形状を情報源として用い，CNT による化学物質の吸着状況を予測することができる。

「π 電子移動説」は実験結果の予測にも使える。たとえば，毒性の低いダイオキシンの前駆体である dibenzo-1, 4-dioxin をモデル物質として用い，吸着実験を行なったところ，グラムあたりの CNT による吸着量が 100 μmol であったとすると，毒性の高い 2, 3, 7, 8-tetrachlorodibenzo-1, 4-dioxin についての吸着実験を行なわなくても，その吸着量については予測することができる。それぞれの化合物の LUMO, HOMO のポテンシャル・形状(図 5-2-2)から，2, 3, 7, 8-tetrachlorodibenzo-1, 4-dioxin は dibenzo-1, 4-dioxin よりは多く CNT に吸着されることがわかる。

活性炭を吸着剤として用いた実験では，選択性([A]/[toluene]，[A]が吸着されているある成分の物質量，[toluene]が同じ実験条件で吸着されている toluene の物質量)は CNT の場合と比べ，かなり低い値を示すことがわかった。言い換え

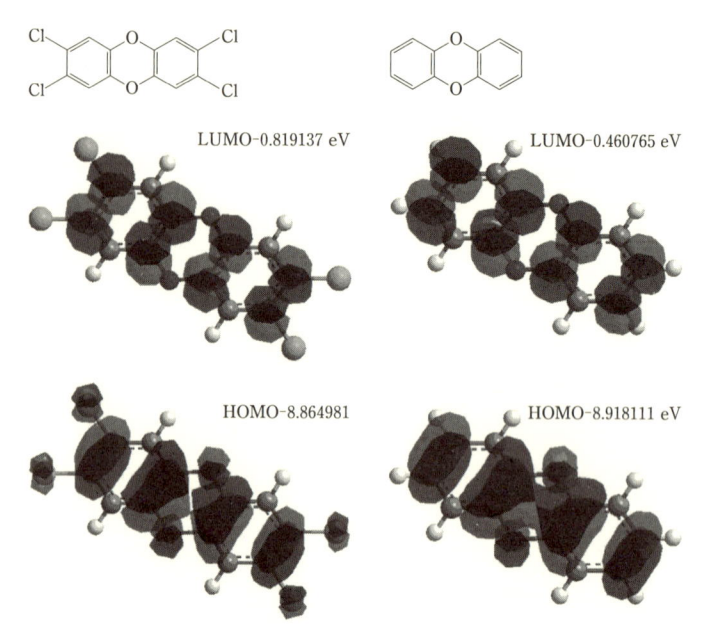

図 5-2-2 2, 3, 7, 8-tetrachlorodibenzo-1, 4-dioxin(左)および dibenzo-1, 4-dioxin (右)の LUMO と HOMO の軌道形状およびポテンシャル。化学物質の吸着はカーボンナノチューブの π 電子が吸着対象物質の LUMO に流れ込むことから理解される。LUMO の広がりが大きく、またその値が低い物質ほどカーボンナノチューブに吸着されやすい。HOMO π 電子は反発効果があるため、その形状および値も考慮する必要がある。口絵 2 参照。

れば、活性炭は CNT と異なり、あらゆる物質を吸着する。このような非特異的な吸着が進行することにより、吸着材の吸着飽和までの時間および使用寿命の短縮といったマイナス結果がしばしば発生する。一方、絶対吸着量に関しては、細孔構造を発達させた(比面積、1183 m²/g)活性炭の方が CNT(比面積、104 m²/g)より高い値(図 5-2-3)を示した。

5-2-3 カーボンナノチューブの単分散

CNT は、通常、数十～数百 μm の大きさの凝集体として存在している。そのため、表面に露出していない CNT が多く、多孔質活性炭と比べ、有効表面積がきわめて小さい。CNT を吸着場として用いた場合、材料の均一性

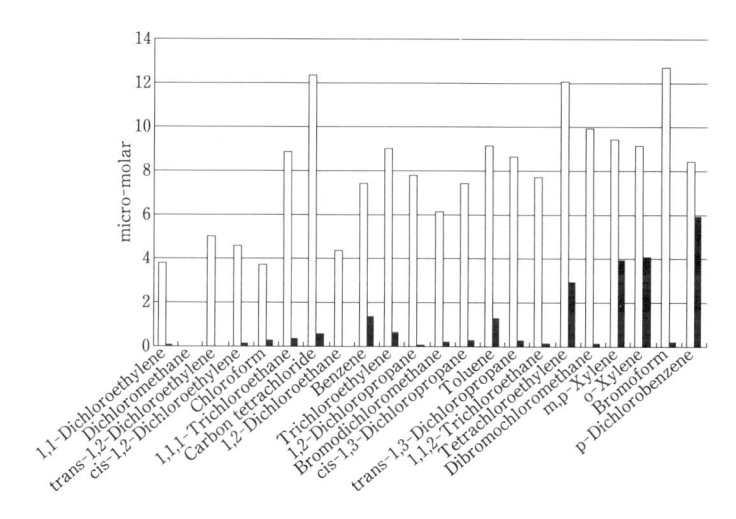

図5-2-3 カーボンナノチューブと活性炭との比較。カーボンナノチューブ(黒)はbenzene環を骨格とする平面構造をもつ物質，benzene, toluene, m, p-xylene, o-xylene, p-dichlorobenzeneを優先的に吸着する。Tetrachloroethyleneも強く吸着されるが，このことも，「π 電子移動」および平面構造から理解される。一方，活性炭(白)は非特異的に対象物質を吸着することがわかる。

および相対吸着容量(1 g CNT あたりの吸着量)を確保するために，CNT凝集体を1本ずつまでにほぐす必要がある。CNTの凝集は，その表面の原子が配位的に不飽和であるため，隣接したもの同士配位して，ファンデルワールス力による安定化エネルギーを獲得することによって起きる。CNTの構造特徴を最大限に発揮させるためには，まず，互いに凝集しているCNTの塊を1本ずつほぐす必要がある。以下に，筆者らが開発したCNTの単分散(1本ずつにほぐす)処理方法について紹介する。

CNT，特に単層タイプのCNT(SWCNT)においては，構成原子がすべて表面原子であるため，隣接するCNT間のファンデルワールス力による凝集が生じやすく，複数本のCNTからなるバンドル状の凝集体が形成されてしまう。この高い凝集性は，CNTの化学的・物理的操作や，CNTの産業への利用においても最大の障害となっており，単分散したCNTを得るためのさまざまな分散方法が提案されている。たとえば，溶液中でCNTを単分散させる1つの方法としては，まず，超音波処理などの物理的分散処理をする

方法が提案されている。たとえば，アセトン溶液中にCNTをいれ，超音波処理をすることで，CNTがアセトン中に分散する。また，超音波処理に加えて，界面活性剤などの物質を溶媒に加え，これらの物質でCNTを覆うことによってCNTの親溶媒性(特に親水性)を高める方法も提案されている。用いられる物質は多種多様であるが，たとえば，CNT凝集体を界面活性剤であるドデシル硫酸ナトリウム(SDS)水溶液中にいれることで，疎水性のCNT表面がSDSの吸着によって親水性が増し，超音波処理による分散がより効率的になることが報告されている。さらに，親溶媒性を高めるだけではなく，同じ極性の電荷を有する分子同士の斥力を利用して，分散したCNTが凝集しないようにする方法も提案されている。すなわち疎水部と電荷を有する親水部からなるSDSのような分散剤を使用し，分散剤がCNTに吸着することによってCNTの親溶媒性を高めることができる。さらに，分散剤の各分子には同じ電荷を有する親水部が存在するので，CNT全体が負の電荷または正の電荷を帯びるようになり，CNT同士が反発するようになる。しかしながら，このような分散方法は，CNTの分散に多くの時間を要するという問題がある。その理由の第一は，超音波処理などの物理的分散処理は，CNTの分散過程の間に常に行なわなければならないためである。この状況は，界面活性剤などを用いたとしても同じである。すなわち，界面活性剤など親溶媒性を高めるために用いられる物質は，CNTの凝集体を分散させるのに単独では充分な力は備えていないといえる。また，同じ極性を有する分子同士の斥力を利用した方法もさらに超音波による処理が必要であり，これらの分子は積極的にCNTの凝集体を分散させるというよりは，むしろ，分散しているCNTが再び凝集しないように維持しているだけである。第二に，得られた分散溶液には，単分散したCNTだけでなく，細い(小さい)CNT凝集体も混ざっており，分離精製が必要である。分散溶液から単分散したCNTを得るためには，きわめて性能の高い遠心分離機が必要であり，その分離には多くの時間を要する。第三に，上記分散処理および分離精製処理は，すべてのCNT凝集体が単分散するまで繰り返し行なわなければならない。

「化学修飾」と呼ばれている方法も開発されている(Chen et al., 1998；Liu et

al., 1998)。これはCNTを適切な方法で切断処理し，切断部位，または欠陥したサイドウォールの部位に生成したカルボン酸を活性部位として，多彩な化学反応によってさまざまな官能基を導入する方法である。一方，化学修飾法はCNTに大きなダメージを与えるため，材料分野においては，CNTを壊さずに分散させる技術が望まれている。

　我々は，1分子中にプラス電荷とマイナス電荷を同時にもっている分子，すなわち，両性イオン分子を分散剤として用い，CNT凝集体の分散を試みたところ，CNT凝集体が1本ずつ独立になることが確認された(Fugetsu et al., 2005)。さまざまな両性イオン物質，たとえば，低分子量の両性イオン界面活性剤，具体例として，3-(N, N-ジメチルステアリルアンモニオ)プロパンスルホネート，または，2-メタクロイルオキシホスホリルコリン(MPC)とn-ブチメタクリレート(BMA)とのコポリマーで構成されているような高分子様の両性イオンを分散剤として用いCNTの分散処理を行なったところ，どちらの両性イオン物質も，良好な分散効果を示した。

　両性イオンによるCNTの分散機構は，以下のように説明されている(Fugetsu et al., 2005)。正電荷および負電荷を有する両性イオンは，CNT凝集体の表面上で自己組織化し，両性イオン分子膜 self-assembled zwitterionic monolayer(SAZM)を形成する。CNT凝集体を覆うSAZMは，双極子間の強い静電的相互作用によって，他のCNT凝集体を覆うSAZMと静電的に結合する傾向がある。この静電的な力によって混合物中の各CNT凝集体が互いに引っ張りあうことにより，CNT凝集体を構成する各CNTの引き剥がれが起き，新たなCNT凝集体の表面が露出する。新しく露出した表面は，新たにSAZMによって覆われる。以上の反応が，CNT凝集体を構成するCNTが完全に1本ずつに分散するまで繰り返されるので，最終的にはCNTが完全に分散される(図5-2-4)。分散処理した後のSWCNTを原子間力顕微鏡および透過型電子顕微鏡を用いて観察結したところ，CNTは完全に1本ずつに分散されていることが確認された(図5-2-5)。

　また，多層カーボンナノチューブ(MWCNT)の凝集体を分散したところ，この両性イオン分散技術はMWCNT凝集体の分散に対してもきわめて有効であることがわかった。

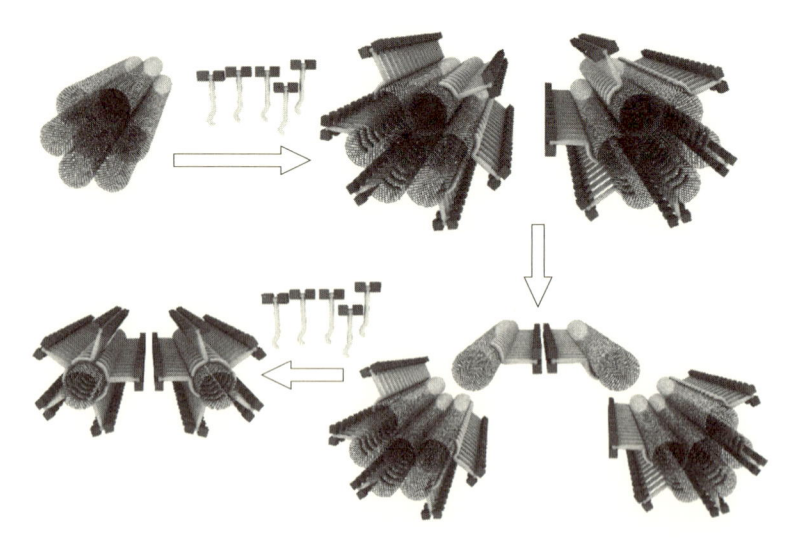

図 5-2-4 両性イオン型分散剤によるカーボンナノチューブ凝集体を1本ずつにほぐす技術の原理模式図。両性イオン分散剤がカーボンナノチューブ凝集体の表面に単分子膜を形成する際に，双極子(正の電荷と負の電荷をもつ head-group と呼ばれる部位，赤と青色で示している部位)間の静電的な斥力が最小限度になるように，隣接している同士の正の電荷と負の電荷は交互になるように配列する。異なるカーボンナノチューブ凝集体/両性イオン分散剤複合体間に起こる双極子/双極子相互作用は，カーボンナノチューブの凝集体を単分散させる原動力であると考えている。口絵3参照。

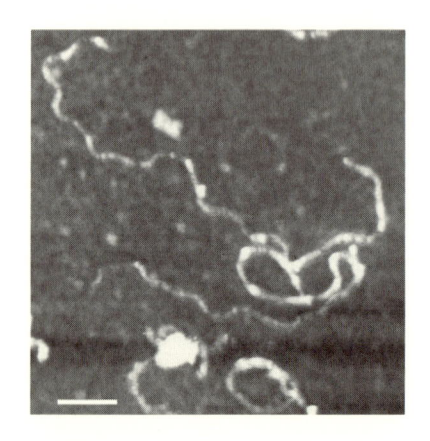

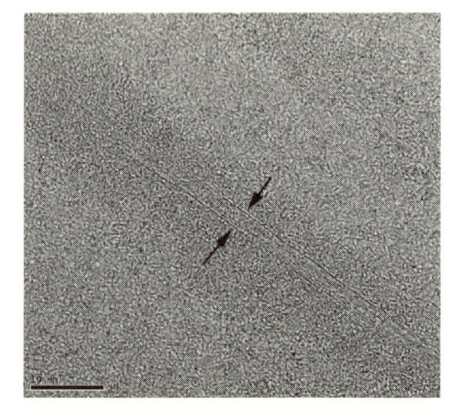

図 5-2-5 単分散した単層カーボンナノチューブの原子間力顕微鏡(左)および透過型電子顕微鏡による観察結果(右)。カーボンナノチューブの凝集体が1本ずつにほぐされていたことがわかる。

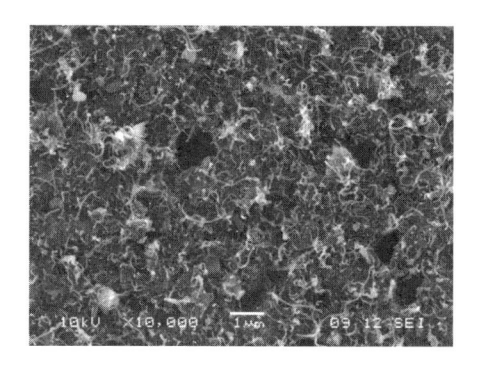

図 5-2-6　単分散カーボンナノチューブ（多層タイプ）をポリウレタンフォームの cell-wall の表面に担持させることによって作成された吸着材料。

5-2-4　単分散 CNT と有機高分子との融合

きわめて微小な CNT を吸着場として使う場合，操作時の便利性および環境への拡散・流出を防ぐことなどを考え，適切な担体に担持させることが必要である。我々は比表面積の豊富なポリウレタンフォームの cell-wall と呼ばれる細孔と細孔を連結する部分に，単分散 CNT を担持させることにより，CNT を吸着場とする多孔質かつ巨大化可能な吸着材料を開発した。電子顕微鏡を用い，吸着材料を観察したところ，単分散 CNT がポリウレタンフォームの表面にしっかり固定化されていることがわかった（図 5-2-6）。水や土壌および大気中に含まれている有害物質の吸着・除去に使える新しい環境浄化材料として期待されている。

5-2-5　網目構造高分子ゲル中への包摂

CNT 凝集体を 1 本ずつに分散した後，網目構造を有するアルギン酸/Ca^{2+} ゲルに内包し，ビーズ状，繊維状，ならびに膜状の CNT/アルギン酸コンポジットを作製した。アルギン酸は昆布など褐藻の細胞間を充填する粘質多糖類であり，β-D-マンヌロン酸と α-L-グルロン酸から構成されているポリウロン酸である。カルシウムイオンなどの多価カチオンを含む水溶液に，アルギン酸のナトリウム塩，すなわち，アルギン酸ナトリウムを添加すると，Egg-box と呼ばれる特殊な網目構造をもつゲルが形成される。さら

に，キャストまたは紡糸の手法を使えば，イオン架橋型の膜や繊維もつくられる。このような高分子ネットワークのなかに，単分散したCNTを内包させ，網目構造の「ネット」で取り囲み，余計なものを吸着場から遠ざける発想で，高い選択性をもつ吸着材料を作製することができた（図5-2-7）。ジベンゾ-p-ダイオキシン，ジベンゾフラン，ビフェニル，臭化エチジウム，アクリジンオレンジなどをモデル物質として用いた吸着実験において，作製した吸着材料は，活性炭より優れた吸着力と選択性をもっていることがわかった。また，HF細胞やBalb c-3T3細胞を用いたin-vitro実験，およびラットを用いたin-vivo実験においては，作製した吸着材料は高い生体親和性をもつことも判明した（Fugetsu et al., 2004a, c, 2005；Lin et al., 2005）。

現在，ラットを使って，生体内から有害物質を除去する実験を行なっている。体内に蓄積している有害物質の除去に使える吸着材料の開発は，我々がめざしている研究の目標の1つである。このように，カーボンナノチューブなどの無機ナノ材料およびアルギン酸やポリウレタンなどのような有機高分

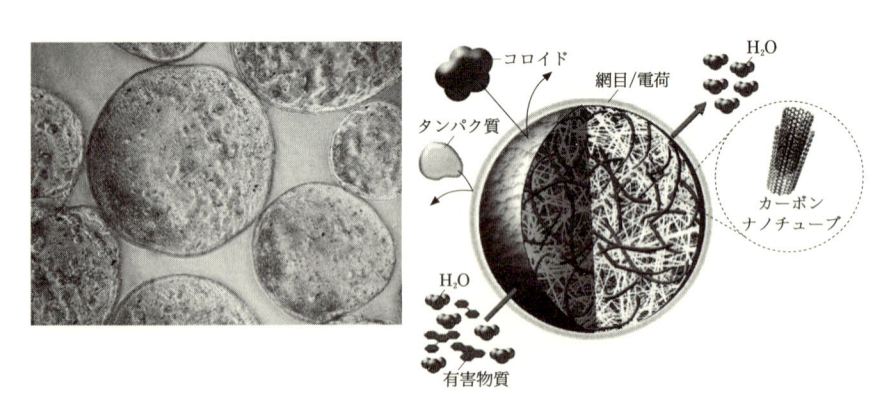

図5-2-7 単分散カーボンナノチューブをアルギン酸ゲルに内包させる手法による作成されたビーズ状の吸着剤の光学顕微鏡写真（左，ビーズの半径が200〜400 μm）。アルギン酸ゲルは網目構造をもち，吸着場であるカーボンナノチューブを固定すると同時に，これらの吸着場をコロイドやタンパク質などのようなサイズの大きい物質から守る役割も果たしている。高分子のネットワークの内に拡散することのできる物質のなかで，カーボンナノチューブと強く結合するものが，ゲル内に捕集され除去される。一方，カーボンナノチューブと作用しない物質あるいは結合しない物質，たとえば，水や無機電解質などは保持されずに，ゲルを通過する（右，模式図）。口絵4参照。

子を融合させることによって，これまでに存在しなかった新しい機能をもつ吸着材料を創り出すことができる。また，カーボンナノチューブの表面に白子由来のDNAを巻きつけることにより，PCBなどの有機性有害物質とカドミウムなどの無機性有害物質の両方を同時に捕集・除去することのできる二重の吸着場をもつ吸着材料の開発についても現在研究している。これらの研究の延長上において，CNTを代表とする無機ナノ材料とさまざまな有機素材を組み合せ，これを電極または触媒上に展開し，これらの素材上に汚染物質を濃縮した後，電気的または化学的な反応によって汚染物質を二酸化炭素まで分解し，吸着場を再生させることも可能となろう。このようなシステムでは汚染物質の捕集と分解が逐次的に行なわれ，吸着剤または触媒が再生されるので資源の節減にもなり得る。これらの研究がさらに進展し，実際の環境修復に適応できる方法や素材の開発が進むものと期待している。

5-3 カーボンファイバー電極を利用した環境汚染物質の電気化学的除去

5-3-1 電気化学的除去法の特徴

環境中に微量に存在する汚染物質を対象とした高度処理法の開発は非常に重要である。特に溶液中に低濃度で存在する汚染物質を選択的，効率的に処理する方法として電気化学法は非常に有効である。電気化学法を使用した環境汚染物質の処理法にはいくつかの種類があるが，共通する特徴として従来の化学的，生物化学的，もしくはそれらを組み合せた処理法と比較していくつかの有利な点を有する。たとえば，Fenton法や紫外線照射による光触媒的酸化のように有機汚染物質を酸化して分解する化学的な処理法では，過酸化水素や塩素酸化物，オゾンのような反応性の高い化学試薬を大量に必要とする。しかし，電気化学的処理法では溶液中に存在する目的物質の酸化還元反応を，電極上の局所的な空間で電極電位を制御しながら起こすため，酸化剤のような化学薬品による二次汚染の影響が少ない。また，微生物を利用した生物化学的な処理法では，微生物の活性は温度やpHに大きく依存するため，微生物の育成に障害となるような有毒な汚染物質が存在する場合は効果

が非常に抑制されてしまう。しかし，電気化学的処理法はこのような微生物を利用した処理が困難な条件でも適用することが可能である。他にも必要とする機材が安価で費用対効果が高いこと，常温・常圧で処理が可能であること，準備や操作が比較的簡便であること，他の方法と組み合せが容易であること，さらにさまざまな機能性材料で電極を作製もしくは電極表面に修飾することにより電極反応をより効率化することが可能であるといった長所がある。

　電気化学的な酸化還元反応を利用した溶液中の汚染物質の処理方法として，おもに汚染物質を電極上に捕集する方法と電極反応により汚染物質を害の少ない物質まで分解する方法がある(Rajeshwar and Ibanez, 1997)。電気化学的分解法にはシアン化合物や有機色素などの汚染物質を電極で直接分解する方法と，電極表面上の電気化学的酸化によって生成したOHラジカル，過酸化物，オゾンなどの酸化力の高い物質により有機汚染物質を無機化合物まで分解する方法などがある。しかし，これらの電気化学的分解法では望ましくない副生成物の発生を防止することは困難であり，二次汚染の可能性が残る。一方，電気化学的捕集法では対象となる汚染物質を電極上に捕集するため，処理後の溶液に電極反応後の汚染物質が残存しにくいという利点がある。電気化学的捕集法にはおもに重金属類を対象とした電解析出法と電解重合法がある。電解重合法はフェノール誘導体やアニリン誘導体などの有機化合物を電極で直接酸化することにより，電極表面上に重合膜として集積させ，溶液中から除去する方法である。電解重合法では使用する電極の表面積が大きい方が有利であることから，カーボンファイバーを束ねた電極を使用して，ビスフェノールA(Kuramitz et al., 2001)やノニルフェノール，クロロフェノール類(Kuramitz et al., 2002)，アニリン(Matsushita et al., 2005)などの処理について検討されてきた(図5-3-1)。ここでは，カーボンファイバー電極を使用した電解重合法による処理の一例としてビスフェノールA(BPA)，ビスフェノールS(BPS)およびジフェノール酸(DPA)の電気化学的処理(Kuramitsu et al., 2004)について説明する。

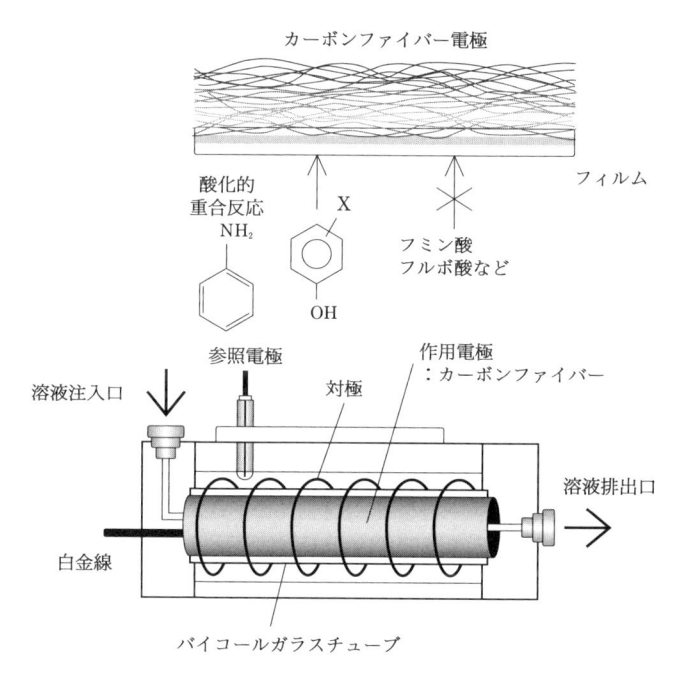

図5-3-1 低濃度汚染物質の電極での酸化反応を用いる選択的除去

5-3-2 電解重合法における対象物質の電気化学的応答

電解重合法による除去法では，目的物質を電極上で酸化した時に電極表面に重合体が集積しなければならない。図5-3-2はグッラシーカーボン電極を用いて測定したBPA，BPSおよびDPAの多重サイクリックボルタモグラムである。1回目の酸化方向の電位掃引でBPA，BPSおよびDPAのサイクリックボルタモグラムに明確な酸化ピークが観測された。しかし，帰りの還元方向の掃引では対応する還元ピークは観測されず，2回目以降の電位掃引では酸化ピークは完全に消失した。このような不可逆的なサイクリックボルタモグラムは，フェノール誘導体やアニリンなどで電極上に電気化学的に不活性な重合膜が形成したときに得られる典型的な波形である(逢坂ら，1989)。フェノール誘導体を電解酸化して生成したフェノキシラジカルは重合反応し，電極表面上に絶縁性の薄膜を生成する。BPA，BPSおよびDPAもフェノール基を有することから同様な電解重合反応が起こり，電極表面に重合体

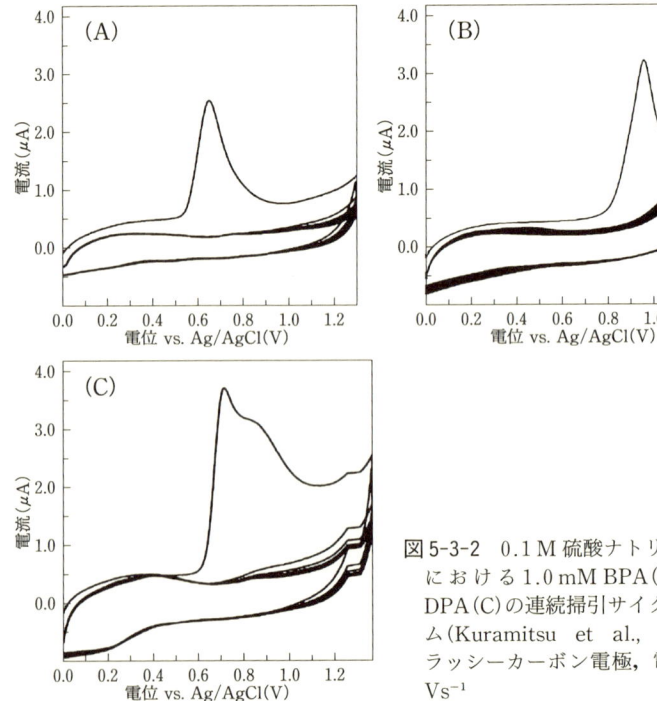

図5-3-2 0.1 M硫酸ナトリウム水溶液(pH 5.8)における1.0 mM BPA(A),BPS(B)およびDPA(C)の連続掃引サイクリックボルタモグラム(Kuramitsu et al., 2004)。作用電極：グラッシーカーボン電極，電位掃引速度：0.015 Vs^{-1}

が集積したと考えられる。このように処理対象である物質の電気化学的挙動を検討することにより，電気化学的処理に最適な条件を設定することができる。

5-3-3 カーボンファイバー電極を使用した電気化学的除去

目的物質の電解酸化により電極表面上に形成した重合膜が電気化学的に不活性である場合，重合膜が形成した後では目的物質の電極反応は抑制される。したがって多量の溶液を処理するためには非常に大きな表面積をもつ電極を使用する必要がある。そこでカーボンファイバー(直径0.5 mm，長さ5 cm)を100本束ねた電極を作用電極として使用した(表面積：約650 cm²)。

図5-3-3はカーボンファイバー電極に印加する電位(E_{app})を変化させてBPA，BPSおよびDPAを電気化学的処理したときの処理時間に対する除

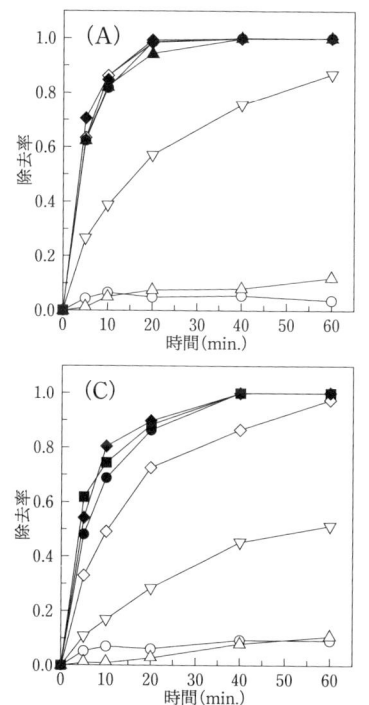

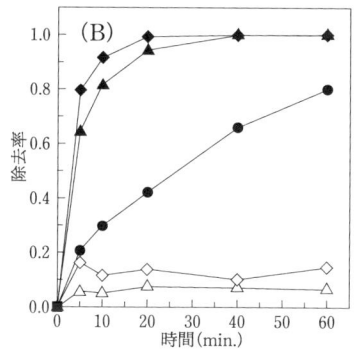

図5-3-3 0.1 M硫酸ナトリウム水溶液におけるBPA(A)，BPS(B)およびDPA(C)の処理時間に対する除去率変化(Kuramitsu et al., 2004)。E_{app}=0.3(○)，0.5(△)，0.6(▽)，0.7(◇)，0.8(■)，0.9(●)，1.0(▲)，1.2 V(◆)。処理方法：目的物質(初期濃度：4.0×10^{-6}M)を含む50 mLの試料溶液に作用電極としてカーボンファイバー電極，対極に白金メッシュ電極，参照電極に銀・塩化銀電極を設置し，ポテンシオスタットでカーボンファイバー電極に任意の処理電位(E_{app})を印加した。

去率変化である。図5-3-2のサイクリックボルタモグラムにおける酸化ピーク電位よりE_{app}が低い場合，除去率はほとんど変化しなかった。しかし，E_{app}を酸化ピーク電位より高くすると処理時間の増加と共に除去率は増加した。E_{app}=1.0 Vでは約60分の処理時間で溶液中のBPA，BPSおよびDPAは，ほぼ完全に除去された。E_{app}が酸化ピーク電位以下では除去率の変化はないこと，酸化ピーク電位以上で除去率が増加することから，除去率の変化は目的物質のカーボンファイバー電極表面への物理的な吸着ではなく，電極表面上での酸化重合膜の形成がおもな原因であると考えられる。

この方法による除去率は目的物質の溶液濃度に大きく依存する。図5-3-4はBPA，BPSおよびDPAの初期濃度を1.0×10^{-6}から1.0×10^{-4} Mまで変化した時の処理時間に対する除去率変化である。初期濃度が1.0×10^{-5} Mでは処理時間が約60分，1.0×10^{-6} Mでは約10分で溶液中のBPA，BPS

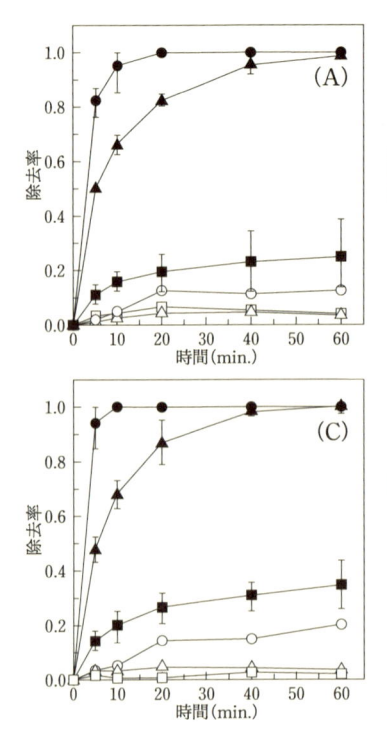

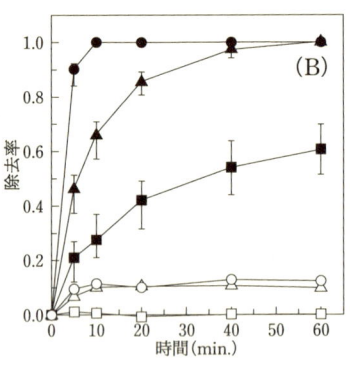

図 5-3-4　0.1 M 硫酸ナトリウム水溶液における BPA(A), BPS(B)および DPA(C)の処理時間に対する除去率変化(Kuramitsu et al., 2004)。BPA の E_{app}=0.75 V, BPS の E_{app}=1.0 V, DPA の E_{app}=0.8 V で, 初期濃度が 1.0×10^{-6}M(●), 1.0×10^{-5}M(▲), 1.0×10^{-4}M(■)。電位を印加しないで初期濃度が 1.0×10^{-6}M(○), 1.0×10^{-5}M(△), 1.0×10^{-4}M(□)。処理方法は図 5-3-3 と同じ。

およびDPAがほぼ完全に除去された。一方, 初期濃度が 1.0×10^{-4}M では除去率の増加は著しく制限された。これは電極上での単量体のさらなる酸化を妨害するのに充分な絶縁性の重合膜が, 電位を印加した後速やかにカーボンファイバー電極表面上に形成されたためである。

カーボンファイバー電極を使用した電気化学的除去を実際の環境中の汚染処理に適用する場合の妨害物質として, 環境中に最も広く存在する天然物であるフミン酸などの腐植物質が考えられる。そこで本手法におけるフミン酸の影響(2.5～10 ppm)を検討したが, BPA の除去率には影響を与えなかった。活性炭などの吸着剤を使う処理方法ではこのような共存物質が大きな問題となるが, 本法では電気化学的に重合が可能な物質を選択的に除去するため, 電極不活性な共存物質が存在しても効率のよい処理が可能である。

処理後のカーボンファイバー電極を再使用するためには電極表面に形成し

た目的物質の重合膜を除去しなければならない。BPA などの場合はクロロホルムなどの適切な有機溶媒で超音波洗浄することにより，カーボンファイバー電極の再生が可能である。また，女性ホルモンの一種である 17 β-エストラジオールをこの方法で処理した場合，処理後のカーボンファイバー電極に水溶液中で－1.6 V 程度の電位を印加することにより，電極表面上に水素を発生させて 17 β-エストラジオールの酸化重合膜を電極表面から取り除くことができる。この水素発生によるカーボンファイバー電極の再生は，印加電位の調節だけで容易に繰り返し電極の再生が可能であり，有機溶媒を使用しないことから環境に与える負荷も軽減できる。

5-4 有機スズ代替品

海の生物は，魚のように自由に動き回る生物ばかりでなく，岩などの基盤に付着して生活する生物が多い。彼らがいかにして付着する場所を定め，どのような水中接着剤を用いて付着しているのか，興味深い研究対象である。一方，付着生物は人間が造った構造物にも付着する。たとえば船に付着生物がつくと，摩擦抵抗が増大し，燃料消費が増加する。漁網に付着すると水が通りにくくなり，網のなかの水質悪化が起こり，網の重量増加も引き上げの負担になる。発電所の冷却水が付着生物によって供給されなくなると，発電を止めざるを得ない。そのような問題を引き起こす生物には，フジツボを代表として，ムラサキイガイ，ホヤ，コケムシ，ヒドラ，海藻類などが挙げられる。そこで，古くから付着生物を防止するために防汚塗料が用いられてきた。銅や水銀が昔から使われてきたが，1960 年代から有機スズ化合物，特にトリブチルスズ(TBT)が世界中で使われるようになった。トリブチルスズを結合したアクリル樹脂は，海水中で加水分解されて溶解し，塗膜内部の防汚剤が表面に現われると共に，表面の平滑性も維持される。ところが，貝類をはじめとする海洋生物に対し高い毒性を示すことがわかってきた。また，巻き貝に対しては雄性化を引き起こすことから内分泌攪乱作用としても認識されるようになった(森田，2005)。1980 年代ころから，使用規制を実施する動きが始まり，90 年ごろには日本では業界の自主規制の形で使用が止めら

れた。その後も世界各国での使用が続いたが，ついに2001年に国際海事機関(IMO)で国際条約が採択され，2003年に船体への塗装が禁止，2008年には船体への存在が禁止されることとなった。未だ批准国が足りないために発効には至っていないが各国の大手メーカーは2008年からの存在禁止という規制を前に，新たな塗装を行なっておらず，実質的な効果が発揮されている(千田，2005)。

　そこで，有機スズ化合物に代わる防汚塗料技術の開発が望まれている。現在，有機スズの代替品として日本では2004年の日本塗料工業会の公開情報によると15種類の物質が使用されている。その内，亜酸化銅の使用については，銅が必須元素であり問題ないとする考え方もあるが，重金属の使用に対し寛容な時代ではなくなった。その他のおもな代替防汚剤の構造を図5-4-1に示す。イルガロールはトリアジン系の除草剤に類縁の化合物であり，亜鉛ピリチオンは，フケ取り剤として用いられていたものである。しかし，これらの化合物にも生態毒性が報告されており(岡村，2005)，最もよく研究されているイルガロールでは，世界各地で報告されている海水中の残留濃度が藻類に対する毒性値付近となっていることもある。よって，このような代替防汚剤であるバイオサイドも，有機スズ化合物よりよいが，生態影響が懸念される化合物群であり，より環境に優しい防汚技術の開発が求められている。

　実用化されているなかで，最も成功しているのはシリコン系塗料である。

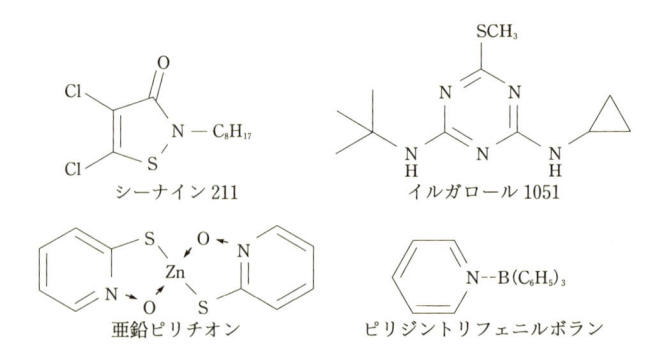

図5-4-1　現在使われている有機スズ代替防汚剤

低表面エネルギーにより，付着生物の基盤の付着力を押さえ，いったん付着した生物の脱落を容易にする。無毒で環境影響の心配がないことが最大の利点であるが，価格が高いことが普及を妨げている。コスト面の圧力が小さい発電所の海水導入管では実用となっている。また，停泊時に付着してしまうことや強度が弱いのもデメリットである。バイオサイドフリーのシステムとしては，電気化学的なシステムもある。船体表面に電圧を印可し，船体表面を陽極として海水を加水分解し次亜塩素酸を発生させ防汚効果を与える。しかしながら，初期投資額が大きく普及していない。最近は微細な表面構造が注目されている。クジラやカメの表面にはフジツボが付着することがあるが，サメには付着しない。そのサメの体表面を模倣したパターン構造は付着を防止できる。これは，表面に数十 μm の微細な凹凸がフジツボが付着しないという研究結果で説明される。また，医療関係で開発の進んでいるゲル膜なども，付着防止に応用されようとしている。

　代替防汚剤の開発ターゲットとして天然の付着阻害物質があり，実用化に向けて研究開発が進められている。海の付着生物は，他の生物が付着することから自身を守るために化学防御物質をもっていることがよく知られている。この化学防御物質を防汚物質として用いるというコンセプトで研究が進められた。まず，ある種の海綿やウミウシ類はイソシアノ基という天然には珍しい官能基をもつ化合物を有する。イソシアノ化合物は，魚毒性などを示すので，化学防御物質として報告されてきたが，フジツボ幼生の着生阻害活性もあることが見出された。しかしながら，このような化合物は天然からは微量にしか得られない上，合成するには多数の段階が必要であり，医薬品のように高付加価値のものであればよいが，低コストであることが求められる塗料では合成による供給は無理である。そこで，活性の強かったイソシアノ化合物の一種 3-イソシアノテオネリンをリード化合物として構造活性相関研究を進めたところ，2 段階で合成可能な化合物にも付着阻害活性が見出された。図 5-4-2 に示す化合物は，3 か月の海域試験でも防汚効果を示したという（野方，2005）。

　また，ホンダワラコケムシ *Zoobotryon pellucidum* から発見された 2,5,6-トリブロモ-1-メチルグラミン(TBG)も非常に強いフジツボ幼生に対する付着

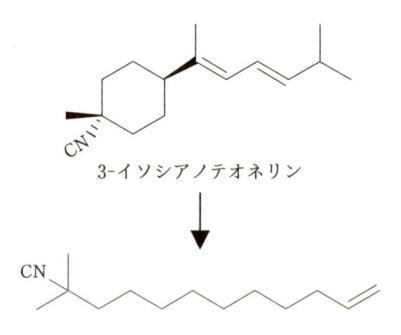

図 5-4-2　天然イソシアノ化合物からの合成防汚剤の創製

阻害活性を示した(川又, 2006)。そこで，この天然物質をリード化合物として150種類以上の類縁体が合成され，付着阻害活性，合成の容易さ，毒性などを基準に 5,6-ジクロロ-1-メチルグラミン(DCMG)が開発候補物質として選抜された(図5-4-3)。塗料化においては，DCMG が最小有効量で溶出されることが求められるが，当初選択したシリコンを基体樹脂とした場合には過剰に溶出した。DCMG と親和性のあるポリマーとしてアクリル酸-スチレン共重合体を配合することによって，塗膜から微量の DCMG を徐々に溶出させる技術を確立することができた。実海域試験で2年間の防汚性能の持続を確認しており，DCMG の溶出をモデル計算したところ防汚寿命は7年以上と推定された。

　オーストラリアのグループはタマイタダキ属の紅藻 *Delisea pulchre* からフラノン環をもつフィンブロリド類を単離した(図5-4-4)。このフラノン類はフジツボ幼生の着生を低濃度で阻害する他，緑藻の胞子着生阻害，バイオフィルム形成海洋バクテリア成長阻害が報告されている。フィールド実験でも防汚性能が確認されており，実用化が検討されている。これらの化合物はアシルホモセリンラクトン(AHL)のアンタゴニストとして作用して，微生物のクオーラムセンシングを阻害すると考えられている(de Nys et al., 2006)。

　地中海産の海綿 *Reniera sarai* から単離されたアルキルピリジニウムのポリマー(図5-4-5, poly-APS)は，フジツボ幼生の付着を $0.27\,\mu g/mL$ で阻害し，非常に低毒性であることから有望であると考えられている(Sepčić and Turk, 2006)。

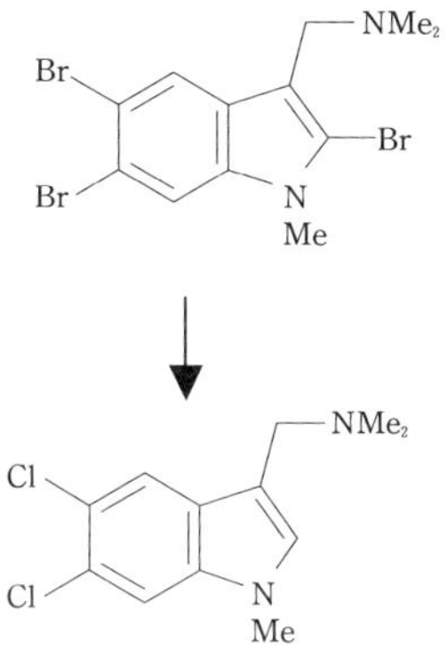

TBG(天然物)

DCMG(合成品)

図 5-4-3　ホンダワラコケムシ由来の防汚物質

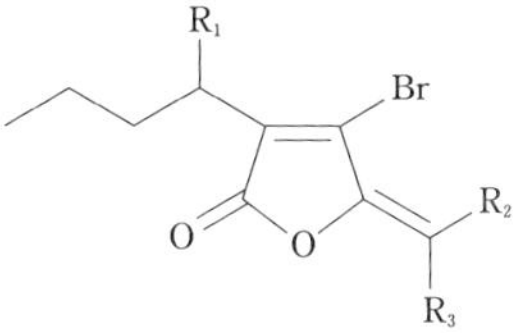

1：R_1=H，R_2=R_3=Br
2：R_1=R_2=H，R_3=Br
3：R_1=OAc，R_2=H，R_3=Br
4：R_1=OH，R_2=H，R_3=Br

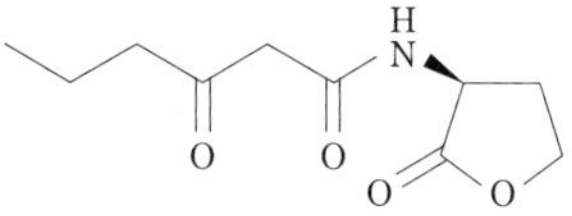

5

図 5-4-4　紅藻タマイタダキの防汚物質(1〜4)とホモセリンラクトンの例(5)

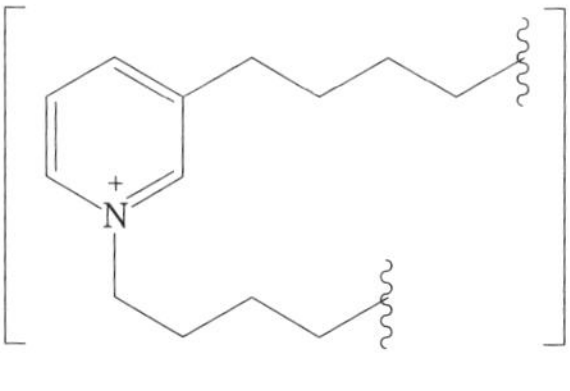

n=29，99

図 5-4-5　防汚活性を有するアルキルピリジニウムポリマー

　このように天然有機化合物は，一般にコストが高いと考えられるが，低コストで合成可能な化合物を創製することなどにより，自然の化学防御作用を応用した環境に優しい防汚剤を開発する可能性が，現実に近づいてきた。

[引用文献]
[5-1 機能性超分子材料]
Aoki, N., Nishizawa, M. and Hattori, K. 2003. Synthesis of chitosan derivatives bearing cyclodextrin and adsorption of p-nonylphenol and bisphenol A. Carbohydrate Polymers, 52: 219.

Cram, D.J. 1988. The design of molecular hosts, guests, and their complexes (nobel lecture). Angew. Chem. Int. Ed. Engl., 27: 1009.

Dai, S., Ju, Y.H. and Barnes, C.E. 1999. Solvent extraction of strontium nitrate by a crown ether using room-temperature ionic liquids. J. Chem. Soc., Dalton Trans., 1201.

Diwu, Z., Zhang, C., Klaubert, D.H. and Haugland, R.P. 2000. Journal of photochemistry and photobiology A: Chemistry, fluorescent molecular probes VI: The spectral properties and potential biological applications of water-soluble Dapoxyl sulfonic acid. Journal of photochemistry and photobiology. A: Chemistry, 131: 95.

Dodziuk, H. 2006. Handbook of cyclodextrins-chemistry, spectroscopy and applications. Wiley-VCH.

Fukazawa, Y., Pluemsab, W., Sakairi, N. and Furuike, T. 2005. An efficient adsorption-desorption system for hydrophobic phenolic pollutants: Combined use of mono-6-amino-α-cyclodextrin and cation exchanger. Chem. Lett., 34: 1652.

服部憲治郎他. 2005. ナノマテリアル・シクロデキストリン, pp. 3-47. 米田出版.

平尾俊一・原田明(編). 2000. 化学フロンティア「超分子の未来」. 化学同人.

Ikeda, H., Murayama T. and Ueno, A. 2005. Skeleton-selective fluorescent chemosensor based on cyclodextrin bearing a 4-amino-7-nitrobenz-2-oxa-1,3-diazole moiety. Organic Biomolecular Chemistry, 3: 4262.

Inoue, K., Yoshizawa, K. and Ohto, K. 1999. Adsorptive separation of some metal ions by complexing agent types of chemically modified Chitosan. Analytica Chimica Acta, 388: 209.

Martel, B., Thuaut, P., Bertini, S., Crini, G., Bacquet, M., Torri, G. and Morcellet, M. 2002. Grafting of cyclodextrins onto polypropylene nonwoven fabrics for the manufacture of reactive filters. III. Study of the sorption properties. J. Applied Polymer Science, 85: 1771.

Mulligan, C.N. 2005. Environmental applications for biosurfactants. Environmental Pollution, 133: 183.

Nishiki, M., Tojima, T., Nishi, N. and Sakairi, N. 2000. β-cyclodextrin-linked chitosan beads: Preparation and application to removal of bisphenol A from water. Carbohydrate Letters, 4: 61.

Pedersen, C.J. 1988. The discovery of crown ethers. Angew. Chem. Int. Ed. Engl., 27: 1021.

Tick, G.R., Lourenso, F., Wood, A.L. and Brusseau, M.L. 2003. Pilot-scale demonstration of cyclodextrin as a solubility-enhancement agent for remediation of a tetrachloroethene-contaminated aquifer. Environ. Sci. Tech., 37: 5829.

Yamada, M., Kato, K., Nomizu, M. Ohokawa, K., Yamamoto, H. and Nishi, N. 2002. UV-irradiated DNA matrixes selectively bind endocrine disruptors with a planar structure. Environ. Sci. Tech., 36: 949.

[5-2 カーボンナノチューブを吸着場として用いた環境浄化材料]
Bethune, D.S., Chiang, C.H., de Vries, M.S., Gorman, G., Savoy, R., Vazquez, J. and Beyers, R. 1993. Cobalt-catalysed growth of carbon nanotubes with single-atomic-layer walls. Nature, 363: 605.
Chen, J., Hamon, M.A., Hu, H., Chen, Y., Rao, A.P., Eklund, P.C. and Haddon, R.C. 1998. Solution properties of single-walled carbon nanotubes. Scinece, 282: 95.
Fugetsu, B., Satoh, S., Iles, A., Tanaka, K., Nishi, N. and Watari, F. 2004a. Encapsulation of multi-walled carbon nanotubes (MWCNTs) in Ba^{2+}-alginate to form coated micro-beads and their application for pre-concentration/elimination of dioxins. The Analyst (London), 129: 565.
Fugetsu, B., Satoh, S., Shiba, T., Mizutani, T., Lin, Y.-B., Terui, N., Nodasaka, Y., Sasa, K., Shimizu, K., Akasaka, T., Shindoh, M., Shibata, K., Yokoyama, A., Mori, M., Tanaka, K., Sato, Y., Tohji, K., Nishi, N. and Watari, F. 2004b. Caged multi-walled carbon nanotubes as the adsorbents for affinity-based elimination of ionic dyes. Environ. Sci. Technol., 38: 6890.
Fugetsu, B., Satoh, S., Shiba, T., Mizutani, T., Nodasaka, Y., Yamazaki, K., Shimizu, K., Shindoh, M., Shibata, K., Nishi, N., Sato, Y., Tohji, K. and Watari, F. 2004c. Large-scale production of Ba^{2+}-alginate-coated vesicles of carbon nanofibers for DNA-interactive pollutant elimination. Bull. Chem. Soc. Jpn., 77: 1945.
Fugetsu, B., Han, W., Endo, N., Kamiya, Y. and Okuhara, T. 2005. Disassembling single-walled carbon nanotube bundles by dipole/dipole electrostatic interactions. Chem. Lett., 34: 1218.
北海道新聞. 流氷死シャチ, 体内高濃度 PCB. 2005 年 3 月 10 日.
Iijima, S. 1991. Helical microtubules of graphitic carbon. Nature, 354: 56.
Iijima, S. and Ichihashi, T. 1993. Single-shell carbon nanotubes of 1-nm diameter. Nature, 363: 603.
Lin, Y.B., Fugetsu, B., Terui, N. and Tanaka, S. 2005. Removal of organic compounds by alginate gel beads with entrapped activated carbon. J. Hazardous Materials, B120: 237.
Liu, J., Rinzler, A.G., Dai, H., Hafner, J.H., Bradley, R.K., Boul, P.J., Lu, A., Iverson, T., Shelmov, K., Huffman, C.B., Macias, F.R., Shon, Y.S., Lee, T.R., Colbert, D.T. and Smalley, R.E. 1998. Fullerene pipes. Science, 280: 1253.
Long, R.Q. and Yang, R.T. 2001. Carbon nanotubes as superior sorbent for dioxin removal. J. Am. Chm. Soc., 123: 2058.
Sone, H. and Fugetsu, B. submitted for publication.
[5-3 カーボンファイバー電極を利用した環境汚染物質の電気化学的除去]
Kuramitsu, H., Matsushita, M. and Tanaka, S. 2004. Electrochemical removal of bisphenol A based on the anodic polymerization using a column type carbon fiber electrode. Water Res., 38: 2330-2337.
Kuramitz, H., Nakata, Y., Kawasaki, M. and Tanaka, S. 2001. Electrochemical oxidation of bisphenol A: Application to the removal of bisphenol A using a carbon fiber electrode. Chemosphere, 45: 37-43.
Kuramitz, H., Saitoh, J., Hattori, T. and Tanaka, S. 2002. Electrochemical removal of p-nonylphenol from dilute solutions using a carbon fiber anode. Water Res., 36: 3323-3329.

Matsushita, M., Kuramitz, H. and Tanaka, S. 2005. Electrochemical Oxidation for Low Concentration of Aniline in Neutral pH Medium: Application to the Removal of Aniline Based on the Electrochemical Polymerization on a Carbon Fiber. Environ. Sci. Technol., 39: 3805-3810.
逢坂哲彌・小山昇・大阪武男. 1989. 電気化学法―基礎測定マニュアル. 199 pp. 講談社.
Rajeshwar, K. and Ibanez, J.G. 1997. Environmental Electrochemistry. 776 pp. Academic Press, San Diego.

[5-4 有機スズ代替品]

de Nys, R., Givskov, M., Kumar, N., Kjelleberg, S. and Steinberg, P.D. 2006. Furanones. In "Antifouling compounds"(eds. Fusetani, N. and Clare, A.S.), pp. 55-86. Springer-Verlag, Berlin Heidelberg.
川又睦. 2006. フジツボと新規防汚塗料. フジツボ類の最新学(日本付着生物学会編), pp. 247-263. 恒星社厚生閣.
森田昌敏. 2005. 有機スズによる汚染と生殖障害. 環境と健康(森田昌敏・高野裕久著), pp. 151-155. 岩波書店.
野方靖行. 2005. 防汚剤. 海洋生物成分の利用(伏谷伸宏監修), pp. 290-298. シーエムシー出版.
岡村秀雄. 2005. 有機スズ代替防汚剤の生態系影響. 日本マリンバイオエンジニアリング学会誌, 40：35-38.
千田哲也. 2005. なぜ今, 防汚塗料が問題か. 日本マリンバイオエンジニアリング学会誌, 40：4-6.
Sepčić, K. and Turk, T. 2006. 3-Alkylpyridinium compounds as potential non-toxic antifouling agents. In "Antifouling compounds"(eds. Fusetani, N. and Clare, A.S.), pp. 105-124. Springer-Verlag, Berlin Heidelberg.

索　引

【ア行】

亜鉛　49, 53
亜鉛欠乏症　53
亜鉛療法　54
アオコ　200, 203
赤潮　202
アグロバクテリウム法　194
亜硝酸細菌　133
亜硝酸性窒素　130
アセトアルデヒド　58
アポトーシス　36, 45
アポプラスト　196
アマゾン　60
網目構造高分子ゲル中への包摂　231
アルカリ化　144
アルカン　156
アルカンヒドロキシラーゼ/モノオキシゲナーゼ　157
アルキルグリコシド　221
アルキルフェノール類　215
アルギン酸　215, 223
アルギン酸ゲル　123
アレロケミカル　11
アレロパシー　204
アロキン　11
安定化　122
アンドロゲン　106
アンモニア　137
アンモニア酸化細菌群　155
硫黄酸化脱窒細菌　135
イオノフォア　218
イオン交換樹脂　125
イオン交換法　135
イオン性溶媒　219

イソシアノ基　241
磯焼け　204
イタイイタイ病　61
イチイヅタ　13
一重項酸素　72
一酸化窒素　72
遺伝子組換え植物　194
遺伝子組換え植物の問題点　196
遺伝子工学　180
遺伝子の水平伝播　196
遺伝子発現　91
移入種　201
イボニシ貝　25
インターカレーション　222
インディアン居留区　60
奪われし未来　22
影響評価　46
影響評価系　31
影響評価試験　24
栄養塩　199
エストラジオール類　22
エストロゲン活性　100
エストロゲン受容体　101
エストロゲン様物質　100
エチレンジアミン四酢酸　219
エリシター　13
エレクトロカイネティックレメディエーション　141
エレクトロポレーション法　194
オオフサモ　200
オキシン銅　147
オーギュメンテーション　140
オクタノール/水分配係数　16
オーソログ　95

オゾン酸化法　126

【カ行】
ガイア説　7
外因性内分泌撹乱化学物質　22
絵画の修復　3
外来種　200
カイロモン　11
化学修飾　228
化学的酸化法　119
化学物質曝露　95
化学防御物質　241
化学無機栄養微生物　154
カキ　53
可逆的な修復　5
獲得性腸性肢端皮膚炎　54
核内ロケーター結合物　185
過酸化水素　72
下垂体-副腎皮質系　70
河川・湖沼の環境修復　198
カタラーゼ　75
活性汚泥プロセス　135
活性酸素種　72
活性炭　123
カテコールアミン　70
カドミウム　60, 195
カドミウム含有米　61
カーボンナノチューブ　125, 223
カーボンファイバー電極　234
神岡鉱山　61
可溶化　147
カラー　200
カラシナ　193
ガラス固化法　117
カリックスアレン　218
カリフラワー　195
感覚生理学的ストレッサー　67
環境汚染化学物質　21
環境修復　1
環境修復学　6

環境修復技術　115
環境浄化法　2
環境保全　1
環境ホルモン　22
環境メディシン技術　223
関西水俣病訴訟　58
肝臓　223
寒冷　68
キショウブ　200
気相水素還元法　178
キトサン　215
キノンプロファイル法　169
忌避物質　10
逆浸透法　136
キャノン　47
急性環境汚染物質　153
吸着場　223
凝集性　227
凝集体　226
共生　155
キラー海藻　13
キレート剤　219
キレート樹脂　125
金属水銀　56
金属ナトリウム分散体法　178
クウシンサイ　200
クオーラムセンシング　242
クラウンエーテル　218
グリーンケミストリー　1
グルココルチコイド　64, 71
グルタチオン　75
グルタチオンペルオキシダーゼ　75
クレソン　200
クロクルミ　11
クロード・ベルナール　47
クロム　49
クロロフェノール　124
グンバイナズナ　193
蛍光 in situ ハイブリダイゼーション
　170

索　引　249

蛍光抗体法　　169
蛍光標識　　93
警告反応　　65
形質転換植物　　100
血液‐脳関門　　56
ゲニステイン　　104
原位置ガラス固化法　　123
原位置法　　116
原索動物　　92
原子間力顕微鏡　　229
現場修復　　183
高温焼却法　　178
光化学分解法　　178
高カロリー輸液　　54
工業排水　　140
光合成　　7
抗酸化機能　　72
抗酸化酵素　　74
抗酸化剤応答領域　　71
高集積植物　　193
恒常性の維持　　47
拘束　　68
拘束水浸　　68
好中球　　73
酵母　　63
国連食糧農業機関　　52
固体触媒法　　136
国家賠償法　　59
骨粗鬆症　　60
骨軟化症　　60
固定化 CD　　215
固定化タンニン　　146
固定床反応器　　135
コバルト　　49
コプラナー PCB　　222

【サ行】

最外殻電子　　72
細孔構造　　226
最大無作用量　　51

最大無毒性量　　51
削減技術　　1
殺藻細菌　　202
三塩化窒素　　137
酸化スズ電極　　127
酸化チタン　　129
酸化的ストレス　　72
産業廃棄物　　188
サンゴモ　　204
三次元膜　　43
酸性化　　144
酸素徐放性物質　　190
酸素毒性　　74
酸素付加反応　　158
三徴候　　66
次亜塩素酸イオン　　73
シアノバクテリア　　8
ジエチルスチルベストロール　　104
ジオキシゲナーゼ　　159
紫外線　　74
糸球体機能低下　　60
シグナル伝達系　　42
シクロデキストリン　　147, 214
資源循環型　　200
脂質過酸化　　72
脂質ペルオキシルラジカル　　72
システイン　　62
ジスルフィド結合　　63
次世代影響評価系　　42
実証研究　　197
シノモン　　11
自発運動量　　32
脂肪　　223
脂肪酸分析法　　169
シャチ　　223
重金属　　46, 48, 84, 192
重金属耐性機構（植物の）　　193
住民の意識　　120
ジュグロン　　11
受光素子　　218

出芽酵母　63
主要元素　49
硝化　155
松花江　60
硝化細菌　133
焼却法　119
上向流式スラッジブランケット法　135
硝酸イオン　130
硝酸汚染　200
硝酸呼吸　155
硝酸性窒素　130
情動ストレッサー　67
蒸発散　192
除去率　236
食品基準　62
植物による環境修復　187
植物の恩恵　187
植物の重金属耐性機構　193
食物連鎖　9, 57
女性ホルモン活性　100
シロイヌナズナ　101
神経様細胞　37, 41
進行性脳変性症　55
深層地下処分　117
身体的ストレッサー　67
神通川　61
水銀　56, 201, 223
水耕生物濾過法　198
水質汚濁防止法の改正　191
水質二法　59
水質保全法　59
水素化反応　136
水素徐放性物質　190
ステアリン酸　125
スティムレーション　152
ストレス　64
ストレスの評価　68
ストレスの累積的評価指標　69
ストレス病　71

ストレッサー　66
スーパーオキシド　72
スーパーオキシドディスミターゼ　53
スーパーファンド法　189
スモールサブユニットリボゾーム RNA　166
スラリーウォール法　117
制御領域　185
生態地球圏システム劇変の予測と回避　36
生態毒性　240
セイタカアワダチソウ　11, 12
生物学的影響評価　91
生物学的硝化脱窒法　133
生物学的方法　133
生物多様性　201
生物蓄積　15
生物濃縮　14, 15, 223
生物濃縮係数　15
生物膜　199
性ホルモン物質　10
世界保険機構　132
脊索　92
赤色蛍光色素　93
石油汚染土壌　197
ゼータ電位　142
摂食阻害物質　10
セリ　200
セリエ　65
セルロプラスミン　53, 75
セレン　49
ゼロエミッション　198
ゼロエミッションプロセス　1
センサー分子　217
全身適応症候群　65
選択性　225
騒音　68
双極子間の強い静電的相互作用　229
遡及責任　189
測定法の開発　183

索引 251

疎水性処理　125
ソルバトクロミック色素　217
ソルビトール　39

【タ行】
第一相反応　87
ダイオキシン(類)　79,177,222
胎児性水俣病　56
タイトジャンクション　43
第二相反応　87
第二水俣病　59
胎盤関門　43
胎盤モデル膜　42
耐容1日摂取量　52
大量発生　201
多環芳香族化合物　221
多環芳香族炭化水素　83
多孔質金属触媒　140
多孔質Ni触媒　141
多孔質Ni-Pt触媒　141
多層CNT　223
多段階反応　138
脱窒　156
多動性障害　33
タバコ　196
炭酸脱水酵素　53
単層CNT　223
担体　137,223
単分散CNT　231
断片化DNA量の定量　38
地下水の硝酸イオン　130
地球大気の酸素濃度　8
蓄積性　15
チッソ株式会社　57
チトクロームcオキシダーゼ　55
中心静脈栄養法　54
超音波法　119
腸性肢端皮膚炎　54
超微量元素　51
超分子化学　213

超臨界水酸化分解法　178
超臨界水分解法　119
超臨界媒体　130
直接計数法　168
直接生菌計数法　168
沈黙遺伝子　196
沈黙の春　22
通産省軽工業局長　58
土浦ビオパーク　200
抵抗期　65
定量的構造活性相関　17
定量的PCR　168
鉄　49
鉄粉法　127
テトラクロロエタン　216
テトラゾリウム塩法　169
電解重合法　234
電気泳動速度　142
電気化学的修復法　118
電気化学的処理法　233
電気化学的分解　127
電気浸透流　141
電気透析法　136
電撃　68
転写コアクチベーター　101
天然有機化合物　243
銅　49,54
透過型電子顕微鏡　229
銅ゴケ　18
糖脂質型バイオサーファクタント　161
土壌ガス吸引法　118
土壌洗浄法　216
土壌・地下水汚染対策　189
土壌フラッシング法　118
トランスフェリン　53,75
トランスポーター　193
トリブチルスズ　38,45,239
トールフェスク　197

【ナ行】

内部環境　47
内分泌撹乱化学物質　23
内分泌撹乱作用　22, 239
ナチュラルアテニュエーション　152, 190
難溶性塩　122
二酸化窒素　72
西本願寺　3
日本医学会長　57
尿細管障害　60
熱分解法　119
粘土散布　202
脳下垂体前葉-副腎皮質系　65
脳神経系の影響評価法　45
脳神経系の評価系　34
農薬　79
ノニルフェノール　26, 38, 45, 127, 217

【ハ行】

バイオオーギュメンテーション　180, 203
バイオサーファクタント　160
バイオスティミュレーション　203
バイオフィルム　186
バイオマーカー　89
バイオミメティック材料　213
バイオレメディエーション　150, 180, 191
胚発生　97
ハイブリダイゼーション　93
白色腐朽菌　178, 181
発光素子　218
パーティクルガン法　195
バミューダグラス　197
パラケルスス　46
搬出法　116
ハンター・ラッセル症候群　56
汎適応症候群　65
ビオトープ　199
ビオパーク方式　198
光触媒　119, 129
ビスフェノール(A)　26, 41, 46, 104, 127, 215, 234
ヒ素　219
ビタミンA　75
ビタミンE　75
必須元素　49
必須常量元素　49
必須微量元素　49
非特異的反応　65
ヒト子宮頸癌由来細胞　76
ヒドロキシルラジカル　72, 126
疲憊期　65
微量化学物質　42
ピルビン酸カルボキシラーゼ　53
ファイトアレキシン　10, 13
ファイトイクストラクション　191
ファイトキレチン　193
ファイトスタビライゼーション　192
ファイトデグラデーション　192
ファイトボラティリゼーション　192
ファイトレメディエーション　187
ファンデルワールス力　227
フィトケラチン　63, 193
フィールド実験　197
封じ込め　115
富栄養化　198, 202
フェライト　125
フェリチン　53, 75
フェロモン　10
フェロモントラップ　10
フェントン反応　127, 147
フジツボ　239
腐植物質　238
付着生物　239
物質循環　152
物理化学的方法　133
フミン酸　124, 147
不溶化　122

索引 253

ブラウンフィールド　190
ブラウンフィールド再生法　190
フリーラジカル　72
プロトプラスト　194
プロモーター領域　99
分解　115
分離　115
平板法　167
ヘビノネゴザ　18
ヘモグロビン　53
ペルオキシナイトライト　73
変性剤濃度勾配ゲル電気泳動法　171
ベンゼンヘキサクロライド　39
変態　96
防汚塗料　239
包括的環境対処補償責任法　189
防御機構　12
芳香族化合物類　158
放射線　74
包接　214
保護ネット　223
捕集・除去　223
ホメオスタシス　47
ホヤ　91
ポリアセチレン　12
ポリウレタン　223
ホワイトクローバ　197
ポンテデリ　200

【マ行】

マウス細胞　185
マグネタイト粒子　125
マクロファージ　73
マンガン　49
マンガンペルオキシダーゼ　179
慢性環境汚染物質　153
ミセル　220
水俣病　57, 188
水俣病研究懇談会　57
ミネラル　49

ミント　200
無過失責任　189
無機イオン型水銀　56
メダカ試験　25
メタゲノム解析　177
メタロチオネイン　19, 53, 62, 194
メタロチオネイン遺伝子　71
メタロチオネインの過剰発現　77
メタロチオネインの細胞防御効果　75
メタロチオネインの誘導因子　64
メタン菌　153
メチル水銀　56, 85
メチル水銀中毒　57
メトヘモグロビン血症　132
免疫染色　76
メンブレンハイブリダイゼーション　173
モエシマシダ　19
モノアミンオキシダーゼ　55
もののけ姫　9
モリブデン　49

【ヤ行】

有害化学物質　21
有機塩素系化合物　79
有機高分子　223
有機水銀　56
有毒アミン説　57
ヨウ素　49
溶融固化法　178
浴融法　178

【ラ行】

ラダー　37
ラッカーゼ　179
ラット試験　25
ラブカナル事件　188
ラブロック　8
リグニン　180
リグニンペルオキシダーゼ　179
リゾフィルトレーション　191

リポフェクション法　77
リポペプチド型バイオサーファクタント
　162
硫酸還元菌　172
量‐効果関係　47
両性イオン分子　229
両性イオン分子膜　229
量‐反応関係　22, 48
量‐反応曲線　48
リョウブ　19
緑色蛍光色素　93
臨界ミセル濃度　220
リン再吸収率の低下　60
ルイジアナアヤメ　200
歴史的建造物の修復　3
レポーターアッセイ　183
レポーター遺伝子アッセイ　101
レメディエーション　2
連帯責任　189
六価クロム　145, 219

【記号・数字】
β-グルクロニダーゼ遺伝子　103
π 電子移動説　224
1日許容摂取量　52
17 β-エストラジオール　103, 239
2,4,5 トリクロロフェノキシ酢酸　39
50%致死量　48

【A】
ACTH　69
ADI　52
Agrobacterium tumefaciens　194
Anammox 細菌　156
apoplast　196
Arabidopsis thaliana　101
ARE　71
ATP7A　55
ATP7B　56

【B】
Balb c-3T3 細胞　232
Bax　40
Bcl2 ファミリー　40
Bernard, Claude　47
BeWo　43
biofilm　199
biotope　199
Brassica juncea　193
Brownfield Revitalization Act　190

【C】
Cannon, Walter B.　47
Carter, Jimmy　189
CERCLA　189
chemical oxidation 法　119
Co　49
CO_2　152
Codex 委員会　62
community acceptability　121
coping　67
Cr　49
Cu　49
CUP1　195
Cu, Zn-SOD　74
Cynodon dactylon　197
CYP1A1　183
cytochrome P450　87

【D】
daily hassle　67
DNA　222
DNA スポッター　92
DNA 断片化　37
DNA チップ　91, 171
DNA プローブ　173
DNA マイクロアレイ　91, 171, 181
dose-effect　47
dose-response　48
DVC　168

索　引　255

【E】
EDTA　127, 216
Egg-box　231
electrokinetic remediation 法　118
essential trace elements　49
evapotranspiration　192
ex situ 法　116
ExTEND 2005　31

【F】
FAO　52
FDA/CDS 法　169
Fe　49
Fenton-type 反応　75
Festuca arundinacea　197
FISH　170

【G】
GCMS 法　183
Geobacillus midousuji　179
GUS　103

【H】
HeLa 細胞　76
HF 細胞　230
homeostasis　47
HOMO　224
HRC　190
Hunter-Russell syndrome　56
hydraulic barrier　192
hyperaccumulator　193

【I】
I　49
incineration 法　119
in situ 法　116
in situ soil flushing 法　118
in situ vitirification 法　117
in-vitro 実験　232
in-vivo 実験　232

IQ　32
itai-itai disease　60

【J】
JECFA　52
job stress　67

【L】
LD50　21, 48
life-event scale　67
Love Canal　188
LTP　34
LUMO　224

【M】
Menkes 病　55
metallothionein　62
Minamata disease　57
Mn　49
Mn-SOD　74
Mo　49
MPN 法　167
MT-1E　78
MT-2A　77

【N】
N-ニトロソ化合物　133
natural attenuation　190
Ni-Zr 系触媒　140
NO_3^-　130
NOAEL　51
NOEL　51

【O】
ORC　190

【P】
P.A.L.　8
Paracelsus　46
Pauli, Gunter　199

PC12 細胞　36
PCB　9, 31, 79, 221
Pd-Cu クラスタ　138
Pd-Cu 合金触媒　137
pH ジャンクション　149
phytochelatin　193
phytodegradation　192
phytoextraction　191
phytoremediation　188
phytostabilization　192
phytovolatilization　192
plasmodesma　193
Pow　16
protoplast　194
Pseudallescheria boydii　179
pyrolysis 法　117

【R】
reactive oxygen species　72
rhizofiltration　192

【S】
Scatter Plot　94
SDS　147
Se　49
Selye, Hans　65
slurry wall 法　117
Spain　34

SPEED '98　24
S-S 結合　63
SSU rRNA　166
stress　65
stressor　65

【T】
TDI　52
Thlaspi caerulescens　193
TPH　197
T-RFLP　171
Trifolium repens　197

【U】
Upflow Sludge Blanket　134
USB 法　134

【V】
vapor extraction 法　118
VOCs　225

【W】
WHO　132
WHO のガイドライン　132
Wilson 病　55

【Z】
Zn　49

執筆者一覧(五十音順)
*編集委員

安住　薫(あずみ　かおる)
　北海道大学創成科学共同研究機構流動
　研究員・北海道大学大学院薬学研究院
　助手
　薬学博士(北海道大学)
　第3章3-3-3執筆

石塚真由美(いしづか　まゆみ)
　北海道大学大学院獣医学研究科助教授
　獣医学博士(北海道大学)
　第3章3-3-1・3-3-2執筆

沖野龍文(おきの　たつふみ)
　北海道大学大学院環境科学院助教授
　博士(農学)(東京大学)
　第2章2-3，第4章4-5-3，第5章
　5-4執筆

神谷裕一(かみや　ゆういち)
　北海道大学大学院環境科学院助教授
　工学博士(名古屋大学)
　第4章4-2-2執筆

藏﨑正明(くらさき　まさあき)
　北海道大学大学院環境科学院助手
　博士(環境科学)(北海道大学)
　第3章3-1，第4章4-3-6執筆

坂入信夫(さかいり　のぶお)
　北海道大学大学院環境科学院教授
　理学博士(東京工業大学)
　第5章5-1執筆

高橋洋介(たかはし　ようすけ)
　北海道大学大学院環境科学院博士前期
　課程在学中
　第3章3-3-4執筆

*田中俊逸(たなか　しゅんいつ)
　北海道大学大学院環境科学院教授
　理学博士(北海道大学)
　第1章，第2章2-1・2-2・2-4，第4
　章4-1・4-2-1・4-2-3執筆

照井教文(てるい　のりふみ)
　一関工業高等専門学校講師
　博士(理学)(北海道大学)
　第5章5-3執筆

東條卓人(とうじょう　たくと)
　北海道大学大学院環境科学院博士後期
　課程在学中
　第3章3-3-4執筆

*新岡　正(にいおか　ただし)
　北海道大学大学院環境科学院助教授
　工学博士(北海道大学)
　第3章3-2，第4章4-4・4-5-1・
　4-5-2執筆

古月義志(ふうげつ　ぶんし)
　北海道大学大学院環境科学院教授
　博士(工学)(名古屋大学)
　第5章5-2執筆

福井　学（ふくい　まなぶ）
　　北海道大学低温科学研究所教授
　　理学博士（東京都立大学）
　　第4章 4-3-1・4-3-5 執筆

森川正章（もりかわ　まさあき）
　　北海道大学大学院環境科学院教授
　　博士（工学）（大阪大学）
　　第4章 4-3-2～4・4-3-7 執筆

山崎健一（やまざき　けんいち）
　　北海道大学大学院環境科学院助教授
　　医学博士（大阪大学）
　　第3章 3-3-4 執筆

山田幸司（やまだ　こうじ）
　　北海道大学大学院環境科学院助教授
　　工学博士（大阪大学）
　　第5章 5-1 執筆

環境修復の科学と技術

2007年3月30日　第1刷発行

編　者　北海道大学
　　　　大学院環境科学院

発行者　佐　伯　　　浩

発行所　北海道大学出版会
札幌市北区北9条西8丁目 北海道大学構内（〒060-0809）
Tel. 011(747)2308・Fax. 011(736)8605・http://www.hup.gr.jp

アイワード　　　　　　Ⓒ 2007　北海道大学大学院環境科学院

ISBN978-4-8329-8180-5

雪と氷の科学者・中谷宇吉郎	東 晃 著	四六・272頁 価格2800円
エネルギーと環境	北海道大学放送教育委員会 編	A5・168頁 価格1800円
エネルギー・3つの鍵 —経済・技術・環境と2030年への展望—	荒川 泓 著	四六・472頁 価格3800円
総合エネルギー論入門 —ヒトはどこまで生き永らえるか—	大野陽朗 著	四六・146頁 価格1300円
新版 氷の科学	前野紀一 著	四六・260頁 価格1800円
極地の科学 —地球環境センサーからの警告—	福田正己 香内 晃 高橋修平 編著	四六・200頁 価格1800円
フィーニー先生南極へ行く —Professor on the Ice—	R.フィーニー 著 片桐千仭 片桐洋子 訳	四六・230頁 価格1500円
雪氷調査法	日本雪氷学会北海道支部 編	B5・258頁 価格4500円
生物多様性保全と環境政策 —先進国の政策と事例に学ぶ—	畠山武道 柿澤宏昭 編著	A5・438頁 価格5000円
自然保護法講義［第2版］	畠山武道 著	A5・352頁 価格2800円
アメリカの国有地法と環境保全	鈴木 光 著	A5・416頁 価格5600円
アメリカ環境政策の形成過程 —大統領環境諸問委員会の機能—	及川敬貴 著	A5・382頁 価格5600円
アメリカの環境保護法	畠山武道 著	A5・498頁 価格5800円
環境の価値と評価手法 —CVMによる経済評価—	栗山浩一 著	A5・288頁 価格4700円
環境科学教授法の研究	高村泰雄 丸山 博 著	A5・688頁 価格9500円

〈価格は消費税を含まず〉

北海道大学出版会

【基本物理定数の値】(カッコのなかの値は数値の最後の桁につく標準不確かさを示す)

参考文献：Mohr, P.J. and Taylor, B.N. 2005. CODATA recommended values of the fundamental physical constants 2002. Rev. Mod. Phys., 77(1): 1-107.

物理量	記号	数値	単位
真空中の光速度	c	299792458	m s^{-1}
プランク定数	h	$6.6260693(11) \times 10^{-34}$	J s
ボルツマン定数	k	$1.3806505(24) \times 10^{-23}$	J K^{-1}
万有引力定数	G	$6.6742(10) \times 10^{-11}$	m^3 kg^{-1} s^{-2}
重力の標準加速度	g_s	9.80665	m s^{-2}
ステファン・ボルツマン定数	σ	$5.670400(40) \times 10^{-8}$	W m^{-2} K^{-4}
アボガドロ定数	N_A	$6.0221415(10) \times 10^{23}$	mol^{-1}
(一般)気体定数	R^*	8.314472(15)	J K^{-1} mol^{-1}

【大気科学で用いられる代表的な定数】

参考文献：Holton, J.R. 2004. An introduction to dynamic meteorology (4th ed.). 535 pp. Elsevier Academic Press.

物理量	記号	数値	単位
地球の平均半径	a	6.37×10^6	m
地球の自転角速度	Ω	7.292×10^{-5}	s^{-1}
乾燥空気の平均分子量	M_d	28.97	
乾燥大気の気体定数	R	287	J K^{-1} kg^{-1}
乾燥空気の定積比熱	c_v	717	J K^{-1} kg^{-1}
乾燥空気の定圧比熱	c_p	1004	J K^{-1} kg^{-1}
乾燥断熱減率	Γ_d	9.76×10^{-3}	K m^{-1}